涡轮机械与推进系统出版项目

航空发动机技术出版工程

# 航空燃气轮机总体设计

刘永泉　梁彩云　施　磊　等　编著

科 学 出 版 社

北　京

## 内 容 简 介

本书主要介绍航空燃气轮机总体设计的内容、设计流程和基本设计方法，并融入工程研制的背景和相关科研经验，与现有教材和专著合理衔接，力求达到学科基本理论与工程实践应用相结合的目的，希望为读者提供系统、全面、细致的总体设计参考。

本书主要面向我国从事航空燃气轮机总体设计的设计人员，可以作为设计的工具书，也可以为高等院校从事相关专业和课题研究的教师及学生提供参考。

**图书在版编目(CIP)数据**

航空燃气轮机总体设计 / 刘永泉等编著. —北京：科学出版社，2021.11
(航空发动机技术出版工程)
国家出版基金项目 涡轮机械与推进系统出版项目
ISBN 978-7-03-069645-8

Ⅰ. ①航… Ⅱ. ①刘… Ⅲ. ①航空发动机—燃气轮机—总体设计 Ⅳ. ①V235.1

中国版本图书馆 CIP 数据核字(2021)第 175074 号

责任编辑：徐杨峰 / 责任校对：谭宏宇
责任印制：黄晓鸣 / 封面设计：殷 靓

科学出版社 出版
北京东黄城根北街 16 号
邮政编码：100717
http://www.sciencep.com
南京展望文化发展有限公司排版
河北虎彩印刷有限公司印刷
科学出版社发行 各地新华书店经销

*

2021 年 11 月第 一 版 开本：B5(720×1000)
2026 年 3 月第十一次印刷 印张：16
字数：310 000

**定价：140.00 元**

## 涡轮机械与推进系统出版项目

# 顾问委员会

# 航空发动机技术出版工程

# 编写委员会

## 航空发动机技术出版工程·设计系列

# 编写委员会

# 航空燃气轮机总体设计
# 编写委员会

**主 编**

刘永泉

**副主编**

梁彩云　施　磊

**编 委**

（以姓名笔画为序）

王　军　王嘉瞳　白　伟　边家亮　刘亚君
李大为　李兆红　李家瑞　张晓博　陈玉春
胡伟佳　贾瑞琦　屠秋野　韩文俊　潘宝军

# 涡轮机械与推进系统出版项目

# 序

涡轮机械与推进系统涉及航空发动机、航天推进系统、燃气轮机等高端装备。其中每一种装备技术的突破都令国人激动、振奋，但是由于技术上的鸿沟，使得国人一直为之魂牵梦绕。对于所有从事该领域的工作者，如何跨越技术鸿沟，这是历史赋予的使命和挑战。

动力系统作为航空、航天、舰船和能源工业的"心脏"，是一个国家科技、工业和国防实力的重要标志。我国也从最初的跟随仿制，向着独立设计制造发展。其中有些技术已与国外先进水平相当，但由于受到基础研究和条件等种种限制，在某些领域与世界先进水平仍有一定的差距。在此背景下，出版一套反映国际先进水平、体现国内最新研究成果的丛书，既切合国家发展战略，又有益于我国涡轮机械与推进系统基础研究和学术水平的提升。"涡轮机械与推进系统出版项目"主要涉及航空发动机、航天推进系统、燃气轮机以及相应的基础研究。图书种类分为专著、译著、教材和工具书等，内容包括领域内专家目前所应用的理论方法和取得的技术成果，也包括来自一线设计人员的实践成果。

"涡轮机械与推进系统出版项目"分为四个方向：航空发动机技术、航天推进技术、燃气轮机技术和基础研究。出版项目分别由科学出版社和浙江大学出版社出版。

出版项目凝结了国内外该领域科研与教学人员的智慧和成果，具有较强的系统性、实用性、前沿性，既可作为实际工作的指导用书，也可作为相关专业人员的参考用书。希望出版项目能够促进该领域的人才培养和技术发展，特别是为航空发动机及燃气轮机的研究提供借鉴。

张彦仲

2019 年 3 月

## 航空发动机技术出版工程

# 序

航空发动机被誉称为工业皇冠之明珠，实乃科技强国之重器。

几十年来，我国航空发动机技术、产品及产业经历了从无到有、从小到大的艰难发展历程，取得了显著成绩。在世界新一轮科技革命、产业变革同我国转变发展方式的历史交汇期，国家决策进一步大力加强航空发动机事业发展，产学研用各界无不为之振奋。

迄今，科学出版社于 2019 年、2024 年两次申请国家出版基金，安排了“航空发动机技术出版工程”，确为明智之举。

本出版工程旨在总结、推广近期及之前工作中工程、科研、教学的优秀成果，侧重于满足航空发动机工程技术人员的需求，尤其是从学生到工程师过渡阶段的需求，借此也为扩大我国航空发动机卓越工程师队伍略尽绵力。本出版工程包括设计、试验、基础与综合、前沿技术、制造、运营及服务保障六个系列，2019 年启动的前三个系列近五十册任务已完成；后三个系列近三十册任务则于 2024 年启动。对于本出版工程，各级领导十分关注，专家委员会不时指导，编委会成员尽心尽力，出版社诸君敬业把关，各位作者更是日不暇晷、研教著述。同道中人共同努力，方使本出版工程得以顺利开展、如期完成。

希望本出版工程对我国航空发动机自主创新发展有所裨益。受能力及时间所限，当有疏误，恭请斧正。

2024 年 10 月修订

# 前言

航空发动机及燃气轮机是航空飞行器、舰船和能源的核心装备，是实现国防现代化、确保国家安全的重大战略装备，直接关系到国防安全、经济发展和国家竞争力。

航空发动机是飞机动力的源泉，被誉为“工业皇冠上的明珠”。作为飞机的心脏，飞机战技指标的不断提升以及国防力量的不断增强都离不开其技术的进步和发展。国家重大科技专项中统筹规划了航空燃气涡轮发动机的技术研究、设计改进和试验验证，力求夯实现有技术基础，为我国军队主战装备的使用发展和作战效能提升提供动力保障。

中国航空发动机集团有限公司和科学出版社共同策划了“航空发动机技术出版工程”，主要包含设计系列、试验系列和基础与综合系列，本书隶属于设计系列。本书以先进性与实用性相结合为主要特点，与现有教材和专著合理衔接，力求达到学科基本理论与工程实践应用相结合的目的，旨在为从事航空燃气轮机总体设计的工程人员提供技术指导和技术经验，也希望能为从事相关课题研究的教师和学生提供技术参考。

本书主要介绍航空燃气轮机总体设计相关的知识、内容和方法，并融入工程研制相关科研经验内容。主要包含总体设计的基本知识、设计流程、边界条件、稳态性能设计、瞬态性能设计、稳定性设计、总体结构构型、外廓和安装接口、总体设计指标、发动机试验测试监控等内容，将理论知识与工程实践相结合，希望为读者提供系统、全面、细致的总体设计参考。

本书由中国航发沈阳发动机研究所主责编制，西北工业大学参与编制。主编为中国航发沈阳发动机研究所刘永泉研究员，副主编为梁彩云研究员和施磊研究员，负责本书的策划和总体编写工作。书中第 1 章由王嘉瞳工程师和李大为高级工程师编写；第 2 章由张晓博副教授和李家瑞研究员编写；第 3 章由梁彩云研究员、李大为高级工程师编写；第 4 章由屠秋野教授和李兆红高级工程师编写；第 5 章由边家亮高级工程师编写；第 6 章由陈玉春教授、韩文俊高级工程师编写；第 7 章由陈玉春教授、屠秋野教授、贾瑞琦高级工程师编写；第 8 章由施磊研究员、潘宝军工程师编写；第9章由陈玉春教授、屠秋野教授、李家瑞研究员和白伟高级工程师编写；第10章由胡伟佳高级工程师编写；第11章由王军研究员编写；第12章由刘亚君高级工程师编写。在此，对中国航发沈阳发动机研究所和西北工业大学所有参与本书编撰的专家和作者表示感谢。

航空燃气轮机总体设计的原理和方法烦琐复杂，本书的编写内容基于目前已有认识提炼而来，由于编著者的水平和认知有限，书中难免有不妥之处，敬请读者批评指正。

刘永泉

2021年6月30日于沈阳

# 目 录



## 第1章 概 述



## 第2章 总体性能设计基本知识

## 第3章 总体设计基本流程



## 第4章 边界条件——设计目标和设计约束

## 第 5 章 设计点设计



## 第 6 章 非设计点稳态设计

## 第7章 总体结构构型设计



## 第8章 气动稳定性设计

# 第9章 过渡态性能设计

## 第10章　外廓和安装接口



## 第11章　总体对各部件设计要求

## 第12章 发动机整机试验、测试及监控规划

# 第 1 章 概 述

燃气轮机(gas turbine)是以连续流动的气体为工质带动叶轮高速旋转,将燃料的能量转变为有用功的内燃式动力机械。航空燃气轮机是指为各种航空器提供动力的燃气轮机。按照结构原理和功能,可以大致分为以下几种类型:涡轮喷气发动机、涡轮风扇发动机、涡轮轴发动机、涡轮螺旋桨发动机、桨扇发动机、变循环发动机和其他新概念航空燃气轮机。本书重点介绍涡喷发动机和涡扇发动机的基本原理和总体设计方法,对于其他类型的航空燃气轮机本书不予详细介绍。

本书立足航空燃气轮机总体设计专业,介绍航空燃气轮机总体设计流程、思路和方法,帮助发动机设计行业的初级工程人员从总体角度认识和理解发动机的工作原理和设计方法,帮助发动机总体设计专业研究生了解发动机工程设计方法,做好进入工业界的准备。

本书共分 12 章:第 1 章对航空燃气轮机的分类、总体设计所包含的内容进行简要介绍;第 2 章对发动机总体设计的基本知识进行介绍,包括常用术语定义、气动热力过程计算方法与工具等;第 3 章介绍发动机总体设计的流程;第 4 章介绍发动机总体设计的目标和约束条件;第 5 章介绍发动机设计点设计分析方法;第 6 章介绍发动机共同工作机理和稳态性能的计算分析方法;第 7 章介绍发动机总体结构构型设计的理论方法和工具;第 8 章介绍发动机稳定性分析与评估方法;第 9 章介绍发动机过渡态特性及其计算方法;第 10 章介绍发动机的外廓和安装接口;第 11 章描述发动机总体指标对部件和系统的指标分解方法和设计要求;第 12 章介绍发动机整机试验、测试及监控规划。

为了便于叙述,根据行业习惯,书中如不加以说明,均以“发动机”代指“航空燃气轮机”。

## 1.1 航空燃气轮机

本节从航空燃气轮机的分类、性能指标和新型航空燃气轮机技术简介等方面介绍航空燃气轮机的特点。

### 1.1.1 航空燃气轮机分类

涡轮喷气发动机(以下简称“涡喷发动机”)和涡轮风扇发动机(以下简称“涡扇发动机”)可进一步按照压气机类型、转子个数和排气方式分为不同的结构形式,本节将进一步按照细化的分类对这两种发动机的结构形式、工作原理和用途进行介绍。

#### 1.1.1.1 涡喷发动机

涡喷发动机是最基本的涡轮发动机类型。其基本组成包括压气机、燃烧室、涡轮及尾喷管。来流空气通过压缩、燃烧、膨胀做功等过程从而增加其动能,继而产生推力,下面简单介绍几种分类方法。

1. 按压气机类型分类

按压气机的类型不同,涡喷发动机可分为离心式涡喷发动机和轴流式涡喷发动机。

采用离心式压气机的涡喷发动机称为离心式涡喷发动机(图 1.1)。离心式压气机结构简单,制造方便,坚固耐用,工作稳定性较好。早期的涡喷发动机大多为离心式。但离心式压气机单位迎风面积大,效率和流通能力不如轴流式压气机。目前,尺寸较大的发动机都不再使用离心式,只有小型涡桨发动机和涡轴发动机才采用离心式或轴流加离心组合式压气机。

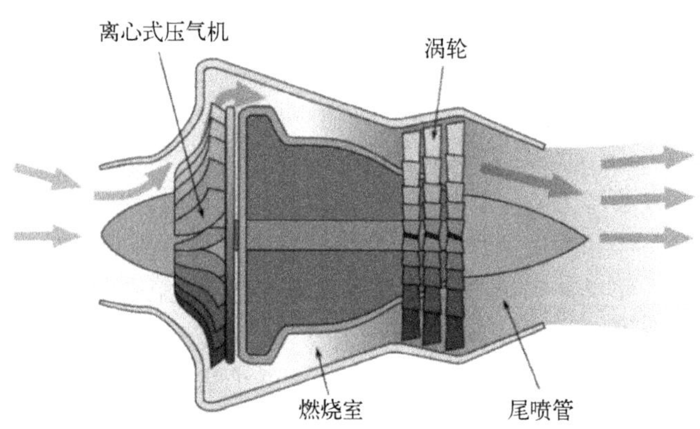


**图 1.1 离心式涡喷发动机**

轴流式涡喷发动机即采用轴流式压气机的涡喷发动机(图 1.2)。由于它具有效率高、增压比大(通过多级叠加)和流通能力强等许多优点,目前尺寸较大的涡喷发动机均采用轴流式压气机。

2. 按转子个数分类

根据转子个数不同,涡喷发动机又可分为单轴涡喷发动机和双轴涡喷发动机。

单轴涡喷发动机仅有一根轴连接压气机和涡轮。其优点是结构简单,造价低廉,早期的涡喷发动机多是单轴发动机。其缺点是稳定工作范围窄,随着增压比的

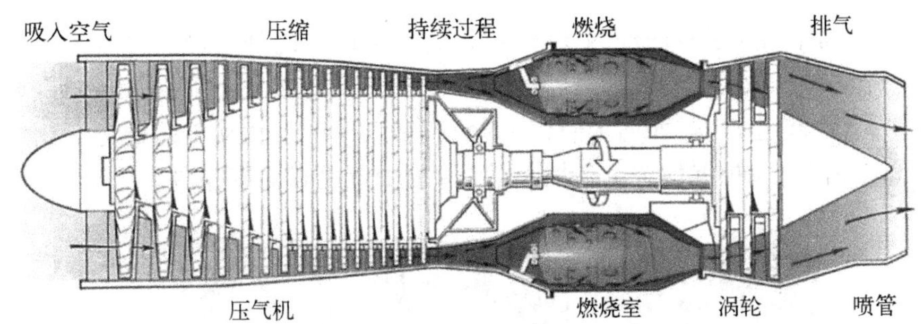


图 1.2　轴流式涡喷发动机

提高，它已被双轴发动机所取代。

双轴涡喷发动机具有两个同心安装的转子。其高、低压压气机分别由高低压涡轮驱动，具有总增压比高、效率高、稳定工作范围宽、起动功率小、加速性好等优点。世界上第一台双轴涡喷发动机是 1952 年定型的美国 J57（也称为 JT3，图 1.3）涡喷发动机。除早期发展的涡喷发动机外，绝大多数涡喷发动机都是双轴发动机。

图 1.3　J57/JT3 双轴涡喷发动机

### 1.1.1.2　涡扇发动机

涡扇发动机的基本组成为风扇、压气机、燃烧室、涡轮、外涵道、尾喷管。其典型特点是具有两个流道。来流气流经过风扇后分为两股：一股进入由压气机、燃烧室和高压涡轮组成的核心机，核心机流道称为内涵道；另一股进入外涵道，不经过燃烧，在涡轮后与燃气混合由喷管排出或直接由喷管排出。

1. 按排气方式分类

按照涡扇发动机的内外涵的气流是否掺混，可将涡扇发动机分为混合排气涡扇发动机和分别排气涡扇发动机两种。

混合排气涡扇发动机（简称混排涡扇发动机）是指内外涵气流在涡轮出口后掺混，共同从尾喷管中排出。混合排气的优点是可以降低排气温度和速度，从而减少排气的红外辐射信号和噪声，另外还可以增加推力。现代先进军用歼击机一般采用带加力的混排涡扇发动机（图 1.4）。军用混排涡扇发动机通常在涡轮后加装有混合室,其作用在于对内外涵气流进行掺混,从而使内外涵排气速度较为均匀,提升推进效率。对于军用发动机而言,一般装有加力燃烧室,加力燃烧室可以提高尾喷管前燃气的温度,进而增大燃气的排气速度,以增大发动机的推力。此外,内外涵气流在混合室掺混均匀也是加力燃烧室正常工作的重要条件。

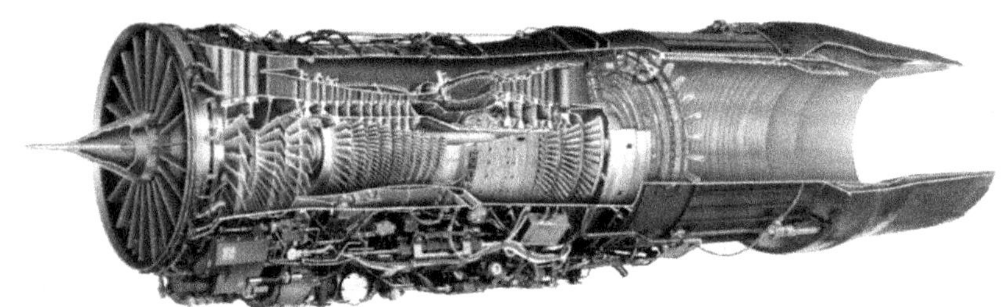

**图 1.4　带加力混排涡扇发动机**

分别排气涡扇发动机(简称分排涡扇发动机)的内外涵气流分别从独立的流道和喷管流出发动机。由于分别排气涡扇发动机摆脱了内外涵气流压力平衡和流道分布的限制,其可以达到更高的涵道比和更低的耗油率和噪声。追求经济性的军民用运输机一般采用较大涵道比的分别排气涡扇发动机(图 1.5)。为了降低质量,较大涵道比的涡扇发动机通常取消了混合室结构,内外涵各有一个尾喷管,分开排气。

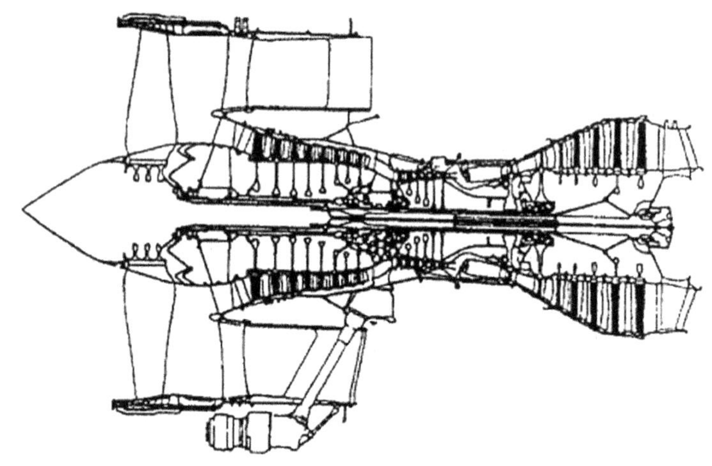

**图 1.5　大涵道比涡扇发动机**

2. 按转子个数分类

涡扇发动机按照转子个数可以分为单轴涡扇发动机、双轴涡扇发动机及三轴涡扇发动机。

单轴涡扇发动机中没有独立驱动风扇工作的低压涡轮,即一个涡轮同时驱动压气机与风扇。这种结构对于风扇、压气机的转速匹配要求较高,这种类型的涡扇发动机也很少。法国的 M53 涡扇发动机是典型的单轴涡扇发动机(图 1.6)。

**图 1.6　M53 涡扇发动机**

双轴涡扇发动机具有两个同心轴转子。在双轴涡扇发动机中,由于风扇后的压气机进口空气压强为风扇出口的压强,高于大气压强,故称为高压压气机,驱动高压压气机的涡轮则称为高压涡轮,由高压压气机与高压涡轮组成高压转子;位于高压涡轮后、驱动风扇的涡轮称为低压涡轮,由风扇与低压涡轮组成低压转子。受到风扇叶尖速度的限制,较大涵道比的涡扇发动机低压转子转速通常比较低,导致风扇根部做功能力不足,进入核心机气流的压力不足,影响发动机的性能。故较大涵道比的涡扇发动机通常会在风扇后和高压压气机前设置增压级,且增压级和风扇一起由低压涡轮驱动。目前世界上绝大部分涡扇发动机都采用双转子结构。图 1.7 为 CFM56 发动机。

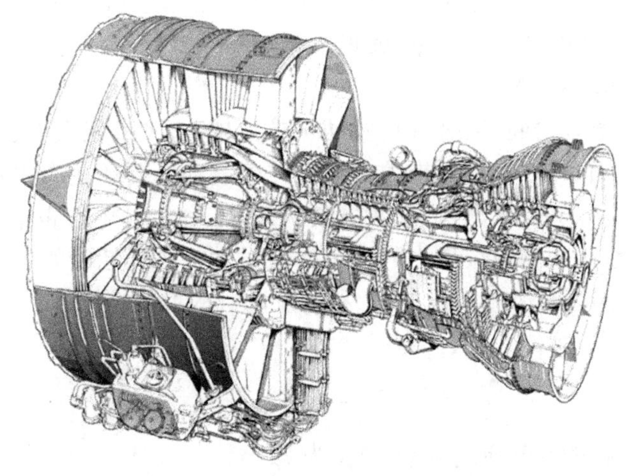

**图 1.7　CFM56 发动机(双轴分排涡扇发动机)**

三转子涡扇发动机具有三个同心轴转子,在双转子涡扇发动机的基础上进一步将高压压气机又分为中压、高压两部分,分别由中压、高压两个涡轮转子带动。三转子的优势在于发动机效率高,但其缺点也很明显,即结构复杂,工程难度大。目前世界上只有少数几款涡扇发动机采用这种结构形式。英国罗尔斯·罗伊斯公司(简称罗·罗公司)研制成功的第一款实用的三转子发动机是 RB211－535 涡扇发动机(图 1.8);此外,苏联库兹涅佐夫设计局、伊夫琴柯设计局也完成了三转子涡扇发动机的研发,包括 HK321 发动机、D36 发动机等。

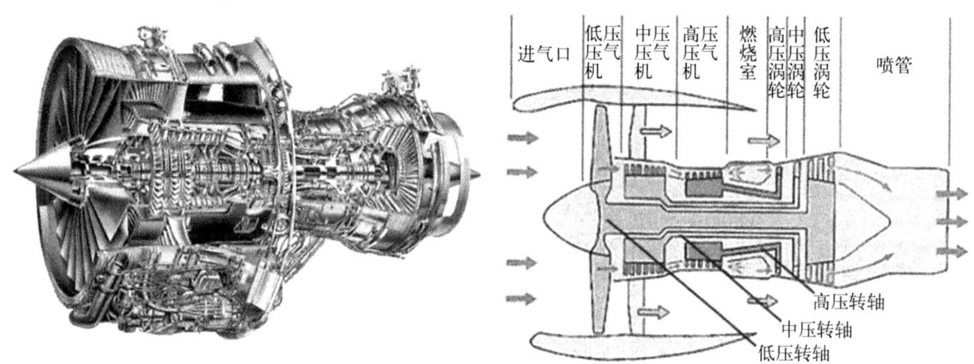


图 1.8 RB211－535 涡扇发动机及其结构示意图

### 1.1.2 航空燃气轮机的性能指标

为了便于对航空燃气轮机的性能及其演变发展进行介绍,本节主要对常用的涡喷/涡扇发动机性能指标进行简要介绍。

1. 推力和单位推力

发动机推力 $F$ 是涡喷或涡扇发动机的一个主要性能参数。推力的国际单位为 N,但是工程上通常以公斤力(kgf)或者大牛(daN)为单位。三者的转化关系为:1 kgf = 9.8 N = 0.98 daN。

当飞机的空气动力特性相同时,发动机推力越大,飞机就飞得越快越高,机动性也越好。然而,仅用发动机的推力大小去评价发动机循环性能的优劣是不全面的,对于循环性能相同的发动机,加大发动机尺寸、增大空气流量都可以使发动机推力增大。因此,应根据单位推力的大小评价发动机循环性能的优劣。发动机推力与进入发动机的空气质量流量之比,称为发动机的单位推力,以 $F_s$ 表示,单位为 N·s/kg,即

$$F_s = F/W_a \tag{1.1}$$

式中,$W_a$ 为发动机的空气质量流量,单位为 kg/s。

在给定发动机推力的条件下,需要的空气质量流量越小,单位推力越大。单位

推力大的发动机就可以缩小发动机的外廓尺寸和减轻发动机的质量。

2. 耗油率

发动机在单位时间内消耗的燃料质量称为燃油流量，用 $W_f$ 表示。每小时每产生 1 单位推力所消耗的燃油质量称为单位燃油消耗率，以 sfc 表示，即

$$\mathrm{sfc} = \frac{3\,600 W_f}{F} \tag{1.2}$$

耗油率是决定飞机的航程和续航时间的重要参数，是评定发动机经济性能的重要指标。

3. 效率

1）热效率

作为热机，其热效率用 $\eta_t$ 表示，即

$$\eta_t = L_e / q_0 \tag{1.3}$$

式中，$q_0$ 表示加给单位质量空气的燃料完全燃烧产生的热量；$L_e$ 表示发动机热力循环的有效功。

2）推进效率

推进效率 $\eta_p$ 是指推进功率与循环有效功率的比值，即

$$\eta_p = N_p / N_{cy} \tag{1.4}$$

推进功率 $N_p$ 等于发动机推力 $F$ 与自由来流速度 $c_0$ 的乘积，即

$$N_p = F c_0 \tag{1.5}$$

循环有效功即工质经过发动机获得的总动能。对于不同类型的发动机而言，推进效率的计算方式有所区别，下面对涡喷发动机、分排涡扇发动机、混排涡扇发动机的推进效率的计算方式进行简介。

a）涡喷发动机

涡喷发动机的推力为

$$F = W_9 c_9 + (P_9 - P_0) A_9 - W_a c_0 \tag{1.6}$$

式中，$W_a$ 为进入发动机总的空气质量流量；$c_9$ 为尾喷管排气速度。

当燃气流在尾喷管完全膨胀并忽略燃气质量流量与空气质量流量的差别时，有 $F = W_a(c_9 - c_0)$，于是推进功率为

$$N_p = F c_0 = W_a (c_9 - c_0) c_0 \tag{1.7}$$

涡喷发动机循环有效功率为

$$N_{cy} = \frac{1}{2}W_a(c_9^2 - c_0^2) \tag{1.8}$$

将推进功率和循环有效功率代入推进效率的定义式，得到航空燃气涡喷发动机的推进效率为

$$\eta_p = \frac{2}{1 + c_9/c_0} \tag{1.9}$$

从式(1.9)可以看出：涡喷发动机的推进效率决定于速度比 $c_9/c_0$。零飞行速度时，$c_0 = 0$，推力不做功，故推进效率等于零，$\eta_p = 0$；当 $c_9 = c_0$ 时，$\eta_p = 1$，但这时推力等于零。

b）分排涡扇发动机

分排涡扇发动机的推力为

$$F = W_{9I}c_{9I} + (P_{9I} - P_0)A_{9I} + W_{9II}c_{9II} + (P_{9II} - P_0)A_{9II} - W_a c_0 \tag{1.10}$$

为了简单明了，假设内外涵尾喷管完全膨胀，并且 $c_9 = c_{9I} = c_{9II}$，则有

$$F = W_9 c_9 - W_a c_0 \tag{1.11}$$

推进功率为

$$N_p = Fc_0 = W_a(c_9 - c_0)c_0 \tag{1.12}$$

分排涡扇发动机的循环有效功率为

$$N_{cy} = \frac{1}{2}W_{aI}(c_{9I}^2 - c_0^2) + \frac{1}{2}W_{aII}(c_{9II}^2 - c_0^2) \tag{1.13}$$

注意到 $c_9 = c_{9I} = c_{9II}$，以及 $W_{aI} + W_{aII} = W_a$，则有

$$N_{cy} = \frac{1}{2}W_a(c_9^2 - c_0^2) \tag{1.14}$$

将式(1.13)和式(1.14)代入推进效率的定义式，可得到分排涡扇发动机的推进效率计算公式为

$$\eta_p = \frac{2}{1 + c_9/c_0} \tag{1.15}$$

由式(1.15)可以看出：在 $c_{9I} = c_{9II}$ 的情况下，分排涡扇发动机的推进效率公式与燃气涡喷发动机的推进效率在形式上是一样的。

尽管推进效率公式形式一样，但在内循环参数相同的情况下（如增压比 $\pi$、加热比 $\Delta$、内涵空气质量流量等），分排涡扇发动机推进效率比较高。涡扇发动机总的循环功除了增加内涵气流的动能之外，还用来增加外涵气流的动能，所以排气速

度较小而推进效率较高。推进效率高是涡扇发动机相对于涡喷发动机的主要优越性之一。

c）混合排气涡扇发动机的推进效率

混排涡扇发动机具有统一的尾喷管和排气速度 $c_9$，故其推进效率的公式与涡喷发动机完全一样，即

$$\eta_p = \frac{2}{1 + c_9/c_0} \tag{1.16}$$

在不加力情况下与同参数涡喷发动机相比，混排涡扇发动机推进效率较高。这是因为混排涡扇发动机总的循环功与同参数涡喷发动机循环功相同，但涡扇发动机参加产生反作用力的空气质量流量大，故排气速度小。

3）总效率

航空燃气涡轮发动机作为热机和推进器的组合体，应该用总效率来衡量它的经济性。总效率 $\eta_0$ 表示每秒加入发动机的燃料完全燃烧产生的热量 $Q_0$ 有多少转变为推动飞机前进的推进功率，即

$$\eta_0 = \frac{\text{推进功率}}{\text{每秒消耗燃料的热能}} = \frac{Fc_0}{Q_0} = \eta_t\eta_p \tag{1.17}$$

### 1.1.3　新型航空燃气轮机技术简介

1. 变循环发动机

伴随着超声速巡航飞机对亚声速巡航、超声速巡航等多个工况的机动性、续航能力的更加严苛的要求，需要发动机在亚声速、超声速等多个工况均有较好的性能匹配，变循环/自适应发动机应运而生（图 1.9）。为了达到这种性能需求，变循环/自适应发动机采用变几何部件，通过打开和关闭阀门来改变涵道比的大小，采用变几何的压气机及涡轮部件来匹配不同工况下的工作需求，采用三涵道风扇及双涵道压气机等新部件来实现功率的匹配及性能的优化，从而在亚声速时使得发动机具备较大涵道比，实现较低的耗油率，在超声速时，调小涵道比或者关闭涵道变为涡喷模式，令发动机具备较大的推力及较高的推进效率。

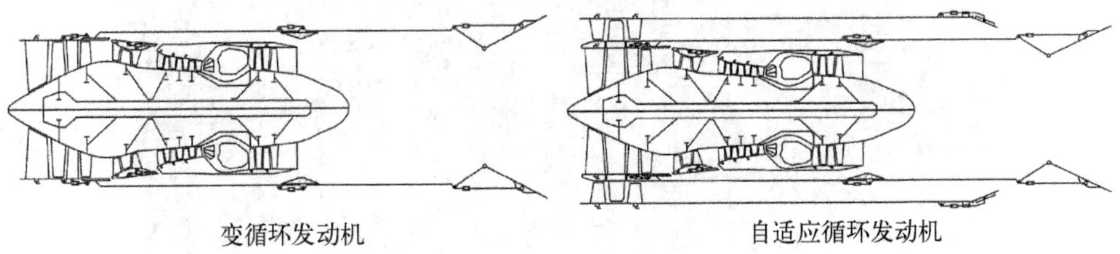


**图 1.9　变循环发动机示意图**

2. 矢量推进系统

由于对战斗机超机动能力的日益重视,世界各军事大国争相开展矢量推进技术研究及产品开发。著名的有美国 F119 发动机和俄罗斯的“产品 30”发动机。矢量推力技术与辅助推进系统的结合也使得垂直/短距起降变成现实。英国的鹞式战斗机是最先装备部队的垂直起降战斗机,该机所装备的飞马发动机通过从压气机及涡轮后引出高压喷气,从而令鹞式战斗机具备了垂直起降能力(图 1.10)。美国的 F135 发动机通过前置对转升力风扇系统与矢量喷管技术相结合从而使 F35 战斗机具备了垂直起降的能力(图 1.11)。

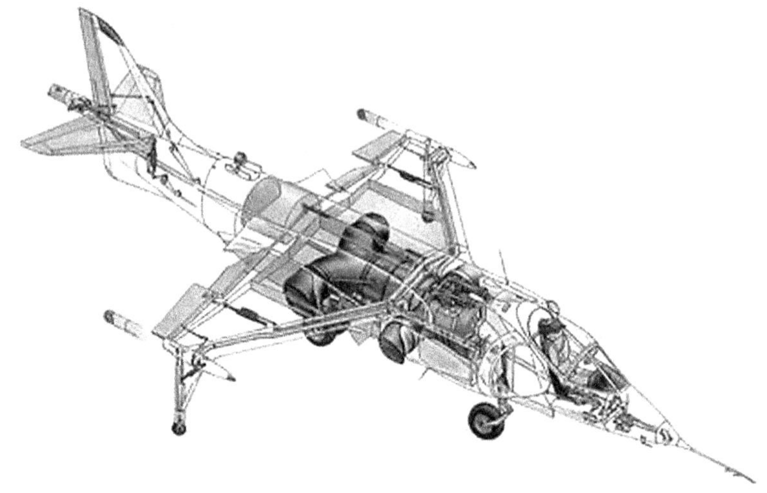

**图 1.10　装备飞马发动机的鹞式战斗机**

**图 1.11　F135 - PW - 600 发动机**

3. 齿轮传动风扇发动机

对于民用涡扇发动机而言，提升涵道比是降低油耗的重要手段。伴随着涵道比的不断增大，由于涡轮与风扇高效工作时转速的不同，齿轮传动系统被引入涡扇发动机的结构之中，即齿轮传动风扇发动机（geared turbofan，GTF）技术。该技术的优势在于通过齿轮传动系统，可以在保证涡轮较高转速的同时进一步降低风扇转速，从而保证涡轮的做功能力，减少涡轮级数，增加风扇尺寸，进一步提升涵道比。图 1.12 为齿轮传动风扇发动机技术示意图。

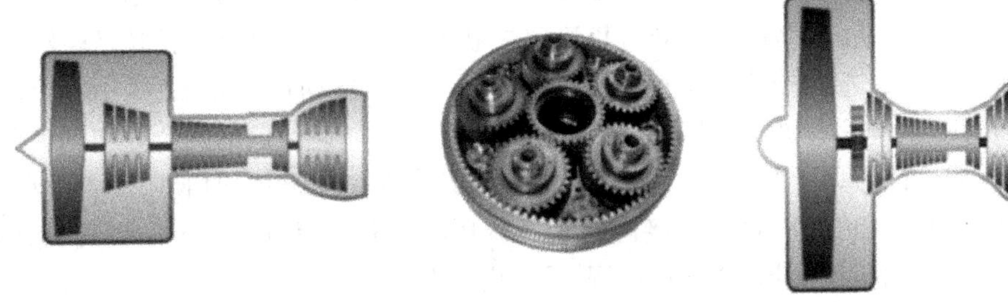


**图 1.12　齿轮传动风扇发动机技术示意图**

4. 分布式推进系统

常规涡扇发动机涵道比不断增大，将会对发动机的结构强度、支撑、润滑等提出较高的要求，与此同时，也会带来发动机尺寸过大，质量增加，导致飞机安装困难。在此背景下分布式推进系统应运而生。该系统由一个燃气发生器和数个推进器组成，燃气发生器所产生的机械能可以通过高能工质、机械驱动及电力传输等方式传递到推进器上，由推进器产生全部或者绝大部分的推力，这些分布式推进器可以视为一个个小的涵道风扇，其组合起来所产生的等价涵道比已经远远大于现有的涡扇发动机，可以达到 30 以上，通过与附面层吸附技术、飞翼布局相结合，NASA 估计装备该系统的民用客机相对于波音 777 客机可节省 70%的燃油消耗。图 1.13 为 N3 - X 运输机概念机示意图。

**图 1.13　装备分布式推进系统的 N3 - X 运输机概念机**

## 1.2 总体设计概述

### 1.2.1 总体设计的内涵和职责

一般来说,航空发动机都是与其配装的飞机匹配设计的,因此发动机的设计技术指标必须满足其所配装飞机的需求。航空发动机总体设计是发动机型号工程研制过程中的"领头雁",是利用系统工程思想开展设计工作的专业,分析使用需求,确定发动机循环参数和基本结构形式、提出发动机性能指标和功能要求,并将设计指标分解到各系统和各部件,同时负责整机状态的管理、功能/性能的验证及与用户/飞机方的沟通/技术协调等工作,其工作贯穿航空发动机型号工程研制过程的始终,对于航空发动机研制具有至关重要的作用。总体设计包括两个方向,分别为总体性能设计、总体结构设计。发动机总体设计专业是从整体的角度,进行发动机权衡设计的一个专业,向上直接沟通和协调用户的使用要求,向下协调发动机部件、系统之间的匹配,起到"统筹协调、承上启下"的作用。

总体设计的内涵是作为发动机设计的顶层主责概念设计,通过一系列的技术活动,采用相应的数学模型和分析工具,将用户需求转化为产品技术要求和可验证的指标,通过功能分解确定产品架构,最终将总体指标分解为部件和系统设计指标,并策划整机集成验证项目,同时对产品的技术状态进行管控的设计过程。

总体设计的职责主要包含发动机的特性计算、结构制图、技术协调、验证策划、试验调试、试飞验证等。

### 1.2.2 总体设计工作内容

发动机总体设计的主要任务是依据建立的包括设计规范、设计软件、设计准则和试验数据库、专业试验和测试能力规划等在内的发动机总体设计体系,开展设计和验证工作,其主要任务包括两个方面:对外,需要针对飞机对动力装置的各种要求和技术条件,确定发动机总的气动热力方案和总体结构布局方案,研究其设计、评价的方法,使发展的产品能够对性能、功能、适用性、耐久性、环境特性、可靠性、维修性、保障性和经济承受性各种要求合理折中,达到平衡;对内,需要依据各学科领域发展的现状和趋势,确定满足性能指标的循环参数和发动机基本结构形式。对发动机的各部件、系统的预先研究或工程设计提出牵引性和规定性指标,协调、匹配发动机各部件、各系统的共同工作,实现发动机整个系统的最优化。

具体来说,总体设计工作涵盖发动机研发的全过程,在总体设计输入明确的前提下,才能逐步开展部件、系统的性能和结构的详细技术设计。总体设计包括总体性能设计(包括设计点设计、非设计点稳态设计、气动稳定性设计、过渡态性能设计等)和总体结构设计(包括尺寸与重量、支点布局、单元体设计及外廓和安装接口等方面)，以及发动机研制阶段试验验证考核的相关工作(包括发动机技术状态管理、试验/试飞要求的编制及试验/试飞的总结工作)，具体见图 1.14，总体专业技术体系划分及层级见图 1.15。

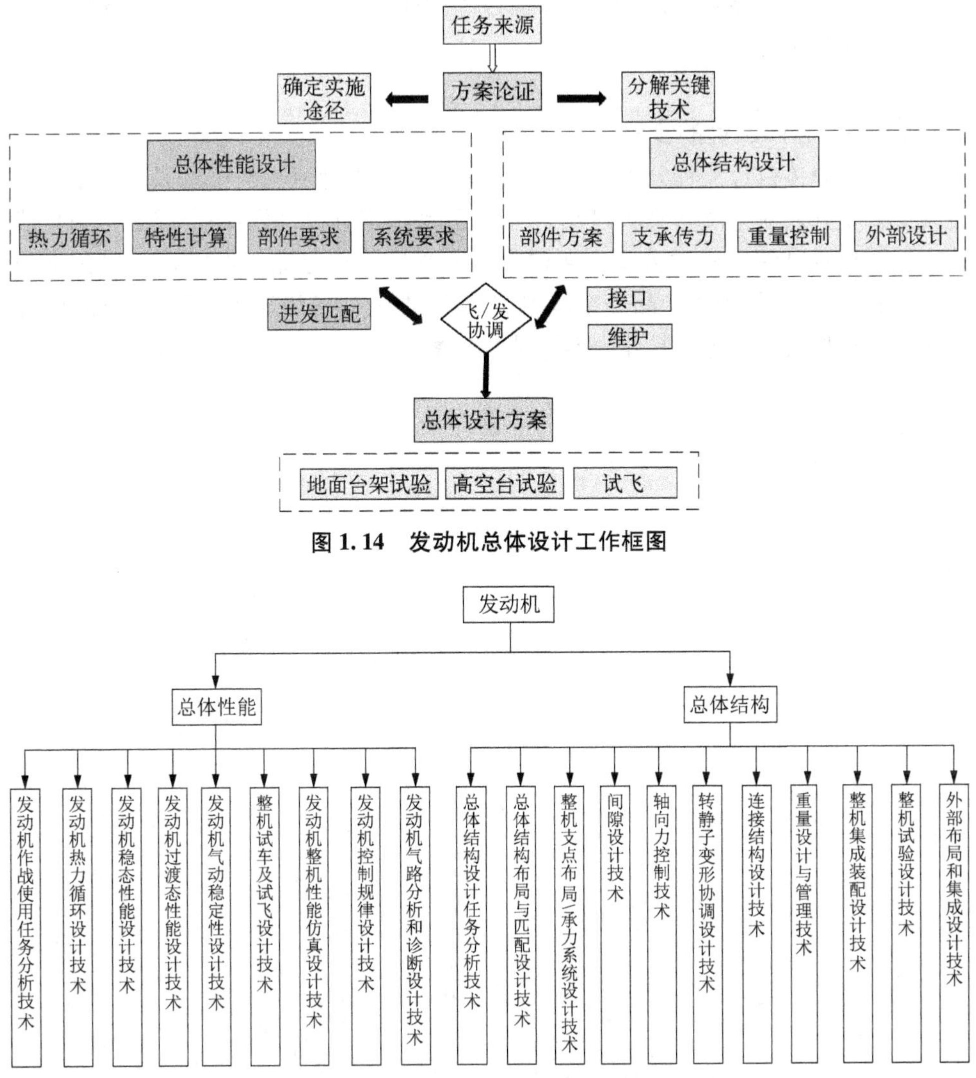


图 1.14　发动机总体设计工作框图



图 1.15　总体专业技术体系划分及层级

总体性能专业主要负责：对飞机、用户需求进行总体性能相关专业分析，根据需求分析结果开展总体性能方案设计，包括发动机全包线范围内性能特性计算、数学模型建立等工作，同时对部件和系统提出设计要求，并编制型号规范等，提出开展试验验证(试验要求及测试要求)的要求，及试验后的分析总结工作。力争在全包线范围内，在飞机和用户要求的前提下实现发动机性能的最优化设计。

总体结构专业主要负责：根据性能确定的设计参数方案，对发动机整体布局、部件形式、整机（含部件和系统）的尺寸和重量等要素进行结构构思，在方案设计的基础上，进行技术设计，并完成工程用文件、资料等过程的总成。总体结构设计是综合多学科设计要求，协调融合、权衡各个设计要求，从全局、总体及系统的方面进行整机最优设计。

### 1.2.3 总体设计的步骤

发动机总体设计流程分为方案设计流程和架构设计流程两个阶段。方案设计流程主要是开展航空发动机研制方案论证，开展需求分析，提出一个或多个满足战技指标要求且可能实施的方案。架构设计流程则主要是完成航空发动机详细设计，从而完成航空发动机产品和系统组成架构，并针对各级需求开展试验验证，完成航空发动机技术鉴定。具体内容详见第 3 章。

# 第 2 章
# 总体性能设计基本知识

航空涡喷发动机、涡扇发动机总体性能是指，给定燃油流量、寿命、重量、发动机尺寸和成本情况下，发动机所达到的推力，以及推力、耗油率随使用条件变化关系。同时发动机具备稳定的操纵性，即可连续、可靠的起动，平稳而又灵敏的加速、减速，给定状态下输出稳定的推力，在工作包线内，在任何稳定工作状态和改变工作状态时不出现失速、熄火和燃烧不稳定等现象。总体性能设计应满足性能设计指标要求，对某一具体型号发动机来说，性能指标包括：在规定的工作状态，发动机的推力和耗油率，以及起动时间和起动包线、加力接通与切断及工作稳定性边界(如果有加力功能)、加速减速时间、发动机稳定工作裕度(含飞/发匹配)和发动机工作包线等等。总体性能设计工作围绕性能指标开展，最终形成总体性能设计方案，并与总体结构设计方案一起构成发动机总体设计方案。本章介绍总体性能设计的一些基本概念。

## 2.1 常用术语定义

### 2.1.1 循环参数

燃气涡轮发动机的热力学工作循环过程中，工质的压力、温度变化幅值决定了发动机的性能水平。因此，选择可以反映压力、温度变化程度的循环参数，是总体设计的起始点。

涡轮前温度：通常用经过燃烧室加温的涡轮导向器前缘的总温表示，也可用第一级涡轮转子的进口温度表示，即参与涡轮做功的燃气温度。

总增压比：所有压缩系统出口气流与其进口气流压强之比。

对双涵道涡扇发动机，还有风扇压比(风扇出口总压与风扇进口总压之比)；风扇可以分别提出内、外涵压比要求。

涵道比：外涵气流与内涵(压气机进口)气流质量流量之比。

如果有加力燃烧室，还应包括加力燃烧室出口温度。

以上这些参数，再加上根据部件能力选择的部件效率，决定了发动机的循环功。通过建立热效率、单位功率、排气温度与压比和涡轮前温度的关系曲线，可确定总增压比和涡轮前温度。在选定了全部循环参数后，进行设计点计算，通过在一定范围内轮流改变循环参数重复进行设计点计算，得到需要的性能参数。

### 2.1.2　性能参数

性能参数包括：推力、(单位)推力、耗油率、热效率、推进效率等，定义详见1.1.2节。除此之外还用到以下参数。

单位迎面推力：发动机推力与发动机迎风面积之比。

安装推力：发动机在实际安装到飞机条件下所产生的推力。

排气温度：对于有隐身需求的飞机，或者战斗机规避热寻的导弹追踪的需要，排气温度是发动机性能参数之一。

### 2.1.3　工作状态

稳态：在油门杆位置保持不变的某个工作状态下，发动机参数保持稳定不变的状态，仅当发动机进口温度、压力变化时，按照油门杆位置对应的稳态控制规律，发动机参数随进气温度和压力变化而变化。发动机稳态有慢车、中间、小加力、最大(全加力)、节流状态等。

过渡态：发动机从一个稳定工作状态转变为另一稳定工作状态的过程。

中间状态：具备加力燃烧室的发动机，能达到加力不工作时的最大推力，此时的稳定工作状态。

最大状态：具备加力燃烧室的发动机，加力燃烧室工作时，达到最大推力下的稳定工作状态。对无加力燃烧室的发动机，指发动机最大推力下的稳定工作状态。

节流状态：通过改变主燃烧室供油量，使发动机推力介于慢车状态和中间状态(或无加力燃烧室发动机的最大状态)推力之间的任一稳定工作状态。

加力状态：具备加力燃烧室的发动机，加力燃烧室点火工作状态。按照加力燃烧室的供油量，最大供油条件下的加力工作状态，称为全加力状态；维持加力燃烧室不熄火的最小供油量条件下的加力工作状态，称为小加力状态。在小加力和全加力之间的任一稳定工作状态，称为加力节流状态(或部分加力状态)。

最大连续状态：发动机燃气温度和耗油率相对较低的稳定工作状态，发动机能够持续提供飞机巡航所需的最大推力。

特殊状态：为达到短时增加推力目的，发动机短时增大供油量，提高转速、涡轮前温度等，获得短时推力增大的工作状态，称为特殊状态。

地面起动：发动机从转速为0的状态转变为慢车转速状态的过程。

地面慢车：发动机在地面条件下满足地面最低推力需求的工作状态。

空中慢车：发动机在空中条件下满足空中最低推力需求的工作状态。

风车：发动机燃烧室不供油，发动机旋转部件仅依靠来流冲压作用旋转的工作状态。

### 2.1.4　整机特性

控制规律：发动机在稳态及过渡态中可控参数及可调部位调节量随发动机工作状态或时间的变化规律。

速度特性：给定飞行高度、大气条件及控制规律下，发动机推力和耗油率随飞行马赫数的变化规律。

高度特性：给定飞行马赫数、大气条件及控制规律下，发动机推力和耗油率随飞行高度的变化规律。

节流特性：给定飞行高度、飞行马赫数、大气条件及控制规律下，发动机推力和耗油率随转子转速的变化规律。

## 2.2　总体性能设计主要内容

### 2.2.1　总体性能方案设计主要内容

发动机总体性能方案设计的主要内容，可概括为以下几个方面[1]。

(1) 根据飞机的战技要求及飞机的使用特点，确定发动机的类型。详见第 5 章。

(2) 进行发动机设计点热力循环参数的优化计算，通过优化计算确定能满足飞机战技要求的发动机热力循环参数可行域，并在可行域内选出一个发动机热力循环参数的最佳方案。详见第 5 章。

(3) 根据选定的发动机热力循环参数最佳方案（见 5.3.3 节），拟定发动机的控制规律（见 6.4 节），与部件设计单位协调部件设计可行性和确定部件特性，提出初步的部件设计要求（见第 11.3 节），估算发动机的重量和轮廓尺寸（见第 7 章）。此方面工作需经过与部件设计方多轮迭代设计。

(4) 计算发动机的高度特性、速度特性和节流特性（见 6.5.1 节），如果存在确定的或潜在的配装飞机对象，需把计算结果提供给飞机设计单位，然后由飞机设计单位确定发动机的性能是否能全面满足飞机的需要，如果发现某些方面仍有差距，则返回发动机设计部门，由发动机设计部门适当调整和优化控制规律，或重新匹配热力循环参数，直到发动机能全面满足飞机性能指标为止。

### 2.2.2　设计点性能设计原则

设计点性能设计是发动机方案设计的中心内容和整个发动机设计工作的前

提,它包含对发动机结构配置、循环参数、部件性能水平和特征尺寸的确定。在进行任何其他工作状态的分析之前,必须首先确定设计点性能。

在满足现有或研制周期内可实现的零部件强度、寿命和可靠性要求前提下,选择适当循环参数以实现要求的发动机设计点性能。即在给定飞行条件和大气条件(飞行高度、飞行马赫数和大气温度、压力和湿度)下选定满足单位性能参数要求(如单位推力和耗油率等)的发动机循环参数,进一步依据推力要求确定通过发动机的空气质量流量和特征尺寸(如涡轮导向器和尾喷管喉部面积)。

循环参数决定了发动机的水平(主要参数是总压比和涡轮前燃气温度),不同的循环参数设定,发动机性能差异明显,而不同的参数对性能的影响程度是不同的。发动机总体循环参数的选择应具有一定的先进性,以保证满足发动机总体性能和各部件共同工作的要求;同时,必须设定目标性能水平的裕度,不能因为各种设计过程的不确定性影响最终性能目标的实现;要考虑最大限度地利用和借鉴国内的先进设计技术和研制经验,有较高的继承性;发动机必须具有较大的发展潜力,以满足不同型号飞机对动力装置的不同要求。

设计过程的不确定性包括以下内容。

(1) 考虑生产中加工和装配公差造成的实际发动机之间的显著偏差,建立最低性能发动机概念,即最低性能发动机必须达到性能指标要求。

(2) 必须对部件性能水平达不到任何初步设计点分析中使用的风险进行评估,定量确定性能置信度,预估潜在不足,制定性能目标时加上适当的裕度。

例如,考虑部件性能对总体性能目标影响置信度水平,参见表 2.1,表中数据仅作为示例用,不作为参考标准。

**表 2.1　初步设计分析时考虑部件性能对总体性能目标影响的三种置信度**[2]

| 置信度 | 推力 | 耗油率 |
|---|---|---|
| 高 | 2.50% | -2% |
| 中 | 5% | -4% |
| 低 | 7.5% | -6% |

(3) 从概念设计开始就应该为发动机使用一定时数后的性能衰退保留一定裕度,这将为型号立项提出性能衰减指标留下一定裕度空间。

(4) 要考虑安装损失。发动机非安装性能一致,不代表真正装机后实际安装性能也一致。要考虑相对湿度、进气道总压损失、飞机尾部到发动机喷管一体化外形带来的阻力、飞机功率提取和引气、发动机防冰需求等对安装推力的影响。

设计点设计内容详见第 5 章。

### 2.2.3　影响非设计点计算精度的几个因素

1. 可调静子

计算非设计点性能时，如果压气机有可调静子叶片（variable stator vane，VSV），压气机特性实际上是变化的，相对精确的处理是根据部件设计部门提供的多个特性图（每个对应一个可调静子叶片角度），将 VSV 作为独立变量，与压气机的流量、压比、效率构成多维特性图，VSV 变化时，通过插值获得流量、压比和效率。计算过程可能需要更换不同的压气机特性。

2. 可调喷管

类似地，喷管面积与排气温度的平方根呈正比增大，通过保持核心机涡轮的膨胀比来实现保持压气机工作线，如喷口按涡轮落压比闭环控制。在喷口建模时会用到推力系数、流量系数、流量匹配和喷管几何面积参数，喷管面积影响流通能力和推力，计算时应注意喷管面积机械限制。

3. 雷诺数的影响

雷诺数代表气体黏度对发动机性能的影响，当处于临界雷诺数以下时，黏度对发动机性能会有不利影响，部件效率、稳定工作裕度和流通能力会降低，雷诺数随进口压力的降低而减小，在高空时作用明显，另外，雷诺数与发动机尺寸有关，尺寸越小，雷诺数越小，影响越明显。

雷诺数定义为

$$Re = \frac{\rho VD}{\mu} \tag{2.1}$$

式中，$\rho$ 表示气流密度；$V$ 表示气流流速；$D$ 表示部件的特征尺度；$\mu$ 表示气流的动力黏性系数。

根据雷诺数影响部件的不同，选用不同的特征尺度、速度，可以定义不同的雷诺数。

4. 其他因素

例如：燃油低热值、大气温度、相对湿度、功率提取和引气、控制系统控制精度等。基于飞/发一体化设计时，飞机进排气形式、进气畸变、进气总压损失也必须考虑。

## 2.3　截面参数定义

随着现代航空技术的发展，飞行器本身的多样性及各类型飞行器对其动力装置提出的特殊要求，促进了不同类型航空发动机的产生和发展。为方便识别典型结构发动机各部件级间气动截面，可用数字、字母或数字与字母的组合形式对截面进行标识定义。典型发动机截面参数,参见图 2.1~图 2.3。图 2.1 为带加力的双轴涡喷发动机的结构简图及截面参数。图 2.2 和图 2.3 所示为分别排气涡扇发动机与混合排气涡扇发动机的结构简图及截面参数。

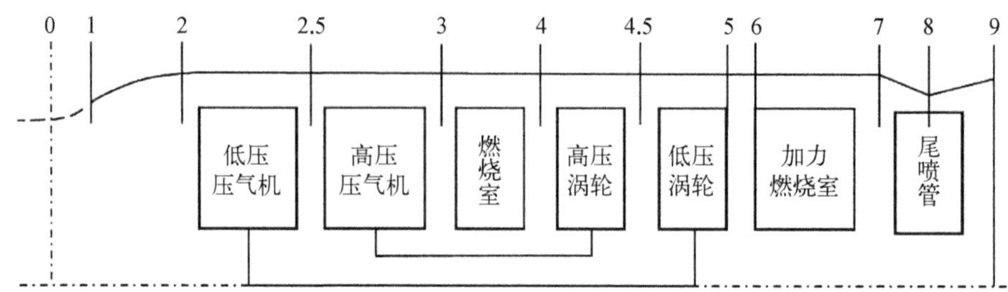


**图 2.1　双轴涡喷发动机的结构简图及截面参数**

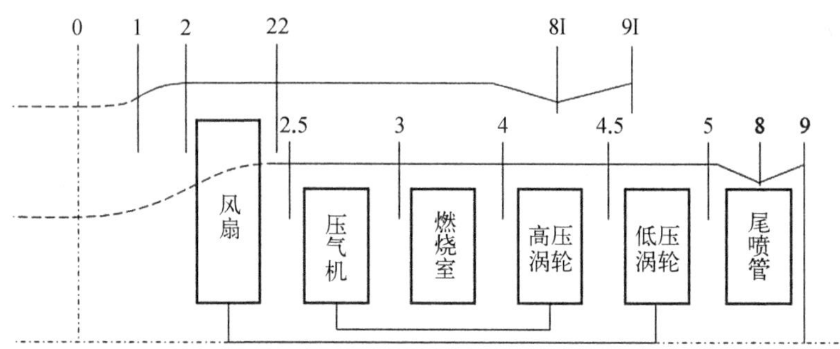


**图 2.2　分别排气涡扇发动机结构简图及截面参数**

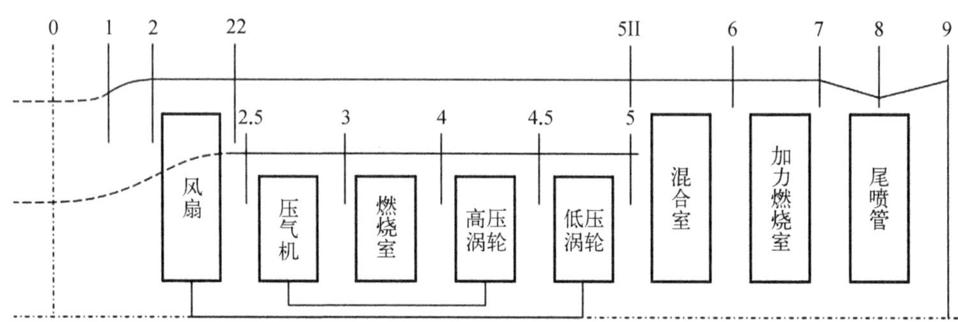


**图 2.3　混合排气涡扇发动机结构简图及截面参数**

具体使用时,可结合实际用字母与数字的组合形式按照惯用法给出。多涵道下,可用两位数字或数字与字母组合区分不同涵道气动截面,通常高、低压涡轮之间也习惯用两个数字或数字与字母组合表示,当需要识别如涡轮导向器前或后气动截面时,可用 41、42、43 等进一步细化标识,例如,用 $P_{25}$ 表示高压压气机进口总压,$T_{25}$ 表示高压压气机进口总温;而 $P_{22}$ 表示风扇后外涵总压,$T_{22}$ 表示风扇后外涵总温;$P_{45}$ 表示低压涡轮转子进口总压。

## 参考文献

[1] 《航空发动机设计手册》总编委会. 航空发动机设计手册 第 5 册：涡喷及涡扇发动机总体[M]. 北京：航空工业出版社,2001.
[2] P P 沃尔什,P 弗莱彻. 燃气涡轮发动机性能[M]. 郑建弘,胡忠志,华清,等,译. 上海：上海交通大学出版社,2014.

# 第3章 总体设计基本流程

## 3.1 总体设计阶段划分

由于航空发动机研发过程的系统复杂性,其设计研制流程具有“分阶段”和“反复迭代”的特点。在航空发动机全寿命周期范围内的不同阶段,总体设计所关心的研究任务也有所不同:在应用基础研究阶段,主要进行探索新方法、新概念和新原理的研究活动,为解决航空发动机研制中总体技术问题提供理论支撑;在应用研究阶段,则运用应用基础研究成果,探索新方法、新概念和新原理在航空发动机上应用的可行性,为航空发动机研制提供总体、先进部件和系统的技术基础;在技术储备达到一定成熟度后,则针对装机对象开展发动机需求分析及相关利益攸关者的协调工作,确定发动机顶层的设计指标;在概念方案设计阶段,则主要以需求为牵引开展航空发动机总体性能、总体结构;在工程研制阶段,则主要开展航空发动机性能、结构、功能、强度、寿命等指标的技术验证工作。以上阶段的设计过程中一旦出现技术无法满足要求的情况,将根据具体设计流程返回之前某个阶段。

目前,航空发动机设计研制阶段暂无统一的划分标准,按不同的标准有不同的阶段划分。有的设计单位将航空发动机全寿命周期划分为5个阶段,即论证阶段、方案阶段、工程研制阶段、设计定型阶段和生产定型阶段,并对每个阶段作了定义。论证阶段的主要任务是通过论证和必要的试验,初步确定战术技术指标、总体技术方案及初步的研制经费、研制周期和保障条件,配合用户编制《研制总要求》。方案阶段的主要任务是根据经批准的《研制总要求》,开展方案的论证、验证,形成《研制任务书》。工程研制阶段的主要任务是根据经批准的《研制任务书》进行武器装备的设计、试制和试验。设计定型阶段的主要任务是对武器装备性能和使用要求进行的全面考核,以确认其是否达到研制任务书和研制合同的要求。生产定型阶段(工艺定型)的主要任务是对产品批量生产条件和质量稳定情况进行的全面考核,以确认其是否达到批量生产的标准。有的设计单位将航空发动机全寿命周期分为7个阶段,即论证阶段、方案阶段、工程研制阶段、设计定型阶段、生产定型阶段、批量生产阶段和使用保障阶段，但并未对各研制阶段研制内容作出明确定义。

国外对航空发动机研制阶段的划分也不尽相同，如英国罗·罗公司在设计研制的全寿命期内，将研制阶段划为四个部分，分别为方案设计、深化设计、详细设计、后续发展。美国国防部则几经调整研制阶段，分为基础研究、应用研究、先期技术发展、先期部件发展、系统发展和验证、作战系统发展六个阶段。

国内航空发动机设计领域经过几十年的努力，先后开展军、民航空发动机和燃气轮机设计和工程研制，积累了一定的设计经验，初步形成了一套设计方法、规范和流程。结合已有工程实践经验，根据产品全寿命期的定义，按从概念生成到衍生发展的时间顺序，总体设计流程分为方案设计流程和架构设计流程。方案设计流程主要是开展航空发动机研制方案论证，开展需求分析，提出一个或多个满足战技指标要求且可能实施的方案。架构设计流程则主要是完成航空发动机详细设计，从而完成航空发动机产品和系统组成架构，并针对各级需求开展试验验证，完成航空发动机技术鉴定，之后将开展批量生产服务保障、技术状态管控和型号的衍生发展。

## 3.2 总体设计流程

### 3.2.1 流程的定义

流程是指产品研发过程中的各个技术环节安排的各项技术活动的程序，包括各阶段技术活动的程序。航空发动机设计流程是对发动机设计及相关制造、试验、应用中的各个技术环节安排的各项技术活动的程序，包括各阶段技术活动的程序及各项技术活动中所需遵循的规范。

航空发动机设计流程是航空发动机设计研发体系的核心纽带，不仅负责任务流、数据流的驱动、状态反馈，而且将各专业研发活动按一定逻辑顺序有机集成在一起，设计研发人员将依据流程规定的程序进行设计、制造、试验、应用等研发活动。

总体设计流程贯穿发动机设计研发的全过程，并且与飞机/用户及部件系统多个专业交叉融合，作为发动机设计的顶层，通过一系列的技术活动，采用相应的物理模型和分析工具，将用户需求转化为产品技术要求和可验证的指标，通过功能分解确定产品架构，最终将总体指标分解给部件和系统，并策划整机集成验证项目，同时对产品的技术状态进行管控的设计过程，具体见图3.1和图3.2。

航空发动机总体设计流程可以分为方案设计流程和架构设计流程进行抽象说明，其中依据不同的型号特点可以进行拆分，以下简要说明。

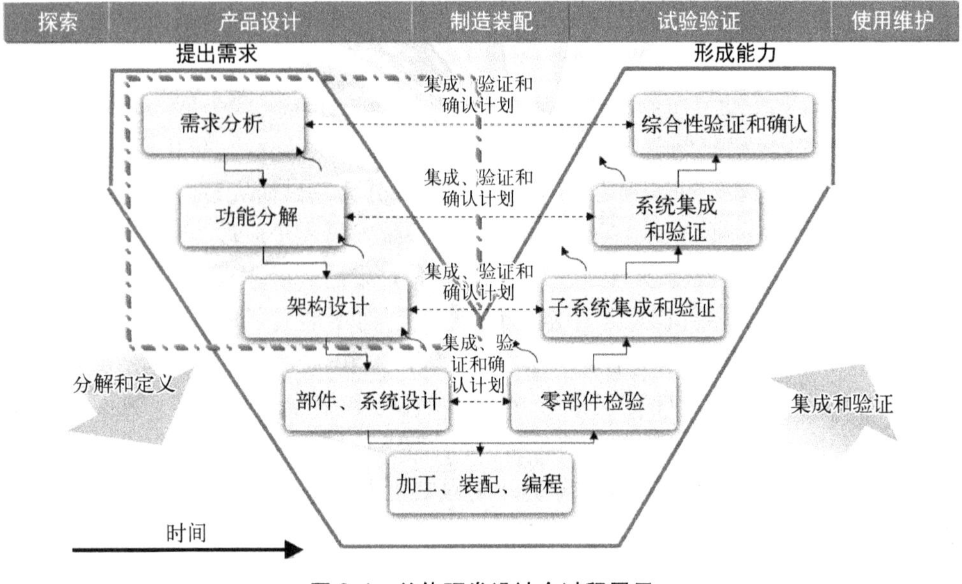


图 3.1 总体研发设计全过程展示

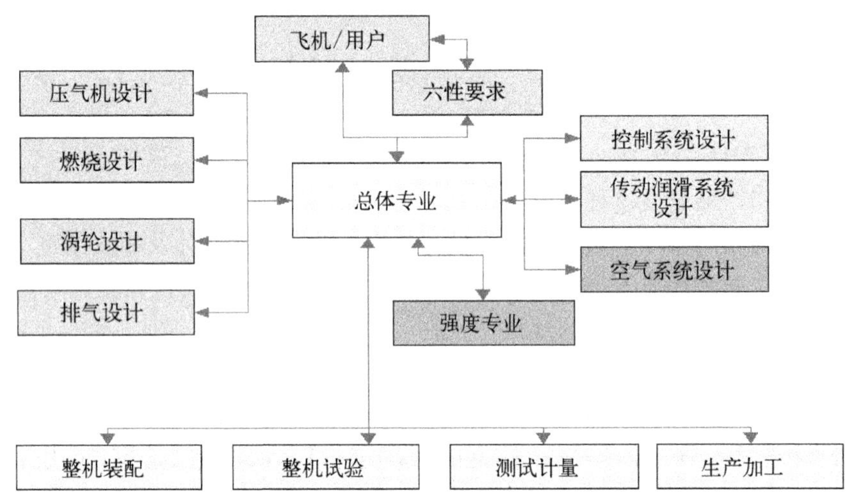


图 3.2 总体设计专业与其他专业技术交互

### 3.2.2 方案设计流程

方案设计为发动机设计的初始阶段，主要开展发动机架构的初始设计，获得发动机设计的初始参数，为后续迭代优化设计提供初值，其中初始设计过程中需要依据发动机设计需求，并结合设计经验开展。方案设计流程如图 3.3 所示，大致可分为需求分析、设计点选取及热力循环计算、部件气动热力设计、设计点热力计算和部件气动特性迭代计算、发动机总体布局设计、非设计点性能设计、总

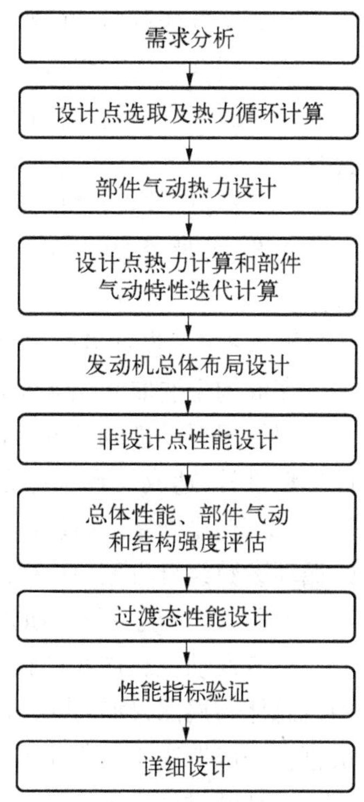


**图 3.3　概念设计流程**

体性能、部件气动和结构强度评估、过渡态性能设计、性能指标验证及详细设计等几部分。

#### 3.2.2.1　需求分析

总体专业应根据第一类边界条件(飞机要求、用户需求、市场预测)开展需求分析,编写需求分析报告,同时应考虑第二类边界条件及航空发动机相关利益攸关者,其中的技术指标要兼顾技术挑战、发展潜力和生产成本等影响因素,需求应包括产品级、整机级、部件系统级各维度的要求,其中重点应包括以下几个方面。

(1) 设计点和典型工作点的性能指标: 包括正常性能、最低性能、性能衰减裕度及性能增长潜力等方面的指标。

(2) 所有发动机工作状态和完整的工作包线,包括考虑温度、压力、湿度、飞行马赫数和安装损失等因素下的工作包线。

(3) 需求应考虑起动包线、起动和过渡态的响应时间等指标。

(4) 需求应考虑燃油类型和排放要求。

(5) 需求应考虑发动机直径、长度和重量等指标。

(6) 需求应考虑翻修间隔时间和循环寿命等因素。

(7) 需求应考虑项目周期、材料成本及生产成本。

(8) 需求应考虑可能发展的任何其他衍生型发动机。

#### 3.2.2.2　设计点选取及热力计算

根据需求报告的需求指标完成发动机设计点选取和计算,其中设计点选取应考虑飞机和用户使用要求,计算过程需优化各因素迭代计算,形成最理想的设计点,具体包含以下几个方面的工作:

(1) 根据目前航空发动机技术水平,初步确定发动机基本构型及循环参数水平;

(2) 利用总体性能计算软件,进行热力循环参数分析;

(3) 绘制循环参数范围,考虑温度和强度等水平,确定发动机的热力循环参数(见 2.1.1 节);

(4) 设定各组成部件的性能目标和具体指标,开展设计点的热力计算。

#### 3.2.2.3　部件气动热力设计

视情考虑第二类边界条件等因素,利用部件性能计算软件和经验数据,完成部件参数气动热力设计。主要包括以下几个方面:

(1) 对设计点假设的部件性能参数进行评定,并给出初始部件尺寸流路;

(2) 联合结构和强度设计师,对与强度相关参数进行评定;

(3) 压气机、涡轮、机械系统等协商确定转子转速,需兼顾部件的指标、级数和直径;

(4) 在以上参数选取后,部件重量和成本可以初步估算。

至此,部件性能水平基本确定,需要说明的是部件性能水平可以是多种方案。

#### 3.2.2.4 设计点热力计算与部件气动迭代

完成构型选取和循环参数确定,主要是循环迭代的过程:

(1) 根据反馈的部件性能水平,对设计点计算反复迭代,必要时可重新开展部件气动设计,达成一致意见后最终确定航空发动机设计构型;

(2) 构型确定后,还需多个回合的迭代优化计算,对比体现不同部件性能水平的循环参数组合方案,在多个组合方案中选出最佳方案。

#### 3.2.2.5 航空发动机总体布局设计

航空发动机总体布局设计,主要通过开展结构指标评估,根据气动参数绘制发动机总体布局图,确定发动机流道尺寸;同时检验发动机的直径和重量要求:核心机直径一般取决于压气机和涡轮出口马赫数,外涵通道面积取决于压力损失,重量取决于部件设计水平。

#### 3.2.2.6 非设计点性能设计

设计点热力计算结果确定后,发动机的基本几何尺寸也基本确定;利用总体性能计算软件计算非设计点性能(高度/速度特性等),并开展控制规律初步设计;计算的非设计点性能要包含所有典型工作点及工作包线的边界位置;设计时要充分考虑关键参数的最大/最小值(如转速、进气温度、进气压力等)、发动机性能裕度(如涡轮排气温度、推力等)。

#### 3.2.2.7 性能、部件气动和结构强度评估

航空发动机非设计点性能水平确定后,总体性能、部件气动、结构强度设计师需针对发动机使用包线和使用状态开展非设计点性能数据的详细校核。

(1) 评估发动机推力和耗油特性是否满足包线性能要求。

(2) 评估部件性能是否保证工作包线内发动机性能和气动稳定性的要求。

(3) 评估部件应力、振动等是否满足工作包线使用要求。

#### 3.2.2.8 过渡态性能设计

过渡态性能及可操纵性评估主要是指以下两个方面内容:

(1) 采用总体性能计算软件评估起动、加速、减速、加力接通时间及气动稳定性等水平,使其满足指标要求;

(2) 过渡态过程中,发动机应保证足够的喘振裕度、贫油熄火裕度,并保证不

超温超转,可采取可调静子叶片或放气阀等措施来调整裕度。

#### 3.2.2.9　性能指标验证

按照以上步骤经过几轮的迭代,通过仿真满足所有需求后才能结束方案设计阶段,然后将最终的发动机设计结果与所提出的需求进行全面比较,判断是否进入详细设计阶段。详细设计主要包括总体对各部件、系统提出详细具体的设计要求,部件和系统开展自身的详细设计。

### 3.2.3　架构设计流程

发动机架构设计是在方案设计基础上开展的发动机详细优化设计,设计过程中包括发动机所有技术指标和数据。架构设计流程如图3.4所示,大致可分为需求分析、转子支承方案设计、承力框架和传力路线设计、部件/系统结构初步设计、部件/系统结构与性能迭代设计、连接结构设计、发动机架构、转子动力学、轴向力、重量估算、迭代完成、详细设计等几部分。

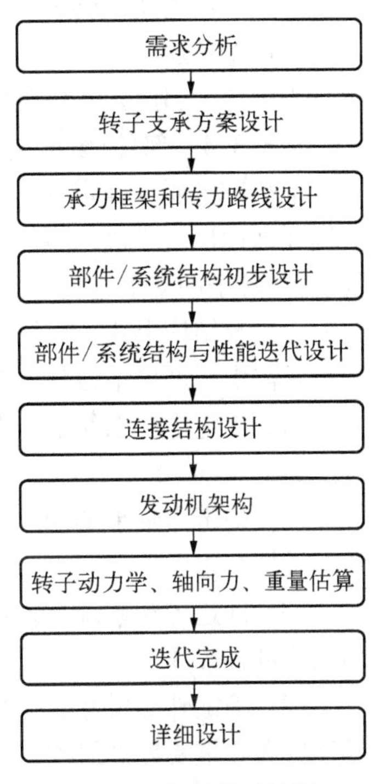


**图3.4　架构设计流程**

#### 3.2.3.1　需求分析

在发动机概念设计的基础上,开展构架设计,在概念设计输出项的基础上,开展架构设计的需求输入确定及分析,主要包括以下几个方面:

(1) 发动机重量;

(2) 外廓限制尺寸;

(3) 发动机安装基本要求;

(4) 材料、工艺水平;

(5) 翻修间隔时间和循环寿命;

(6) 维护性、测试性、环境适应性等要求;

(7) 各部件进、出口截面气动参数;

(8) 发动机气动流路;

(9) 部件基本结构类型。

#### 3.2.3.2　转子支承方案设计

完成需求分析后,开展转子支承方案设计。支承结构确定后,支承点数目、位置也将确定,对后续结构设计诸多因素都会产生影响。支承方案设计主要考虑以下几个方面:转子支承方案的设计不仅应保证转子的横向刚性并能可靠地承受转子的负荷,还应使发动机的结构简单、装拆方便。

#### 3.2.3.3　承力框架和传力路线设计

承力结构设计要求:

（1）有利于发动机载荷的分布和传递，缩短传力路线，减少承力框架，在转子上合理选取止推轴承的位置减少压气机和涡轮转静叶片的轴向位移变化；

（2）有利于转子变形、转静件间的间隙控制，具有足够的强度和刚度特性，减小在冲击载荷作用下的轴系变形；

（3）有利于结构间的振动隔离，支承结构应有良好的振动隔离性，必要时可通过阻尼提高结构的振动衰减；

（4）承力机匣同时还担负调节气流方向、形成部分气流通道、安装通油、通气管路及其他零组件的功能；需要采用多功能集成方案，协调解决各种不同的结构和功能需求。

一般小涵道比双转子发动机的主安装面位于风扇转子与压气机转子之间，采用中介机匣传递推力载荷。根据涡轮及其后面的部件上负荷向前传力，传力路线可分为内传力、外传力、内外混合传力及内外平行传力四种传力方案。

#### 3.2.3.4 部件/系统结构初步设计

本小节主要是确定各部件的主要结构形式和材料，对于结构的具体细节可待后续详细设计阶段进一步补充完善，但影响结构方案成立与否的具体结构应明确规定，如转子的支承结构、支点跨距、主承力机匣的结构形式、主安装节和辅助安装节的配置及结构形式、部件调节机构的运动机制和所占空间位置，而要确定以上结构形式需先开展以下设计活动：

（1）确定空气系统的流路和流向，为开展部件、系统初步设计提供空气系统耦合边界；

（2）确定主轴承的润滑系统及其密封结构，为开展部件、系统初步设计提供润滑系统耦合边界；

（3）确定传动系统及附件功率的提取方案，为开展部件、系统初步设计提供传动系统耦合边界；

（4）确定外廓尺寸、飞/发等协调的限制尺寸、发动机内部结构的特性尺寸和各部件间的重要界面尺寸，为开展部件、系统初步设计提供整机结构耦合边界。

#### 3.2.3.5 部件、系统结构与性能迭代设计

开展各部件、系统性能和结构专业的设计迭代，主要解决以下几个方面的矛盾：

（1）气流通道与外廓限制尺寸的矛盾；

（2）气流通道内各部件流阻系数的选取与具体结构形式的矛盾；

（3）部件效率和结构可行性的矛盾；

（4）性能调节功能的要求和调节机构结构实现、推重比的矛盾；

（5）循环参数和推重比的矛盾；

（6）推重比与结构设计、工艺和材料水平的矛盾。

#### 3.2.3.6　连接结构设计

连接结构设计主要是确定两个部件间的连接结构形式，在架构设计中，需要重点考虑转子部件间的连接，静子连接可在详细设计中随机匣的设计进行。基本设计要求主要包括以下几个方面：

（1）设计应满足传递扭矩和传递轴向负荷的需要；

（2）设计的连接结构应具有足够的刚性；

（3）设计的连接结构可以实现两个或多个连接件之间稳定的连接状态；

（4）连接件结构设计应保证其接触疲劳损伤引起的附加不平衡度在规定的允许值内；

（5）连接结构件的设计应考虑降低对转子系统振动响应的影响。

航空发动机转子连接结构一般分为刚性联轴器和柔性联轴器，其中刚性联轴器在工业设计中较为常见，包括套齿式联轴器、圆弧端齿联轴器等形式；而柔性联轴器则需要根据具体的结构形式开展设计，主要有带球形接头或半球形接头的套齿联轴器、浮动球形垫圈的套齿联轴器等，设计过程中应包括以下两个方面：

（1）当多支点转子存在不同轴现象时，需要采用柔性联轴器协调转子因不同轴产生的弯曲；

（2）对于采用三个支点支承的转子，需要联轴器既能传递扭矩和弯矩又能协调支承或转子的不同轴；对于采用四个支点支承的转子，其联轴器只需传递扭矩，可以不传递弯矩。

#### 3.2.3.7　航空发动机架构

完成以上工作后就具备了完成发动机架构的所有条件，即可开展发动机构架设计，完成总体结构方案图编制，架构设计包含以下几个方面：

（1）体现基本工作原理、总体结构形式、部件结构特点和协调关系；

（2）包含发动机的承力系统、传力路线、转子的支承结构和发动机的安装系统，如主承力框架、支承结构和主轴承的类型等；

（3）表示最大长度、进出口截面等主要流路尺寸、气动可调环节和轮廓；

（4）表示部件间的装配关系、装配顺序、装配路径；

（5）明确主设计、装配基准，标注各部件、可更换单元主要特征和关键控制尺寸，反映各部件、单元体界面及其轴向和径向装配定位关系以及它们的连接结构形式；

（6）发动机起动和功率提取传动路线和结构要素；

（7）空气系统、防冰系统、润滑系统、飞机引气等系统的内流流路；

（8）各部件的主要结构形式和主要特征尺寸应明确，影响方案成立与否的具体结构如转子的支承结构、各支点间的距离、轴的直径、主承力机匣的结构形式、主、副安装节的配置及结构形式、部件调节机构的运动机制、所占空间位置等要确定。

#### 3.2.3.8 转子动力学、轴向力、重量评估

(1) 发动机转子动力学评估：主要包括临界转速分析、应变能分析、支承刚度敏感性分析；根据分析结果对总体结构方案进行合理调整。

(2) 发动机轴向力评估：主要包括发动机设计点状态下的发动机轴向力估算；根据估算结果对总体结构方案进行合理调整。

(3) 发动机重量估算和分配：根据初步确定的部件结构进行发动机重量估算；根据整机估算结果，分配各部件和系统的重量指标，发动机重量应能满足设计要求。

#### 3.2.3.9 迭代完成

在上述设计评估过程中，需与各部件、系统设计进行迭代，主要包括以下几个方面。

(1) 评估各部件的主要性能、结构来源和特点：对于继承已设计部件应评估原有工作条件及性能，分析引入本方案后工作条件的差异、结构变动情况及对性能的影响；确定自行设计的部件、采用的原准机或参考机，评估其技术成熟度。

(2) 综合评价结构方案特点，主要从结构的先进性、可行性、继承性、维修性和可靠性等进行综合分析，并分析本方案所能达到的性能指标和结构数据。

(3) 明确方案设计中采用的新技术、新材料和新工艺，制定三新攻关计划。

(4) 明确方案设计中存在的技术关键、解决的途径和措施，对结构方案进行风险评估。

按照以上步骤经过几轮的迭代，满足所有指标后结束架构设计，然后将最终的发动机设计结果与所提出的需求进行全面比较，判断是否进入详细设计阶段。详细设计主要包括总体对各部件、系统提出详细具体的设计要求，部件和系统开展自身的详细设计。

# 第4章 边界条件——设计目标和设计约束

边界条件是指航空燃气轮机总体设计所需的全部输入条件。边界条件通常分为两大类。第一类边界条件来自用户的需求。其中,最常见的情况就是飞机设计方对动力装置提出的需求,还有一种情况,是一些专业机构为用户建立的统一需求。这些需求经常以标准和规范形式制定下来。例如,国际民航组织的适航标准和国军标、通用规范等。飞行器的用户也会跨过飞机直接对发动机提出需求。第二类边界条件来自发动机供应商自身。它是由发动机供应商的设计水平和制造能力决定的。

在发动机总体设计之前,边界条件的完整性检查是必不可少的。航空燃气轮机总体设计的目标都来自第一类边界条件,而设计约束则来自除设计目标之外的第一类边界条件和所有第二类边界条件。本章主要讨论如何准确地描述第一类边界条件中飞机对动力装置的需求,以及体现发动机供应商设计水平的第二类边界条件。

## 4.1 第一类边界条件

在第一类边界条件中,飞机对动力装置的需求贯穿了发动机设计的整个过程,其中一部分也构成了发动机总体设计的牵引和目标。

在讨论第一类边界条件的定义和形成过程之前,必须首先了解用户对飞机的需求。军用和民用市场对飞机最初的需求可以概括为有效载荷、航程、航时、最大飞行高度和最大飞行速度等基本性能指标。这也是设计目标的最初数据来源。设计人员根据这些基本性能指标的要求来构建飞机的初步气动布局、典型任务剖面和重量分配,并通过分析典型任务剖面的性能,得到对动力装置初步的尺寸、重量和安装形式的需求,以及典型任务剖面中的关键性能点对动力装置推力和耗油率等的需求。对于作战类飞机,关键性能点通常包括标准天起飞、高温起飞、高原起飞、最大爬升、亚声速巡航、超声速巡航、亚声速盘旋、超声速逃逸等典型工况;对于运输类飞机,关键性能点通常包括标准天起飞、高温起飞、高原起飞、最大爬升、亚声速巡航、单发失效等典型工况。所有这些需求最后形成了发动机总体设计的第一类边界条件。

飞机对发动机的设计需求，通常包括：工作包线、典型点推力和耗油率、推力瞬态性能、气动稳定性、飞机引气和功率提取、外廓尺寸和重量、机械和电气接口、使用寿命等。隐身飞机还会提出发动机隐身需求；民用飞机通常会对发动机提出噪声和排放等环保指标。

### 4.1.1　工作包线

发动机工作包线，在满足飞机需求的前提下由发动机气动热力与机械限制所确定的高度/速度包络线，包线范围大小对发动机性能、工作稳定性与强度的极限设计有较大影响。发动机设计时必须考虑全工作包线内所有限制条件，既要实现最佳性能和足够的稳定裕度，又要保证其结构强度满足全寿命期需求。

图 4.1 为常见的作战类发动机工作包线示意图，规定了发动机工作的高度和速度范围，左边曲线 1 表示最小飞行速度，上面的曲线是升限边界；右边的曲线 5 和 6 代表最大飞行表速和最大飞行马赫数。一般按照不同工作条件特点，把整个发动机工作包线分为若干个工作区域，在这些区域内对飞机设计需求与发动机使

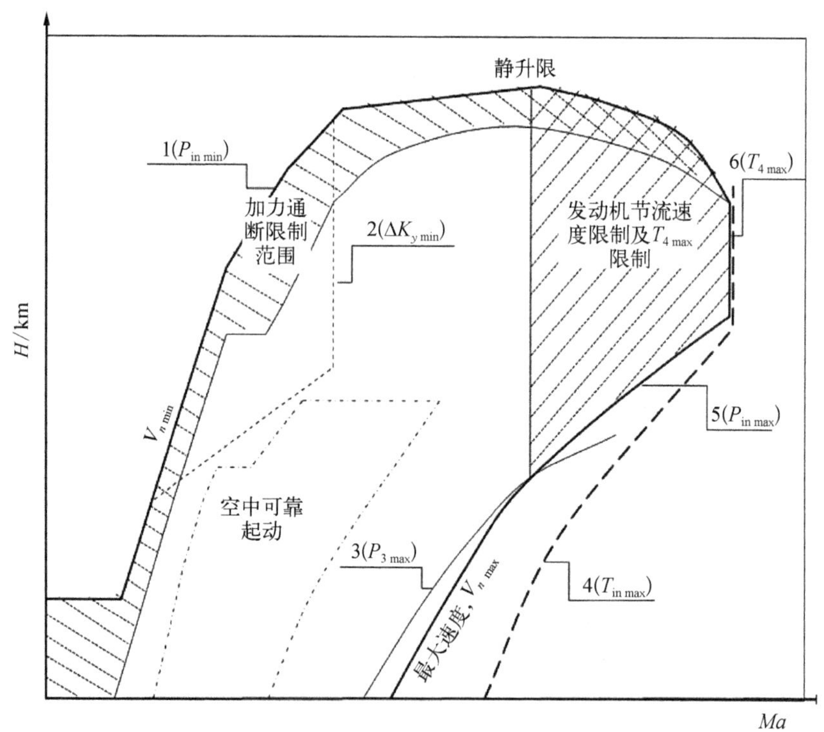


**图 4.1　作战类发动机的工作包线**

$P_{in}$ –发动机进口压力；$T_4$ –高压涡轮进口温度；$H$ –高度；$T_{in}$ –发动机进口温度；$P_3$ –高压压气机出口压力；$Ma$ –马赫数；下标 min –最小；下标 max –最大

用限制进行折中研究，以便选择出最佳设计方案。

1. 气动稳定性限制

在图4.1中曲线1和曲线2之间区域，工作环境温度低，发动机换算转速相对偏高，飞机保持姿态一般需要较大迎角和侧滑角，使得发动机进气扰动和畸变较大，同时在该区域内雷诺数效应较为明显，是发动机气动稳定性设计需要考虑的重点区域。在超声速飞行状态，可能出现的进气道“嗡鸣”现象，使发动机进口气流不稳定而发生喘振。考虑到进气道的这种影响，需要限制发动机进口空气流量工作的范围，并可能在超声速飞行时对加力断开和油门操作做一些限制。

2. 燃烧限制

当飞行高度增加、飞行速度降低时，燃烧室进口压力减小、温度降低，主燃烧室/加力燃烧室工作条件趋于恶化，使发动机受到燃烧稳定性方面的限制，出现空中起动和加力通断不可靠等方面问题。考虑到这些因素，要规定发动机允许进行空中起动和加力通断操作的区域。

3. 结构强度限制

在图4.1中曲线4和曲线5之间区域，发动机设计时在所有工作条件都要保持一定的强度储备，对于发动机稳定工作状态，要限制转速、涡轮前温度值和压气机出口压力值，它们对机匣、压气机/涡轮叶片的强度储备影响最大；为保证涡轮冷却系统和滑油冷却系统的正常工作，可能要限制发动机进口温度最大值。根据结构件强度要求，要限制最大速度。

另外，工作包线还应包括标准规定的最低温度和最高温度条件下的所有工作极限条件。非标准大气条件下的工作包线是航空发动机设计时需要考虑的重要内容之一，因为不同环境温度下，发动机工作包线差异很大，如热天条件下，由于发动机可能工作在限温状态，飞机很难达到标准大气要求的最大包线范围。

### 4.1.2　典型点推力和耗油率

飞机设计人员可以通过分析典型任务剖面从而对典型点的发动机推力和耗油率提出需求，通常作为发动机总体设计的目标。

图4.2和图4.3分别给出了作战类和运输类飞机的典型任务剖面示意图。可以看出，两类飞机的典型任务剖面相差很大，所以发动机的研制需求也有很大的差异。通常，作战类飞机以机动性为主要设计目标，其对发动机的需求更加侧重于盘旋、超声速巡航和冲刺等机动飞行工况的推力；而运输类飞机以经济性为主要目标，其对发动机更加侧重于亚声速巡航工况的耗油率。

表4.1和表4.2分别给出了作战类和运输类飞机性能的常用需求格式。考虑到非标大气条件下的推力保持，表中的环境温度列中的$\Delta T$（相对标准天的环境温度差值）可以根据飞行器的实际需求确定。

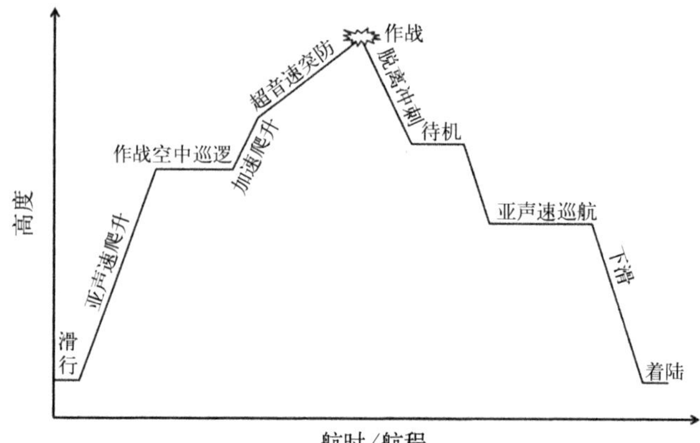


图 4.2 作战类飞机的典型任务剖面[1]

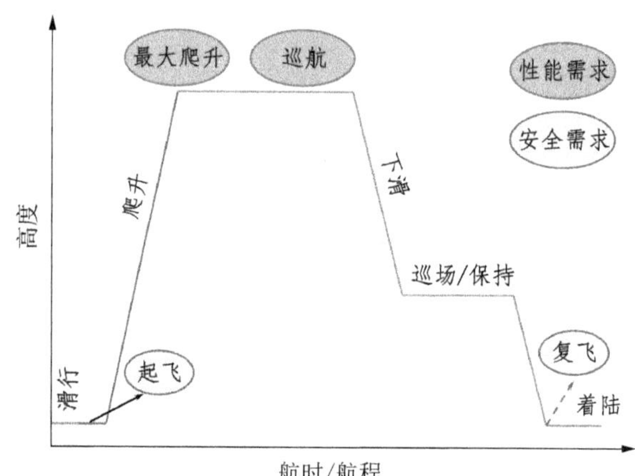


图 4.3 运输类飞机的典型任务剖面

表 4.1 作战类飞机对发动机的性能需求

| 关键性能点 | 高度/m | 环境温度/℃ | 马赫数 | 推力/N | 耗油率/[kg/(N·h)] |
|---|---|---|---|---|---|
| 起飞 | 0 | ISA+15 | 0 | | |
| | | | 0.25 | | |
| | | ISA+△$T$ | 0 | | |
| 最大爬升 | | ISA+△$T$ | | | |
| 亚声速巡航 | | ISA+△$T$ | | | |
| 不加力超巡 | | ISA+△$T$ | | | |
| 盘旋 | | ISA+△$T$ | | | |
| 超低空突防 | | ISA+△$T$ | | | |

续　表

| 关键性能点 | 高度/m | 环境温度/℃ | 马赫数 | 推力/N | 耗油率/[kg/(N·h)] |
|---|---|---|---|---|---|
| 冲刺 | | ISA+$\Delta T$ | | | |
| …… | | | | | |
| 备注 | 燃油牌号：　　热值： | | | | |

**表 4.2　运输类飞机对发动机的性能需求**

| 关键性能点 | 高度/m | 环境温度/℃ | 马赫数 | 推力/N | 耗油率/[kg/(N·h)] |
|---|---|---|---|---|---|
| 起飞 | 0 | ISA+15 | 0 | | |
| | | | 0.25 | | |
| 最大爬升 | | ISA+$\Delta T$ | | | |
| 最大连续 | | ISA+$\Delta T$ | | | |
| 亚声速巡航 | | ISA+$\Delta T$ | | | |
| …… | | | | | |
| 备注 | 燃油牌号：　　热值： | | | | |

### 4.1.3　推力瞬态性能

发动机研制过程中必须确定推力的瞬变特性，以满足飞机复飞、逃逸、盘旋和格斗加速等飞机任务性能的需求。油门杆以任何速率操纵的推力瞬变过程，发动机应能够满意地工作，无失速、喘振、熄火现象，不应引起任何机械损坏。在规定的用户引气、用户功率提取、防冰引气、进气畸变等单独的或任何组合的形式下，所有非标准天条件下及整个工作包线范围内，发动机均应满足规定的瞬变指标要求。表 4.3 给出了常见的推力瞬变时间需求格式。

**表 4.3　飞机对发动机的瞬态性能需求**

| 序号 | 高度/km | 速度/(km/h) | 初始状态 | 终止状态 | 瞬态时间 |
|---|---|---|---|---|---|
| 1 | 0~3 | ≯280 | 慢车 | 中间 | |
| 2 | >3 | | 慢车 | 中间 | |
| 3 | 0~3 | | 慢车 | 最大 | |
| 4 | | | 中间 | 最大 | |
| 5 | | | 最大 | 中间 | |
| 6 | 0~3 | ≯280 | 中间 | 慢车 | |

续 表

| 序号 | 高度/km | 速度/(km/h) | 初始状态 | 终止状态 | 瞬态时间 |
|---|---|---|---|---|---|
| 7 | 0~3 | ≯280 | 30%中间推力 | 中间 | |
| 8 | 0 | ≯280 | 20%中间推力 | 30%中间推力 | |
| 9 | 0 | ≯280 | 20%中间推力 | 10%中间推力 | |
| 10 | 0~3 | ≯280 | 慢车 | 最大可用反推力 | |
| 11 | …… | | | | |
| 备注 | 燃油牌号: | | 热值: | | |

某些短距起降飞机和舰载机,由于起降距离较短,为保障起降过程的安全,除对发动机提出时间需求外,还会提出考核瞬态过程推力变化速率的指标要求,示意图见图 4.4。一般来说,若规定发动机瞬态全程的推力指标要求,将比常规时间指标规定严苛得多,需要更为慎重地选择加速供油和几何调节等控制规律。

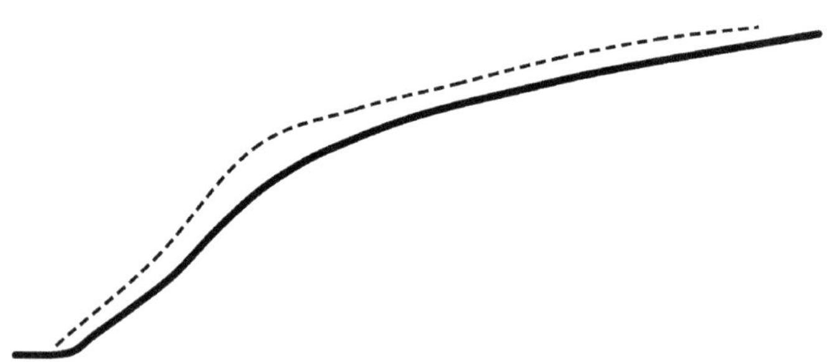

**图 4.4 发动机推力上升率指标示意图**

### 4.1.4 进发匹配需求

飞行过程对发动机进口的扰动情况极为复杂,飞机进行较大侧滑角或负迎角的机动飞行,或在大气阵风及强烈紊流条件下发动机进口气流压力急剧变化,会在进气道内形成非正常扰流,使气流不均匀度和脉动增大。当飞机遇到大气中的冲击波时,则在发动机进口形成阶跃型总压变化。当飞机发射武器或在舰面偏流板前工作时,可能引起发动机的进口气流温度大幅度急剧上升,形成进口气流温度和压力的组合畸变,短时强烈地作用于发动机上,大幅度减小压缩部件剩余稳定裕度。若发动机工作时所需进气流量,超过进气道允许流量范围,也可能导致进气道工作不稳定,进气道出口气流扰动增大,甚至可能会使发动机不稳定工作。表 4.4 分别给出了进发匹配的常用需求格式。

表 4.4　飞机对发动机的进发匹配边界条件

| 序号 | 高度/km | 马赫数 | 进气畸变 | | | | 进气道出口流量限制/(kg/s) | |
|---|---|---|---|---|---|---|---|---|
| | | | 最大综合压力畸变 | 典型状态温度畸变 | 进气道出口流场图谱 | …… | 流量上限 | 流量下限 |
| 1 | | | | | | | | |
| 2 | | | | | | | | |
| 3 | | | | | | | | |

进气道的另一边界条件是指进气道损失特性。发动机非设计点性能计算时，要通过进气道特性插值计算给定工况的进气道总压恢复系数。进气道特性与其构型有很大的关系。此处将进气道大致分为两类：一类是运输类飞机常用的亚声速进气道；另一类是作战类飞机常用的超声速进气道。亚声速进气道的特性可以描述为总压恢复随进口换算流量和飞行马赫数的变化关系，如图 4.5(a) 所示；超声速进气道的特性可以描述为总压恢复随进气攻角和飞行马赫数的变化关系，如图 4.5(b) 所示。

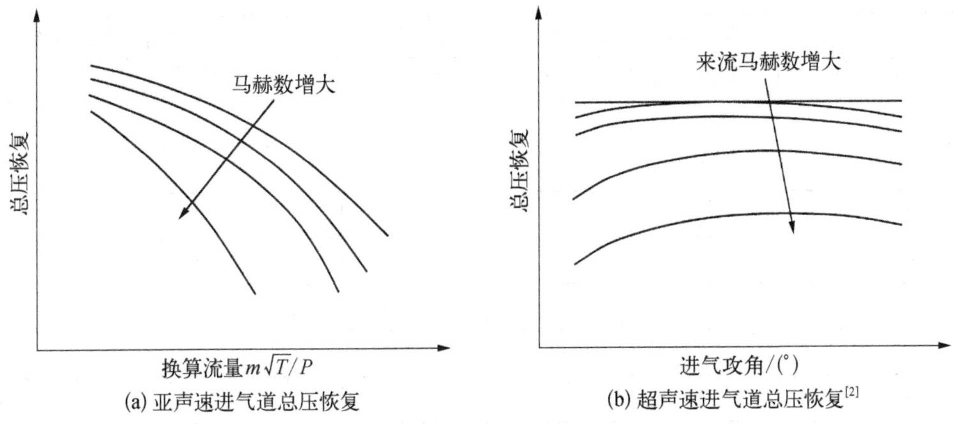

(a) 亚声速进气道总压恢复　(b) 超声速进气道总压恢复[2]

图 4.5　进气道特性的示意图

### 4.1.5　飞机引气和功率提取

发动机引气用于飞机机舱的温度/压力调节、燃油油箱增压及飞机机翼的防冰。飞机从发动机提取功率分别用于航电系统、武器系统、机翼防冰及起落架等液压系统的工作。在不同工况下的飞机引气和功率提取是不同的，例如，起飞和着陆状态需要收放起落架，此时的液压功率提取消耗较大；发射武器的时候，武器系统的电功率提取较大；穿越对流层的时候需要防冰，此时的防冰引气和电功率提取较大。表 4.5 和表 4.6 分别给出了飞机引气和功率提取的常用需求格式。

表 4.5 飞机引气的需求

| 航　段 | 引气量(单发,kg/s) | 压力需求/kPa | 温度需求/K |
|---|---|---|---|
| 滑行 | | | |
| 起飞 | | | |
| 爬升 | | | |
| 亚声速巡航 | | | |
| 不加力超巡 | | | |
| 机动飞行 | | | |
| 下滑 | | | |
| 接地 | | | |
| 着陆 | | | |
| 最大连续 | | | |
| …… | | | |

表 4.6 飞机功率提取的需求

| 航　段 | 液压泵功率提取(单发) | | 发电机功率提取(单发) | | 总功率提取(单发) |
|---|---|---|---|---|---|
| | 功率/kW | 效率 | 功率/kW | 效率 | 功率/kW |
| 滑行 | | | | | |
| 起飞 | | | | | |
| 爬升 | | | | | |
| 亚声速巡航 | | | | | |
| 不加力超巡 | | | | | |
| 机动飞行 | | | | | |
| 下滑 | | | | | |
| 接地 | | | | | |
| 着陆 | | | | | |
| 最大连续 | | | | | |
| …… | | | | | |

### 4.1.6 外廓尺寸和重量

迎风面积和重量会影响飞机的航程和有效载荷,所以飞机设计人员会对发动机的外廓尺寸和重量有明确要求。表 4.7 给出了飞机对发动机外廓尺寸和重量的需求格式。

表 4.7　外廓尺寸和重量的需求

| | 最小值 | 最大值 |
|---|---|---|
| 风扇直径 | | |
| 短舱直径 | | |
| 发动机长度 | | |
| 推进系统长度 | | |
| 发动机重量 | | |
| 推进系统重量 | | |
| …… | | |

### 4.1.7　飞发接口要求

飞发接口是指飞机和发动机两个系统间共同边界的功能特性、物理特性条件。接口控制是航空发动机总体设计的一项重要组成内容，相关工作贯穿于型号设计与研制工程实施的全过程，并不断地进行补充、完善和修订。表 4.8 给出了飞行器和发动机间接口的主要分类和内容。

表 4.8　飞发间的接口要求

| | 具 体 项 目 | 要　　求 |
|---|---|---|
| 功能性能接口 | | |
| 机械接口 | | |
| 电气与信号接口 | | |
| 地面保障设备接口 | | |
| …… | | |

### 4.1.8　寿命需求

飞机会根据自身的设计寿命对发动机提出相应的寿命需求。表 4.9 给出了飞行器对发动机寿命的需求格式。

表 4.9　飞行器对发动机的寿命需求

| | 小时寿命/h | LFC 寿命/次 |
|---|---|---|
| 热端部件 | | |
| 冷端部件 | | |
| …… | | |

### 4.1.9 军用发动机的隐身需求

军用发动机的隐身需求包括：红外隐身、雷达隐身、可见光隐身和声波隐身等。其中，发动机的红外隐身和雷达隐身是飞行器隐身关注的重点。表 4.10 和表 4.11 给出了军用发动机的红外隐身和雷达隐身需求格式。

**表 4.10 军用发动机的红外隐身需求**

| 发动机状态 | 工作高度/m | 波长范围/μm | 方位角/(°) | 俯仰角/(°) | 最大红外辐射强度/(W/sr) |
|---|---|---|---|---|---|
| 最大 | | | | | |
| 中间 | | | | | |
| 最大连续 | | | | | |

**表 4.11 军用发动机的雷达隐身需求**

| 发动机状态 | 频率范围/GHz | 进口最大 RCS/($dB\cdot m^2$) | 排气系统最大 RCS/($dB\cdot m^2$) |
|---|---|---|---|
| 静止 | 2~18 | | |
| 工作 | 2~18 | | |

### 4.1.10 民用发动机的环保需求

民用发动机的环保需求主要包括污染物排放和噪声。国际民用航空组织(International Civil Aviation Organization, ICAO)下属的航空环境保护委员会(Committee on Aviation Environmental Protection, CAEP)针对民用航空涡轮发动机的污染物排放标准进行了规定。CAEP 于 1983 年成立，旨在帮助 ICAO 理事会制定航空器污染和噪声的新政策和新标准。目前执行的污染物排放标准是于 2014 年生效的 CAEP/8。ICAO 附录 16 中规定了喷气推进民用飞机的噪声标准。目前执行的噪声标准是于 2018 年 1 月生效的第五阶段标准。表 4.12 和表 4.13 分别给出了民用飞机对发动机的排放和噪声的需求格式。

**表 4.12 排放需求**

| | |
|---|---|
| 氮氧化合物($NO_x$) | |
| 一氧化碳(CO) | |
| 未燃碳氢化合物(UHC) | |
| 烟(smoke) | |
| …… | |
| 备注 | |

表 4.13　噪声需求

| 发动机 | |
|---|---|
| 推进系统 | |
| …… | |
| 备注 | |

## 4.2　第二类边界条件

第二类边界条件作为发动机总体方案设计的输入条件和设计约束,它反映了发动机供应商的设计水平和制造能力。第二类边界条件主要包括:压气机、涡轮、燃烧室、加力燃烧室、管道、部件匹配、空气系统和材料性能等。

### 4.2.1　压气机边界条件

压气机包括风扇、增压级、高压压气机等。压气机有两类边界条件:一类是设计点边界条件;另一类是非设计点边界条件。设计点边界条件描述了压气机气动性能与进口速度三角形之间的关系,非设计点边界条件描述了压气机的非设计特性。

压气机设计点边界条件的示意图见图 4.6[3]。图 4.6(a)描述了压气机多变效率随平均中径级负荷的变化关系。图中随着平均级负荷的增加,压气机的多变效率呈下降的趋势。这个关系与压气机的设计增压比无关。图 4.6(b)描述了压气机级数随增压比的变化关系。这个关系是相对于标准进口大气条件给出的,使用的时候要

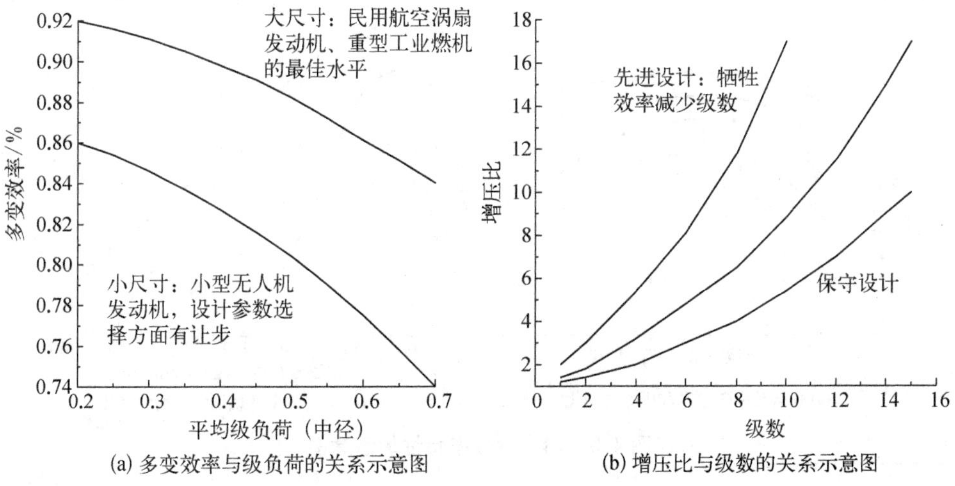

(a) 多变效率与级负荷的关系示意图　(b) 增压比与级数的关系示意图

图 4.6　压气机的设计点边界条件[3]

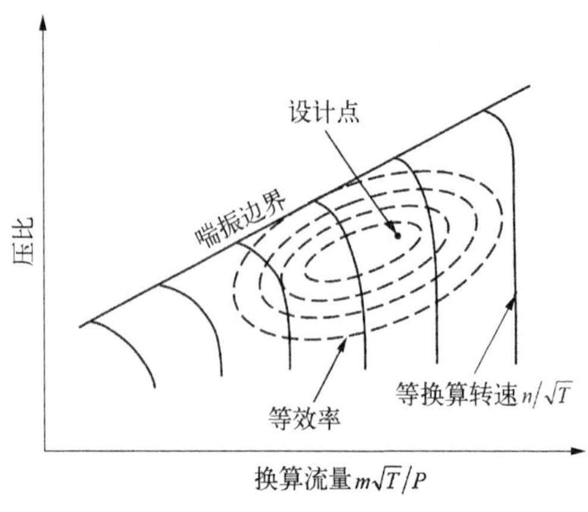


**图 4.7 压气机特性的示意图**

特别注意。在确定了压气机设计点多变效率和增压比之后,可以根据图 4.6 对压气机的几何尺寸进行初步的估算。

压气机的非设计点边界条件即压气机特性,通常描述为压气机的增压比和效率随换算转速和换算流量的变化关系,如图 4.7 所示。压气机特性主要用于发动机总体设计中的非设计点性能计算。由于不同类型的压气机特性有很大的差异,所以在使用的时候要加以区分。

### 4.2.2 燃烧室边界条件

燃烧室的边界条件包括燃烧效率和总压恢复。燃烧室在设计点具有很高的燃烧效率,所以通常不需要设计点边界条件。

燃烧效率的非设计点边界条件有两种表示方法:一是如图 4.8(a)所示,表示成燃烧效率随燃烧室温升和进口总压的变化关系;二是如图 4.8(b)所示,燃烧效率表示成随燃烧室负荷的变化关系[3]。燃烧室的负荷定义如下:

$$\psi = \frac{W}{VP_{t3}^{1.8}10^{0.00145(T_{t3}-400)}} \tag{4.1}$$

式中,$W$ 为燃烧室进口空气流量;$V$ 为燃烧室容积;$P_{t3}$ 和 $T_{t3}$ 分别为燃烧室进口总压和总温。

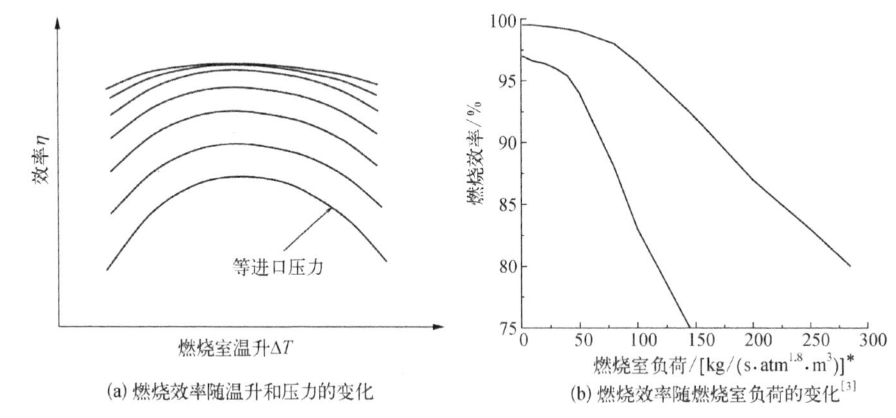


(a) 燃烧效率随温升和压力的变化

(b) 燃烧效率随燃烧室负荷的变化[3]

**图 4.8 燃烧室效率特性的示意图**

* 1 atm = 1.013 25×$10^5$ Pa。

燃烧室的总压恢复系数可以表示为相对换算流量和油气比的关系，如图 4.9 所示。图中显示，燃烧室总压恢复系数随进口换算流量的增加而减小，随着油气比的增加而减小。

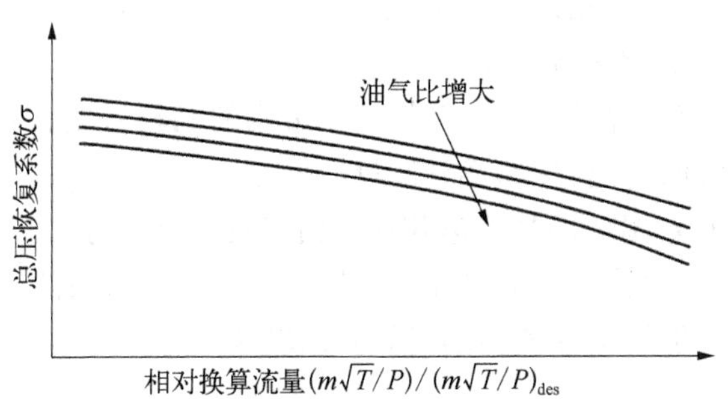


**图 4.9　燃烧室总压恢复系数特性的示意图**[1]

燃烧室的稳定工作边界通常用来作为制定发动机加减速过程燃油调节计划的限制条件，以及发动机起动过程的点火判据。图 4.10 给出了燃烧室稳定工作边界的示意图。图中的横坐标为燃烧室的主燃区负荷，纵坐标为主燃区当量比。主燃区当量比定义为实际油气比除以化学当量油气比，即

$$\varphi = f/f_{stoich} \tag{4.2}$$

式中，$\varphi$ 为主燃区当量比；$f$ 为局部油气比；$f_{stoich}$ 为化学当量油气比。

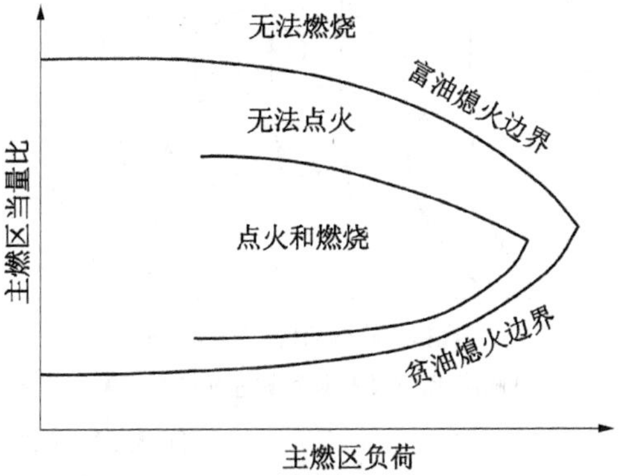

**图 4.10　燃烧室稳定工作边界的示意图**[3]

### 4.2.3　涡轮边界条件

涡轮包括高压涡轮和低压涡轮。涡轮的边界条件同样也有两类：一类是设计点边界条件；另一类是非设计点边界条件。设计点边界条件描述了涡轮气动性能与进口速度三角形之间的关系，非设计点边界条件描述了涡轮的非设计特性。

涡轮的设计点边界条件通常描述为 Smith 图，如图 4.11 所示[3]。Smith

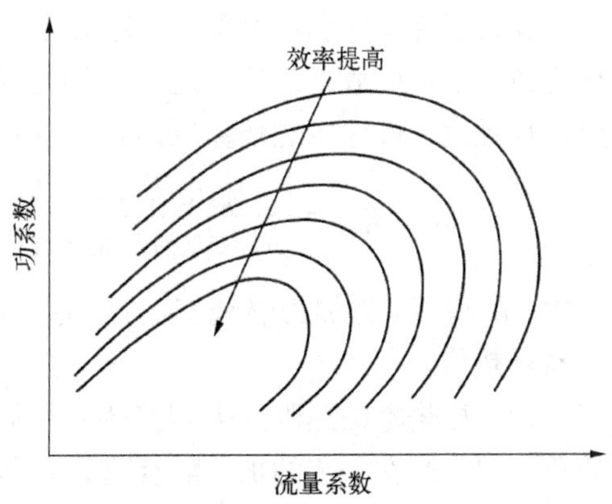


**图 4.11　涡轮的 Smith 图**

图描述了涡轮效率随流量系数和功系数的变化关系。在选定了涡轮效率之后,可以采用 Smith 图对涡轮的几何尺寸进行初步的估算。Smith 图使用的时候要注意两个问题:一是涡轮效率的定义——Smith 图通常定义的是无冷却涡轮的效率,气冷涡轮在使用的时候要根据冷气量对效率进行折算;二是涡轮的反力度——不同反力度的涡轮的 Smith 图是不同的。

涡轮的非设计点边界条件即涡轮特性。常用的涡轮特性有两种:一种描述为涡轮膨胀比和效率随换算转速和换算流量的变化关系,如图 4.12(a)所示;另一种描述为涡轮相似功/效率随换算转速和换算流量的变化关系,如图 4.12(b)所示。这两种涡轮特性都可以作为发动机非设计性能计算的输入条件。高压涡轮和低压涡轮的特性有一定的差异,在使用的时候要加以区分。

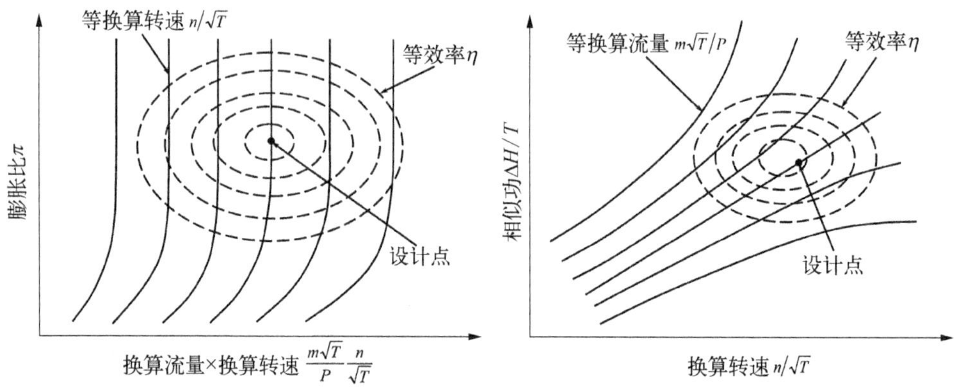


(a) 膨胀比/效率随换算转速和换算流量的变化　(b) 相似功/效率随换算转速和换算流量的变化

**图 4.12　涡轮特性的示意图**

### 4.2.4　加力燃烧室边界条件

加力燃烧室的边界条件包括燃烧效率、热阻损失和稳定工作边界。

加力燃烧室的燃烧效率 $\eta_{AB}$ 定义为:加力燃烧室加入燃料的实际放出热量与理想条件下可能放出的热量之比。加力燃烧室由于压力低、流速高、供油量大,完全燃烧程度一般比主燃烧室低,高空条件下燃烧效率还会进一步降低。

$$\eta_{AB} = \frac{\text{加入燃料的实际放出热量}}{\text{加入燃料理想条件下放出热量}} = \frac{H_8 - H_{65}}{W_{f,\ AB}H_f} \tag{4.3}$$

式中,$H_8$ 和 $H_{65}$ 为加力燃烧室出口和进口截面总的热焓;$W_{f,\ AB}$ 加力供油量;$H_f$ 为燃料低热值。

加力燃烧室的热阻损失定义为:在加力燃烧室内燃油燃烧,对气流加热造成的总压损失。在一定的加力燃烧室进口气流速度系数下,加力燃烧室的热阻损失随加力燃烧室加温比变化关系见图 4.13。图中,$\sigma_{AB}$ 为加力燃烧室的热阻损失,

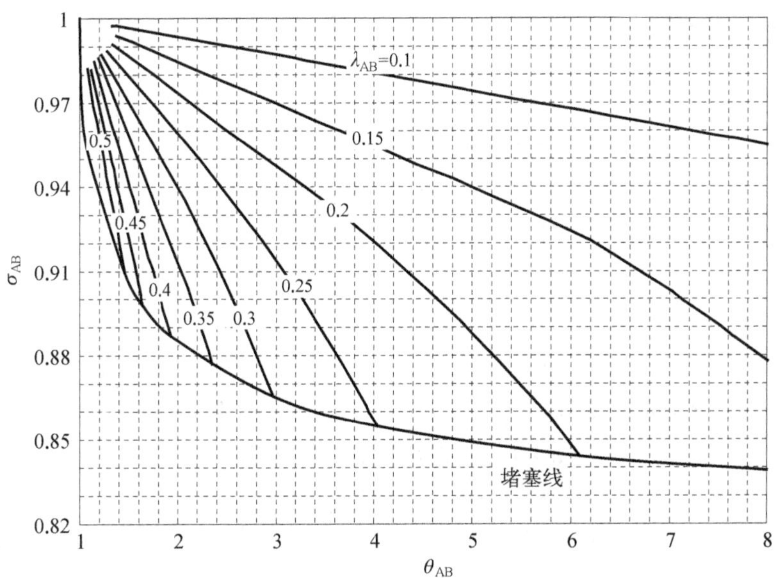


**图 4.13　加力燃烧室热阻损失关系曲线**

$\theta_{AB}$ 为加力燃烧室加温比。

加力燃烧室的稳定器熄火特性和振荡燃烧，通常用作加力燃烧室稳定工作设计的限制条件。一般情况下，以高空小表速时的飞行条件确定稳定器熄火特性，使得进口燃气压力和温度最低等最不利条件下加力燃烧室仍可以稳定燃烧。振荡燃烧是加力燃烧室中可能发生的特殊燃烧状态，主要表现为大振幅周期性压力振荡，可能会快速损坏加力燃烧室部件。

### 4.2.5　尾喷管边界条件

尾喷管的边界条件包括流量系数和速度系数。流量系数定义为尾喷管的实际流量与理想流量之比，也等价于尾喷管有效喉部面积与实际喉部面积之比。流量系数用于修正设计点计算得到的尾喷管喉部面积。速度系数定义为尾喷管的实际排气速度与理想排气速度之比，用于修正设计点和非设计点计算得到的尾喷管排气速度。图 4.14 和图 4.15 分别给出了收敛喷管特性[3]和收扩喷管特性[2]的示意图。

### 4.2.6　整机匹配边界条件

发动机整机性能不仅取决于部件的良好设计，也取决于各部件(系统)间的相互匹配。发动机各个工作状态下，各部件界面流场参数沿径向分布尽量均匀，气流方向偏离轴向尽量小，将部件间相互干扰减至最低，改善发动机的整机操纵性。

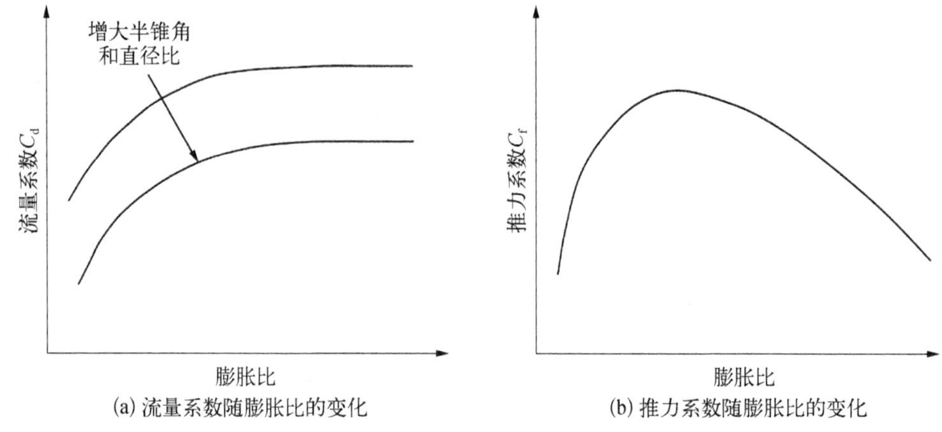


**图 4.14　收敛喷管特性的示意图**[3]

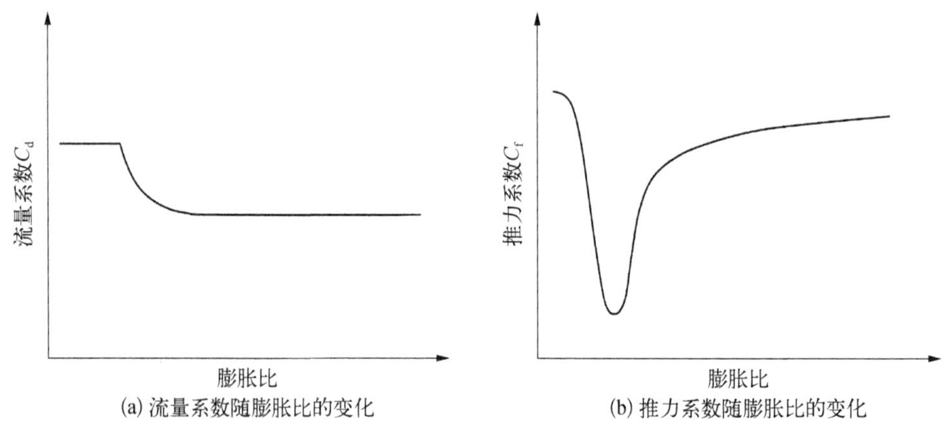


**图 4.15　收扩喷管特性的示意图**[2]

1. 核心机匹配

一是核心机三大部件界面参数设计要求，包括核心压气机特性图上共同工作线的位置及各转速的稳定裕度；二是核心机燃烧室出口温度场的周向、径向分布，这直接影响涡轮部件的寿命和工作可靠性。

2. 风扇和压气机匹配

一是风扇及中介机匣转接段出口稳态流场沿径向分布的均匀性和无旋性，风扇出口流场存在径向不均匀度或周向分速度，会在压气机进口产生较大流场畸变，使得压气机稳定裕度降低、燃烧室出口气流温度升高及温度场分布变差；二是中介机匣转接段内涵出口面积应小于进口面积，收敛的转接段有利于提高风扇稳定裕度，并可降低风扇出口的流场不均匀度。

3. 主机与加力燃烧室匹配

为保持加力接通时压气机、涡轮工作状态不变，必须使加力温升与喷口面积同步变化,如加力温升先于喷口面积变化,则涡轮膨胀比减小,涡轮有可能超温。另外,接通、断开加力产生的压力脉动,会降低压气机稳定裕度,这是发动机气动稳定性设计需要重点考虑的问题。

### 4.2.7　空气系统边界条件

发动机空气系统的引气仅讨论发动机的自身引气。发动机自身引气主要来自风扇和高压压气机。

高压压气机引气通常用于涡轮冷却和封严。涡轮叶片和盘的工作温度通常高于材料自身的红线温度,所以需要对其进行必要的冷却。考虑到工作温度和压力的差异,高、低压涡轮的冷却空气需要从高压压气机不同部位引出。其中,高压涡轮的冷却气来自高压压气机末级,低压涡轮的冷却气来自高压压气机中间级。

图4.16给出了高压涡轮导叶和动叶的冷却空气量随涡轮一导出口总温的变化关系示意图[3]。此图可以用来估算发动机设计点的高压涡轮冷却气量。使用这个图的时候要注意三个问题:① 图中的总温是指发动机在巡航工况的一导出口总温;② 在做设计点热力循环参数分析的时候,不同的设计点涡轮前温度对应的总温是不同的,所以相应的高压涡轮冷却气量也是变化的;③ 压气机引气量按照压气机进口换算流量的百分比折算,其数值在发动机设计点确定,并在非设计点计算保持不变。

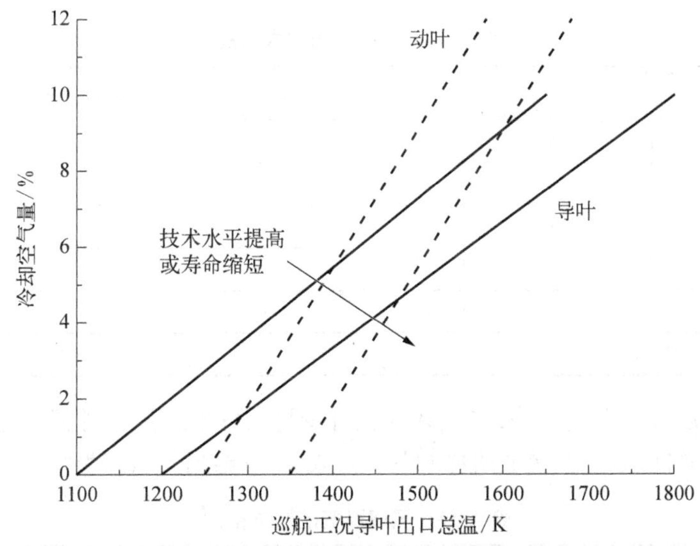


**图4.16　高压涡轮冷却空气量需求的示意图**[3]

表4.14给出了涡轮冷却气的需求格式。表中的做功占比需要根据冷气返回主流的位置对冷却气流在涡轮中的做功能力进行折算。例如,对于单级涡轮,可以

认为一导叶片的冷却气流全部返回主流并在后面的动叶中具有100%的做功能力；一导缘板的冷却气流40%返回主流并在后面的动叶中具有40%的做功能力，其余60%冷却气流沿端壁流动则不具备做功能力；一级转子叶片和缘板的冷却气流来不及与主流掺混，所以在当前动叶中不具备做功能力。

**表 4.14 涡轮冷却气的需求格式**

| | | | 做功占比/% | 占压气机总引气的比例/% | 占压气机进口流量的比例/% |
|---|---|---|---|---|---|
| 高压涡轮 | 一导 | 叶片 | | | |
| | | 缘板 | | | |
| | 一级转子 | 叶片 | | | |
| | | 缘板 | | | |
| | …… | …… | | | |
| 低压涡轮 | …… | …… | | | |
| 总　计 | | | | | |

高压压气机的引气一部分用于涡轮叶片的冷却，另一部分则用于涡轮盘的冷却和封严。涡轮盘的冷却和封严气量按照下面的方法估算：高压涡轮的每个盘面大概需要0.5%的冷却和封严气量；低压涡轮的每个盘面需要0.25%的封严气量；每个轴承腔大概需要0.02 kg/s的封严气量[3]。表4.15给出了封严气的需求格式。

**表 4.15 封严气的需求格式**

| | | 占压气机进口空气流量的百分比/% |
|---|---|---|
| 滑油腔 | 一号 | |
| | …… | |
| 高压涡轮 | 一级盘前 | |
| | 一级盘后 | |
| 低压涡轮 | …… | |
| 总　计 | | |

除高压压气机引气之外，空气系统也有少量引气来自风扇外涵。这部分引气通常用作涡轮间隙控制、核心机冷却等等。表4.16给出了风扇引气的需求格式。

**表 4.16 风扇引气的需求格式**

| | 占外涵进口空气流量的百分比/% |
|---|---|
| 高压涡轮间隙控制 | |
| 低压涡轮间隙控制 | |

续 表

| | 占外涵进口空气流量的百分比/% |
|---|---|
| 核心机冷却 | |
| …… | |
| 总计 | |

### 4.2.8 管道边界条件

发动机中的管道包括高低压涡轮间支承、涡轮后支承、压气机进口过渡段和外涵道等气流通道。这些管道共性特征是气流通道截面呈现环形。管道的边界条件是总压损失系数,图4.17(a)给出了总压损失系数随进口锥角和面积比的变化示意图。对于管道进口的气流存在预旋的情况,可以采用图4.17(b)给出的示意图进一步加以修正。图中的一条曲线描述了管道中无支板的情况;另一条描述了管道中存在支板且出口气流转折90°后向上流入排气塔的情况。

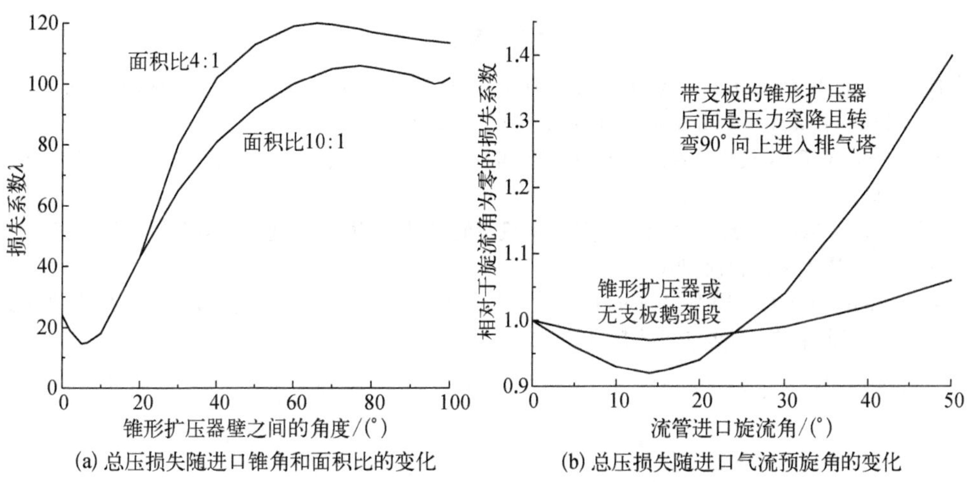

(a) 总压损失随进口锥角和面积比的变化　(b) 总压损失随进口气流预旋角的变化

**图4.17 环形管道总压损失的示意图**[3]

### 4.2.9 材料边界条件

材料的边界条件包括材料的密度、强度特性和蠕变特性等,用于发动机总体设计过程中的部件工作极限的确定、强度校核、重量和寿命的估算等。

发动机中的很多部件在工作时都会暴露在高温之中,所以热暴露时间对材料性能有重要的影响。图4.18(a)给出了热端部件材料在短时间内拉伸强度和屈服强度随暴露温度的变化示意图。这是发动机总体设计时确定热端部件红线温度的依据。图4.18(b)给出了热端部件材料长时间暴露在高温环境下的蠕变曲线的示意图。这是发动机总体设计时根据使用寿命确定热端部件的温度裕度的依据。

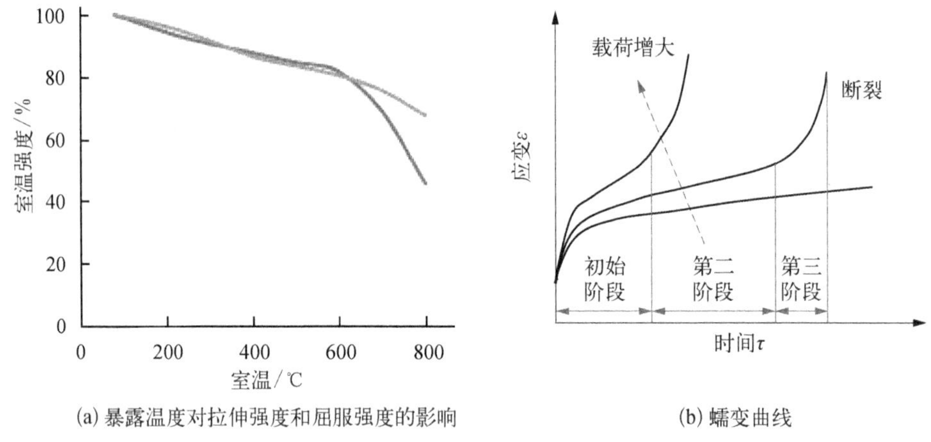

(a) 暴露温度对拉伸强度和屈服强度的影响　　(b) 蠕变曲线

**图 4.18　材料的高温特性示意图**[4]

## 参考文献

[1] Mattingly J D, Heiser W H, Pratt D T. Aircraft Engine Design[M]. Reston: American Institute of Aeronautics and Astronautics Inc., 2002.

[2] Oates G C. 飞机推进系统技术与设计[M]. 陈大光,张津,等,译. 北京: 航空工业出版社, 1992.

[3] P P 沃尔什,P 弗莱彻. 燃气涡轮发动机性能[M]. 郑建弘,胡忠志,华清,等,译. 上海: 上海交通大学出版社,2014.

[4] Saravanamuttoo H I H, Rogers G F C, Cohen H, et al. 燃气涡轮原理[M]. 第6版. 黄维娜, 等, 译. 北京: 航空工业出版社,2015.

# 第 5 章
# 设计点设计

## 5.1 概　　述

飞机设计单位根据所设计飞机的战术技术要求，选定若干典型的飞行状态对发动机提出性能要求，通常选择能够代表发动机基准和性能的状态点作为设计点，一般战斗机用发动机可选择海平面标准大气条件起飞状态点作为设计点，常用状态为空中巡航状态的发动机可选取巡航状态点作为设计点。设计点是航空燃气涡轮发动机设计起始点，根据飞行条件、推力、耗油率等指标确定发动机几何尺寸和性能状态。在进行航空燃气涡轮发动机任何其他设计工作之前，必须首先完成设计点性能设计。不同飞机飞行任务对发动机的要求是不同的，必须根据飞机具体的飞行任务、战技要求、飞机使用特点和发动机设计极限参数选定合适的设计点热力循环参数。

本章主要讲述航空燃气涡轮发动机设计点设计，给出航空燃气涡轮发动机基本构型选取方法，并详细阐述航空燃气涡轮发动机设计点热力循环分析的设计步骤。

## 5.2 基本构型选取

### 5.2.1 选型依据

在选取发动机类型时，应考虑飞机类型进行选择，固定翼飞机可选取涡喷发动机、涡扇发动机等类型发动机作为动力装备。

飞机选取动力装备，按照飞机对发动机结构、重量及安装要求、飞机飞行性能及对发动机要求的性能指标确定发动机具体类型。

1. *涡喷发动机*

涡轮喷气发动机在很大的飞行速度范围内，推力随飞行速度增加而增加，飞行马赫数可达 3 以上，高速飞行时推进效率高，性能好；低速飞行时热效率低（排气温度高），性能差，经济性差。

2. *涡扇发动机*

涡扇发动机排气温度低，效率高。涡扇发动机具有低速时耗油率低、开加力时推重比大的特点,目前已在民航飞机和军用运输机、新一代高机动性超声速战斗机上得到广泛应用。在军用航空发动机方面,自 20 世纪 60 年代研制第三代战斗机发动机起,国内外基本上采用涡扇发动机。发动机类型的选择一般取决于飞机的使用特点。对于高机动性的战斗机来说,目前通常选用带加力的小涵道比涡扇发动机,涵道比为 0~1.0(不包括 0)。对于要求大航程和续航时间比较长的轰炸机和运输机,可选用中等涵道比涡扇发动机,涵道比为 1.0~4.0。对于亚声速巡航的民用客机,目前大部分选用大涵道比不加力的涡扇发动机(涵道比 4.0 以上)。

加力式涡扇发动机是现代超声速战斗机的主要动力装置。它也可以用于垂直起降和短距起降飞机。近年来正在研制中的变循环发动机,也是在涡扇发动机的基础上发展的。可以预期,加力式涡扇发动机将继续作为战斗机的动力而得到发展。

不带加力的(双转子或三转子)高涵道比、高总增压比和高涡轮前温度的大推力涡扇发动机,具有耗油率低、噪声小的优点。对于以亚声速巡航和长时间空中巡逻、短时间截击的战斗机或攻击机的发动机,以及主要空中巡航的民航飞机或军用运输机的发动机,通常选取较大涵道比的涡扇发动机作为动力。

较高增压比、高涡轮前温度和中、小涵道比的(双转子)加力涡扇发动机,是当前和未来超声速军用战斗机的主要动力。为满足下一代战斗机超声速巡航的要求,采用小涵道比或变循环涡扇发动机较为适宜。

涡扇发动机有如下特点:① 适应的飞行包线范围宽;② 风扇、压气机工作稳定性问题相对涡喷发动机易于解决,工作稳定性好;③ 涡扇发动机外涵气流对于解决加力燃烧室筒体冷却问题是个有利条件,加力温度越高这种冷却气流越不可缺少。

### 5.2.2 选型与系列发展的关系

国内外航空发动机发展成功经验表明,在成熟核心机基础上,利用经充分验证的先进技术对发动机各部件和系统进行改进改型,能够在较短的时间内、以较低的技术风险实现发动机性能和可靠性综合提升。航空发动机改进改型有很多突出的优点:与新设计的发动机相比,改进改型所需投资少,经济效益显著;技术难度集中在少数部件,风险小,继承性强,有较高的可靠性;研制的周期短,可以满足用户的迫切需要,并可在市场竞争中获得明显优势。所以在可以满足飞机对发动机设计的要求的前提下,选型时应当优先考虑对原设计成熟的发动机做系列发展的方案。

## 5.3 设计点热力循环分析

### 5.3.1 选择原则

航空燃气涡轮发动机设计点热力参数选取,须满足用户和飞机部门的设计要求。参数范围的确定应当根据当前国内的技术水平(材料、制造与工艺)、发动机各部件设计水平、预研成果并参考国际上的发展状况来确定。

根据飞机设计单位对发动机的设计要求,首先初步确定最佳热力循环参数,推力和耗油率是衡量发动机性能的主要指标,在进行发动机热力匹配时,这两项指标也是主要考虑的因素。一般情况下,设计状态偏于理想,为保证实际发动机状态能够达标,应在任务书确定的指标基础上考虑一定余量,如推力应比指标值高2%,耗油率应比指标值低2%。

航空燃气涡轮发动机设计点性能必须满足指标要求,设计点热力计算的主要原则如下[1]:

(1) 在给定的飞行状态,大气条件下,根据选定的循环参数完成设计点计算;

(2) 发动机推力和耗油率应满足指标;

(3) 选取的部件性能参数能够达到总体要求;

(4) 转速、压力、温度等参数选取,必须保证结构强度满足设计要求。

在流路损失和部件效率初步确定的前提下,分析涡轮前温度、总增压比、风扇压比、涵道比、空气系统和加力温度等对总体性能的影响,通过参数化研究最终确定指标的可行域,在可行区域中选取发动机推力大、耗油率低的点作为初步的设计点位置。

### 5.3.2　主要参数范围的确定

1. 涡轮前温度

涡轮前温度为第一级涡轮导向叶片前缘处的温度,即燃烧室出口温度,也有用第一级涡轮转子进口处能够做功的燃气温度。第三代现役战斗机发动机的涡轮前温度为1 700~1 800 K,第四代先进发动机涡轮前温度已达1 800~2 000 K,未来甚至提高至2 000 K以上。对于超声速战斗机发动机来说,一般都要求有较好的高速性能,为此发动机必须采用在飞行中提高涡轮前温度的控制规律。在选取地面设计点的涡轮前温度时就要考虑高速时温度的增加量,同时还要为补偿寿命期内的性能衰减按经验留有温度储备,此外需考虑设计与制造的差别留有温度调整余地。这样,地面设计温度留有足够的裕度,低于材料和冷却技术所允许的最高温度[2]。

2. 节流比

节流比定义为空中最高涡轮前温度与地面涡轮前温度之比,即

$$\mathrm{THR} = T_{4\max}/T_{4\mathrm{DP}} \tag{5.1}$$

节流比的选择主要考虑两个因素:高空高速性能和推重比要求。对于不同任务的飞机,应合理选择节流比。对于主要工作于高空低速的侦察机,应选较低的节

流比,甚至用 THR = 1.0;对于空中优势战斗机,以及低空突防(加速)的攻击机,应选用较高的节流比。要注意根据飞机的具体战术技术要求在高速性能和设计推重比之间进行合理的折中。

3. 总增压比

总增压比为压气机出口总压与发动机进口总压之比,是发动机最重要的热力循环参数之一,对发动机设计点推力和耗油率影响显著。

当代现役战斗机发动机的总增压比小于 36。随着未来材料耐热能力的进一步提高,总压比可以相应增高。对民用发动机更注重降低耗油率,总压比选取更高一些。

4. 涵道比

混合排气加力涡轮风扇发动机涵道比较小,对于以加力状态工作占较大比例和要求作不加力超声速巡航的空中优势战斗机的发动机,则应选取较高的风扇压比和较低的涵道比,国外在研的第四代战斗机发动机普遍采用较小的涵道比,为保证加力燃烧室和尾喷管的充分冷却,最小的涵道比要有一定限制。

对于要求大航程和续航时间比较长的轰炸机和运输机,可选用中等涵道比。分别排气不加力涡轮风扇发动机涵道比 4.0 以上,其具有耗油率低、噪声小的优点,同时由于排气速度低、经济性好,因此目前广泛应用于现代大型干线客机和军用运输机。

5. 加力温度

加力温度是加力接通时加力燃烧室出口温度,加力温度的选择按推重比和高速性能要求,在材料与燃烧室技术允许条件下,尽可能达到化学当量比相应的温度,目前最高可到 2 100~2 200 K[3]。加力燃烧室属于低压燃烧,且设计中燃油分布存在一定的不均匀度和占一定比例的冷却空气量,加力温度过高则设计困难。

6. 冷却空气系数的确定

空气系统是以低温空气充填发动机主流道之外的腔道,主要功能是冷却涡轮叶片和涡轮盘,发动机内部盘轴系腔室封严,调整轴向力,为发动机防冰系统提供热空气,并向飞机环控系统提供其所需的空气。冷却空气系数是冷却空气量与内涵进口空气流量之比。

空气系统设计应能满足在规定的飞行包线内各高度、马赫数及大气温度条件下发动机正常工作。由于所用冷却空气引自压气机,这股空气本该进入燃烧室与燃料混合、燃烧,作为主流参与发动机的热力循环并对外做功,但为了满足空气系统功能的需要而被引出,失去了做功的机会,使发动机的做功能力下降,因此这股空气的消耗会影响发动机的性能,总是带来发动机推力的损失及耗油率的提高,因而空气系统设计的一个重要准则就是要以最小的空气消耗量来保证发动机冷却和封严等各项功能的需要。

冷却空气系数(冷却空气量与内涵进口空气流量之比)的选取应考虑涡轮前温度的高低、热端部件材料的耐热性、隔热措施和冷却技术水平等因素。随着技术进步，发动机热端部件材料耐热能力的提高，达到一定冷却效果所需的空气量应当逐渐减少。目前冷却空气系数为20%左右[4]。

7. 部件性能参数

部件性能参数主要指各部件效率、流通能力和总压恢复系数等，这些参数对提高发动机性能水平至关重要。在发动机循环参数选定的条件下，部件性能参数提高，发动机设计点性能也能够得到改善。部件性能参数设计值取决于部件类型、设计技术水平等因素。下面对各主要部件参数选择原则进行介绍。

进气道性能参数主要是总压恢复系数、进气道最大空气流量和最小空气流量。不同飞机进气道总压恢复系数不尽相同，相同飞机在飞行马赫数越大时进气道总压恢复系数越大。发动机设计时通常按标准进气道总压恢复系数考虑。设计点对发动机进口空气流量的选取应考虑飞机进气道最大空气流量容限，通常需要保留余量。

压气机的作用是对进入发动机的空气增压，即对流过压气机的空气加入机械能，以提高其压力。压气机的性能优劣直接影响航空燃气涡轮发动机的性能优劣。压气机(风扇)性能参数主要是压比、流量、效率、喘振裕度。

主燃烧室介于压气机与涡轮之间，压气机出口气流进入燃烧室，在其中喷入燃油进行燃烧，形成高温燃气进入涡轮。当飞机起飞、作超声速飞行或军用飞机投入战斗时，要求短时间内进一步增加推力，在涡轮出口设置加力燃烧室对来自涡轮出口的燃气混合后再次加热。主燃烧室特性主要包括燃烧效率、总压恢复系数和燃烧稳定性(熄火特性)。燃烧室(加力)性能参数主要是燃烧效率、冷热态总压恢复系数、稳定性参数。

涡轮在高温高压燃气的膨胀作用下高速旋转，将燃气的部分热能和压力能转换成机械功，带动压气机旋转并驱动附件工作，使发动机连续不断地进行热力循环。航空燃气涡轮发动机一般采用轴流式涡轮。涡轮性能参数主要是热效率、膨胀比及流量。

航空燃气涡轮发动机尾喷管的主要作用，是使燃气发生器排出的燃气继续膨胀，将其可用功转变为动能并以高速喷入大气，产生对发动机的反作用推力。常用的尾喷管主要有固定面积收敛型和可调面积收敛-扩张型。可调尾喷管的喉道面积可作为发动机的一个调节参数，以改变涡轮和尾喷管膨胀比的分配比例，即改变压气机-涡轮共同工作点，实现对整个发动机工作状态的控制；带有反推力装置的尾喷管可以缩短飞机着陆时的滑行距离；带有消音装置的尾喷管可以减少排气噪声；矢量喷管具有推力换向和反向能力，可以提高飞机的机动性能和起飞、着陆性能；飞机有隐身要求时，尾喷管设计应尽量减小红外线辐射和雷达信号反射强度。尾喷管性能参数主要是推力系数、流量系数和总压恢复系数。

### 5.3.3 热力循环分析

在流路损失和部件效率初步确定的前提下，初步确定热力循环参数，分析涡轮前温度、总增压比、风扇压比和涵道比、加力温度和冷却空气系数等对总体参数的影响。研究最终确定指标的可行域，通过参数化，降低设计难度，如较低的涡轮前温度和总增压比，确定循环参数最佳值，以满足推力和耗油率等指标要求。为保证实际发动机状态能够达标，应在任务书确定的指标基础上考虑一定余量。

1. 涡轮前温度

提高涡轮前温度是提升发动机性能最有效的手段之一，随着涡轮前温度增加，单位推力增加。以某涡扇发动机设计点为例，图 5.1 给出了发动机推力和耗油率与涡轮前温度的关系。发动机在涡轮前温度不断上升的过程中，推力单调增加，而耗油率先减小后增大、存在最小值，但耗油率最小值通常在推力较低区域，而随着推力增加耗油率也逐渐提高，达到推力值高于设计指标而耗油率尚低于设计指标的区域，该区域下的温度是涡轮前温度的可行区域。

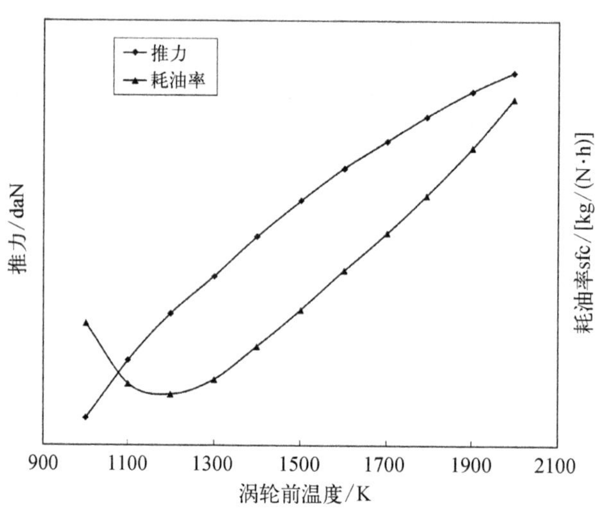


**图 5.1 推力和耗油率随涡轮前温度的变化示意图**

2. 总增压比

提高总增压比是提升发动机性能最有效的手段之一，随着总增压比增加，单位推力增加。以某涡扇发动机设计点为例，图 5.2 给出了发动机推力和耗油率与总增压比的关系。发动机在总增压比不断上升的过程中，推力先升后降，存在最高推力，而耗油率先减小后增大，存在最小值，但耗油率最小值对应的总增压比数值通

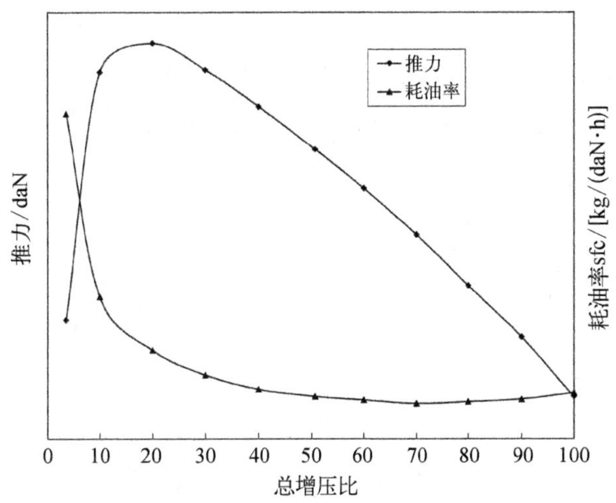


**图5.2　推力和耗油率随总增压比的变化示意图**

常远大于最高推力对应的总增压比。设计总增压比应选择在最高推力总增压比附近,以保证发动机具有尽可能大的单位推力。当发动机长度和重量能够满足设计要求时,应将设计增压比选择在最高推力总增压比的右侧,以兼顾低耗油率的要求,同时也达到耗油率技术指标。

在给定的飞行条件和发动机设计涵道比等参数下,选择不同的涡轮前温度和总增压比组合对发动机推力和耗油率都有一定影响,而发动机设计点推力和耗油率多为发动机的技术指标,为满足指标要求即推力不低于某个值、耗油率不高于某个值,涡轮前温度和总增压比选择的最优点应该是限制条件的交界点,如推力和耗油率指标线的交点,如图5.3所示。

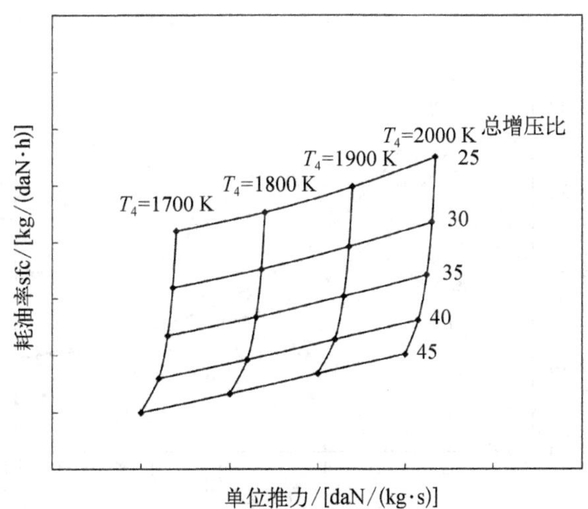


**图5.3　涡轮前温度和总增压比对性能参数影响示意图**

3. 风扇压比和涵道比

涵道比、风扇压比和涡轮前温度的关系见图 5.4。涡扇发动机设计涵道比和风扇压比相互约束而不能独立选择。涡扇发动机设计涵道比越大则最佳风扇压比越小。

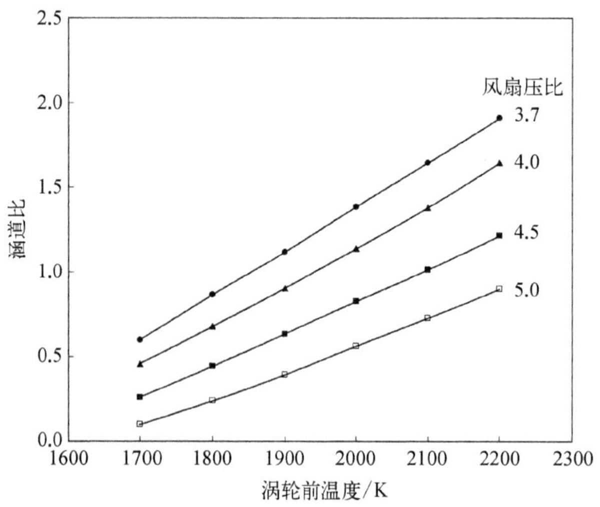


**图 5.4　涵道比、风扇压比和涡轮前温度的关系**

在给定飞行条件、内涵总增压比和涡轮前总温的情况下，外涵出口压力取决于风扇增压比，而内涵出口压力则取决于风扇增压比和涵道比。如果保持风扇压比，增加涵道比时，则需增加驱动风扇的涡轮功率，使内涵出口压力减小。所以，为了保持内外涵出口压力相等，当选取较大涵道比时，应相应地选取较小的风扇压比，如图 5.5 所示。该图同时给出分别排气和混合排气涡扇发动机的最佳风扇压比随

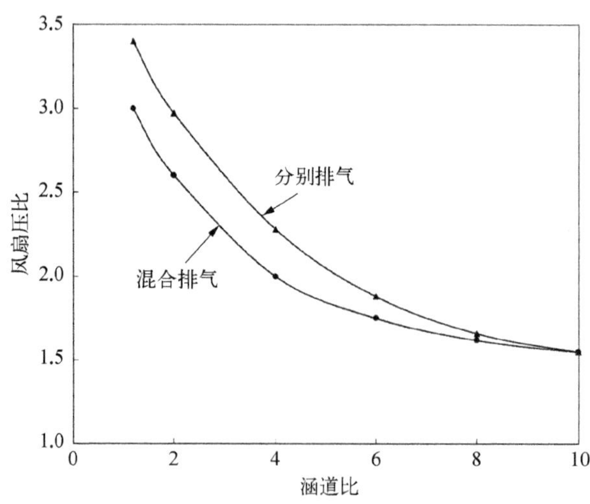


**图 5.5　涵道比对风扇设计压比的影响**

涵道比的变化关系。由图可见,在涵道比相同条件下,分别排气涡扇发动机风扇压比要比混合排气涡扇发动机风扇压比大一些。

图 5.6 还给出分别排气涡扇发动机在不同涵道比下风扇增压比对发动机耗油率的影响。该图表明,随着涵道比增大,一方面发动机耗油率显著降低,另一方面风扇增压比随涵道比增大而减小。

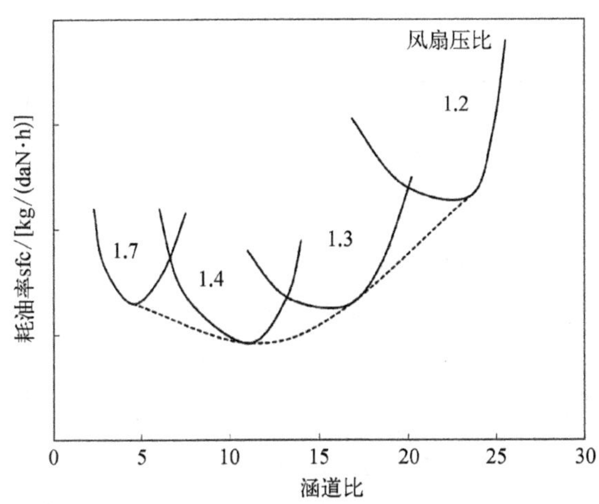


**图 5.6　不同涵道比下风扇设计压比对发动机耗油率的影响示意图**

4. 加力温度

加力温度的增长,可以使加力推力增加,即加力比增大。加力比为发动机加力时的最大推力与不加力时的最大推力之比。在主机设计点推力确定的条件下,通常加力比尽量大,以增加发动机加力状态的最大推力,满足飞机起飞和空中加速的需求。而加力温度越高,加力耗油率越大,因此加力温度的选取,还应保证设计点推力和耗油率性能达到设计指标,加力温度可行区域选定示意图见图 5.7。

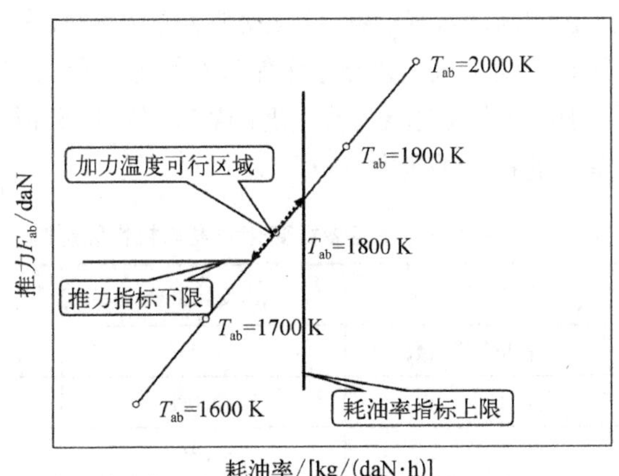


**图 5.7　加力温度可行区域示意图**

5. 冷却空气系数变化对设计点性能的影响

冷却空气系数变化对发动机设计点性能存在明显的影响。以某涡扇发动机设计点为例，在保持设计点参数不变的基础上，随冷却空气系数逐渐增大推力有所降低，耗油率增加，如图 5.8 所示。由此可见，空气系统冷却空气系数的选取，对设计点性能存在较大影响。因此，对于设计点性能来说，在满足需要的前提下，冷却空气系数越小越好。

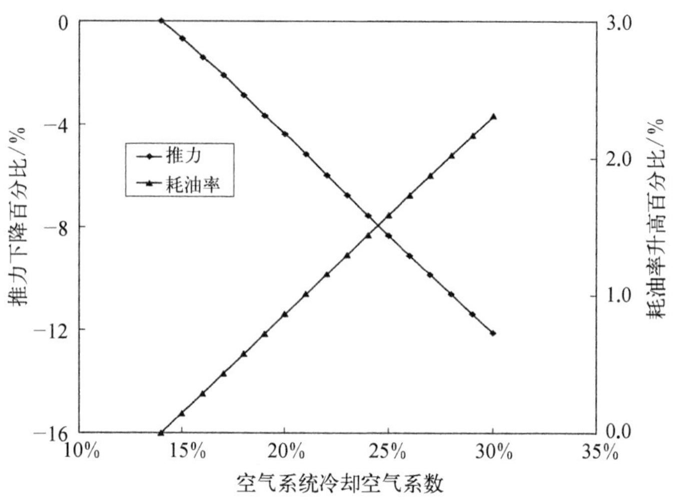


**图 5.8 不同冷却空气系数对推力和耗油率的影响**

6. 部件性能参数

部件性能参数主要包括效率、总压恢复系数等，这些参数变化对发动机性能会产生影响。以某涡扇发动机设计点为例，在保持设计点参数不变的基础上，将部件性能参数降低 2%，计算部件变化对发动机推力和耗油率的影响，计算结果见表 5.1。由表可知，压气机和高压涡轮性能对发动机性能影响较大；除了主燃烧室之外，其余部件性能下降，发动机推力降低；所有部件性能下降，发动机耗油率升高。可见，部件性能对发动机设计点性能有着显著的影响，因此部件性能提升是提高和优化发动机性能最重要的技术手段[5]。

**表 5.1 主要部件性能参数变化对发动机性能影响**

| 部 件 | 性能参数 | 推力变化百分比 | 耗油率变化百分比 |
|---|---|---|---|
| 进气道 | 总压恢复系数 | −2.6% | 2.6% |
| 风扇 | 效率 | −2.0% | 1.5% |
| 压气机 | 效率 | −4.3% | 1.4% |
| 主燃烧室 | 效率 | 0.1% | 1.7% |

续　表

| 部　　件 | 性 能 参 数 | 推力变化百分比 | 耗油率变化百分比 |
|---|---|---|---|
| 高压涡轮 | 效率 | −5.0% | 1.5% |
| 低压涡轮 | 效率 | −1.2% | 1.1% |

## 参考文献


[1] 廉筱纯,吴虎. 航空发动机原理[M]. 西安: 西北工业大学出版社,2005.

[2] 《航空发动机设计手册》总编委会. 航空发动机设计手册 第 5 册: 涡喷及涡扇发动机总体[M]. 北京: 航空工业出版社,2001.

[3] B A 索苏诺夫,B M 切普金. 航空发动机和动力装置的原理、计算及设计[M]. 莫斯科: 莫斯科国立航空学院,2003.

[4] P P 沃尔什,P 弗莱彻. 燃气涡轮发动机性能[M]. 郑建弘,胡忠志,华清,等,译. 上海: 上海交通大学出版社,2014.

[5] 朱之丽,陈敏,唐海龙,等. 航空燃气涡轮发动机工作原理及性能[M]. 上海: 上海交通大学出版社, 2018.

# 第6章 非设计点稳态设计

## 6.1 概　　述

在第5章开篇已经介绍,飞机设计单位根据飞机的战术技术要求,选定若干典型的飞行状态,对发动机提出性能要求,即推力、耗油率要求。通过设计点设计,仅能保证设计点条件下的性能满足要求,并不能保证其他飞行状态点性能满足要求。因此需要开展发动机稳态非设计点计算,针对其他飞行状态点进行性能评估。

发动机的稳态非设计点是除设计点以外的其他稳态工况。当发动机的进口空气条件(由飞行高度速度变化和气候变化引起)发生改变或发动机被控参数改变[发动机供油量或其他可调参数(如几何面积)改变]时,发动机的特性和有关参数将会发生改变,此时发动机工作在非设计点。发动机稳态非设计点的性能通常称为发动机特性。发动机特性与发动机本身固有的循环参数和结构方案有关,也与发动机的稳态控制规律有关。非设计点稳态设计的目的是:

(1) 评估典型点性能水平;

(2) 获得发动机性能变化规律,计算发动机稳态特性;

(3) 设计发动机控制规律。

本章节主要内容如下:

(1) 非设计点稳态设计的基础,即发动机共同工作;

(2) 非设计点性能计算方法;

(3) 发动机控制规律设计方法及发动机稳态特性计算方法。

## 6.2 共 同 工 作

发动机的非设计点性能取决于各部件的共同工作,研究共同工作的目的在于确定发动机工作过程中参数随飞行条件、大气条件及油门杆操纵位置的变化关系,本节将从单轴涡喷发动机的共同工作机制分析入手,对几类典型燃气涡轮发动机的共同工作进行讨论。

当发动机的各个部件(包括进气道、压气机、燃烧室、涡轮等)独立工作时,部件特性在一定的区域内是连续变化的曲面。当这些部件被安装在发动机上构成一个整体的时候,各个部件之间受到共同工作条件的约束,使得部件只能工作在特定的一条或者一簇曲线上,这一条或者一簇曲线被称为发动机的共同工作线。

航空燃气轮机的结构种类较多,但是其共同工作条件可以概括为四类:转速相等、功率平衡、流量连续、静压平衡。共同工作条件是发动机整机匹配工作的内在规律,也是发动机非设计点建模的依据。下面将对三种典型构型发动机共同工作进行介绍。

### 6.2.1　单轴涡喷发动机共同工作

在非设计点下单轴涡喷发动机稳定工作时,由压气机进口与涡轮导向器进口的流量平衡可导出转子的流量平衡方程:

$$A_2K\frac{P_2}{\sqrt{T_2}}q(\lambda_2) = A_4K_g\frac{P_4}{\sqrt{T_4}}q(\lambda_4) \tag{6.1}$$

式中,$K$、$K_g$ 为常数;$q(\lambda_2)$为压气机进口 $q(\lambda)$;$q(\lambda_4)$为涡轮导向器喉部的 $q(\lambda)$,在常用的发动机工作状态下 $q(\lambda_4)=1.0$;$A_2$ 为压气机进口截面面积;$A_4$ 为涡轮导向器喉部截面面积;$T_2$、$T_4$ 为压气机进口和涡轮进口前总温;$P_2$ 为压气机进口总压;$P_4$ 为涡轮导向器喉部总压,根据压力平衡,$P_4=P_3\sigma_b\sigma_{nb}$;$P_3$ 为压气机出口总温;$\sigma_b$、$\sigma_{nb}$ 为燃烧室和涡轮导向器的总压恢复系数,可认为是常数。

整理之后流量平衡方程变成

$$\pi_c = \text{const}\sqrt{\frac{T_4}{T_2}}q(\lambda_2) \tag{6.2}$$

$$\text{const} = \frac{KA_2}{K_gA_4\sigma_b\sigma_4 q(\lambda_4)} \tag{6.3}$$

式中,$\pi_c$ 为压气机增压比。

由式(6.2)可知,若令 $\sqrt{T_4/T_2}=\text{const}$,则式(6.2)为压气机特性图中的直线;在 $n_R=\text{const}$ 的曲线上,$\sqrt{T_4/T_2}$ 增加,工作线靠近喘振边界。

由压气机和涡轮功率平衡得

$$\frac{T_4}{T_2} = \text{const}\cdot\left(\frac{e_c-1}{\eta_c}\right)\left[\frac{1}{\left(1-\frac{1}{e_T}\right)\eta_T}\right] \tag{6.4}$$

式中，$e_c = \pi_c^{\frac{k-1}{k}}$；$e_T = \pi_T^{\frac{k_g-1}{k_g}}$；$\eta_c$ 为压气机效率。$\pi_T$ 为涡轮落压比，由于涡轮导向器和尾喷管处于临界或超临界条件下，则

$$\pi_T = \text{const}$$

由于涡轮效率变化非常小，故可假设 $\eta_T = \text{const}$，于是式(6.4)变成

$$\frac{T_4}{T_2} = \text{const} \cdot \frac{e_c - 1}{\eta_c} \tag{6.5}$$

联立式(6.4)和式(6.2)，消去 $T_4/T_2$，得单轴涡喷发动机部件共同工作方程为

$$\frac{q(\lambda_2)}{\pi_c}\sqrt{\frac{e_c - 1}{\eta_c}} = \text{const} \tag{6.6}$$

由式(6.6)可知，单轴涡喷发动机受到部件共同工作的约束，只能在压气机特性图上的某条线上工作，称为共同工作线。单轴涡喷发动机共同工作线如图 6.1 所示。

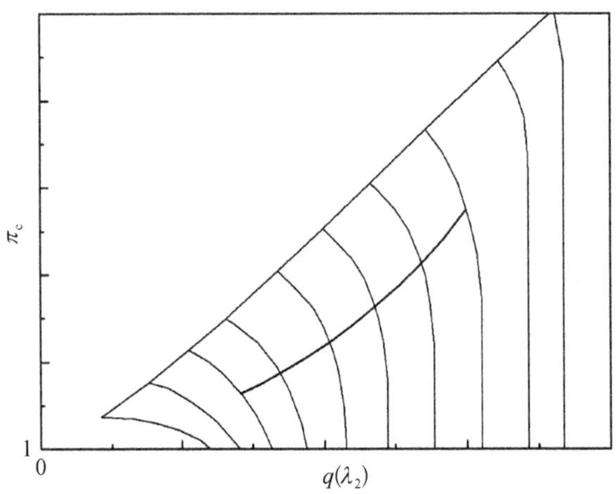


**图 6.1 单轴涡喷发动机共同工作线示意图**

### 6.2.2 双轴涡喷发动机共同工作

1. 高压转子共同工作

对于双轴涡喷发动机，高压压气机、主燃烧室、高压涡轮可共同视为单轴涡喷发动机，把低压涡轮导向器看成尾喷管，而把低压压气机出口视为进气道的出口。则高压转子的共同工作方程为

$$\frac{q(\lambda_{25})}{\pi_{CH}}\sqrt{\frac{e_{CH}-1}{\eta_{CH}}}=\text{const} \tag{6.7}$$

式中，$\pi_{CH}$、$\eta_{CH}$ 为高压压气机的增压比和效率；$q(\lambda_{25})$ 为高压压气机进口 $q(\lambda)$。

2. 低压转子共同工作

由低压压气机进口与低压涡轮导向器的流量平衡可导出低压转子的流量平衡方程：

$$A_2K\frac{P_2}{\sqrt{T_2}}q(\lambda_2)=A_{45}K_g\frac{P_{45}}{\sqrt{T_{45}}}q(\lambda_{45}) \tag{6.8}$$

高压涡轮导向器和低压涡轮导向器处于临界或超临界条件下，则由高压涡轮导向器和低压涡轮导向器的流量平衡关系可知：$\pi_{TH}=\text{const}$。

整理之后流量平衡方程变成

$$\pi_{CL}\pi_{CH}=\text{const}\cdot\sqrt{\frac{T_{45}}{T_2}}q(\lambda_2) \tag{6.9}$$

$$\text{const}=\frac{\pi_{TH}KA_2}{K_gA_{45}\sigma_b\sigma_{45}q(\lambda_{45})} \tag{6.10}$$

由低压压气机和低压涡轮功率平衡得

$$C_{pg}T_{45}\left(1-\frac{1}{e_{TL}}\right)\eta_{TL}=C_pT_2\left(\frac{e_{CL}-1}{\eta_{CL}}\right) \tag{6.11}$$

式中，$e_{CL}=\pi_{CL}^{\frac{k-1}{k}}$；$e_{TL}=\pi_{TL}^{\frac{k_{TL}-1}{k_{TL}}}$。

低压涡轮导向器和尾喷管处于临界或超临界条件下，则由低压涡轮导向器和尾喷管的流量平衡关系可知：$\pi_{TL}=\text{const}$。由此得

$$\frac{T_{45}}{T_2}=\text{const}\cdot\frac{e_{CL}-1}{\eta_{CL}} \tag{6.12}$$

联立消去 $T_{45}/T_2$，得低压转子共同工作方程为

$$\frac{q(\lambda_2)}{\pi_{CL}\pi_{CH}}\sqrt{\frac{e_{CL}-1}{\eta_{CL}}}=\text{const} \tag{6.13}$$

上式即为高压涡轮导向器、低压涡轮导向器和尾喷管处于临界或超临界条件下的几何不可调双轴涡喷发动机的低压转子部件共同工作方程。

### 6.2.3 双轴涡扇发动机共同工作

双轴涡扇发动机分为分开排气涡扇发动机和混合排气涡扇发动机。尽管排气形式不同,但这两种构型发动机的共同工作原理相似,本节一并介绍。

1. 高压转子共同工作

高压压气机、主燃烧室和高压涡轮相当于一个单轴涡喷发动机。

仿照单轴涡喷发动机,高压转子的共同工作方程可以表示为

$$\frac{q(\lambda_{25})}{\pi_{CH}}\sqrt{\frac{e_{CH}-1}{\eta_{CH}}}=\text{const} \tag{6.14}$$

2. 低压转子的共同工作

低压转子共同工作方程推导与 6.2.2 节类似。

由风扇进口与低压涡轮导向器的流量平衡可导出低压转子的流量平衡方程为

$$A_2K\frac{P_2}{\sqrt{T_2}}q(\lambda_2)=(1+B)A_{45}K_g\frac{P_{45}}{\sqrt{T_{45}}}q(\lambda_{45}) \tag{6.15}$$

式中,$B$ 为发动机涵道比。

高压涡轮导向器和低压涡轮导向器处于临界或超临界条件下,则由高压涡轮导向器和低压涡轮导向器的流量平衡关系可知: $\pi_{TH}=\text{const}$。

把 $P_{45}/P_2=\pi_{CL}\pi_{CH}/\pi_{TH}$ 代入式(6.15),整理之后流量平衡方程变成

$$\pi_{CL}\pi_{CH}=\frac{\text{const}}{1+B}\cdot\sqrt{\frac{T_{45}}{T_2}}q(\lambda_2) \tag{6.16}$$

$$\text{const}=\frac{\pi_{TH}KA_2}{K_gA_{45}\sigma_b\sigma_{45}q(\lambda_{45})} \tag{6.17}$$

由低压压气机和低压涡轮功率平衡得

$$C_{pg}T_{45}\left(1-\frac{1}{e_{TL}}\right)\eta_{TL}=(1+B)C_pT_2\left(\frac{e_{CL}-1}{\eta_{CL}}\right) \tag{6.18}$$

式中, $e_{CL}=\pi_{CL}^{\frac{k-1}{k}}$; $e_{TL}=\pi_{TL}^{\frac{k_{TL}-1}{k_{TL}}}$。

对于分开排气涡扇发动机,低压涡轮导向器和尾喷管处于临界或超临界条件下,则由低压涡轮导向器和尾喷管的流量平衡关系可知: $\pi_{TL}=\text{const}$。 由此得

$$\frac{T_{45}}{T_2}=\text{const}\cdot(1+B)\frac{e_{CL}-1}{\eta_{CL}} \tag{6.19}$$

联立消去 $T_{45}/T_2$，得低压转子共同工作方程：

$$\frac{q(\lambda_2)}{\pi_{CL}\pi_{CH}}\sqrt{\frac{e_{CL}-1}{(1+B)\eta_{CL}}}=\text{const} \tag{6.20}$$

但是对于混合排气涡扇发动机来说，压涡轮出口气流与外涵气流互相掺混，即使低压涡轮导向器和尾喷管处于临界或超临界条件下，低压涡轮落压比 $\pi_{TL}\neq$ const，所以功率平衡关系式中含有 $\pi_{TL}$，即

$$\frac{T_{45}}{T_2}=\text{const}\cdot\frac{(1+B)}{\left(1-\dfrac{1}{e_{TL}}\right)\eta_{TL}}\frac{e_{CL}-1}{\eta_{CL}} \tag{6.21}$$

将式(6.21)代入式(6.18)，消去 $T_{45}/T_2$，得到混合排气涡扇发动机的低压转子共同工作方程：

$$\frac{q(\lambda_2)}{\pi_{CL}\pi_{CH}}\sqrt{\frac{e_{CL}-1}{(1+B)\left(1-\dfrac{1}{e_{TL}}\right)\eta_{TL}\eta_{CL}}}=\text{const} \tag{6.22}$$

3. 共同工作线

高压转子共同工作线与单轴涡喷类似，在此不再赘述。低压转子共同工作方程不仅与风扇的参数有关，还和高压压气机的压比及发动机的涵道比有关。在非设计点，发动机的涵道比会变化，使低压转子共同工作方程更加复杂。对发动机进行非设计点计算可以求出发动机的工作线，如图 6.2 所示。

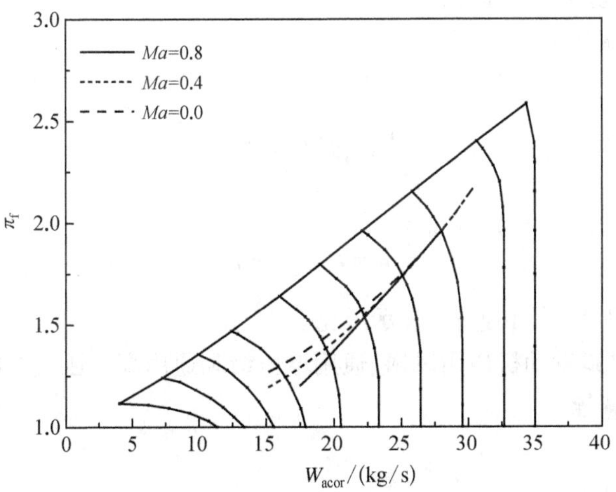


图 6.2　风扇共同工作线

对于双轴涡扇发动机来说,当喷管处于临界或超临界状态时,风扇的工作线不变。当喷管处于亚临界时,出口背压会影响风扇的工作点,风扇的工作线会出现分叉。

## 6.3　非设计点性能计算方法

发动机各部件的共同工作揭示了发动机的内在原理。发动机的非设计点计算就是基于共同工作原理开展的。发动机非设计点稳态计算与设计点有很大不同。在设计点计算中,设计人员可以自由地挑选所有部件的设计参数,而非设计点稳态计算时,已经确定了设计选择,发动机各部件参数将受到共同工作的约束。

发动机非设计点计算一般采用发动机总体性能模型开展。发动机总体性能计算模型的核心是构建并求解描述发动机共同工作条件的非线性方程组。正如讨论发动机共同工作机理时所指出的一样,发动机在非设计点工作时,其共同工作点在部件特性图上的位置是无法事先预知的,也就无法像设计点一样进行整机的气动热力计算。为了解决这一矛盾,模型首先预测一系列的发动机部件工作参数,在给定这些参数的情况下,可以完成发动机整机的气动热力计算并唯一确定发动机的状态。同时,根据发动机的共同工作条件构建平衡方程,从而形成封闭的非线性方程组。求解该方程组即可获得发动机的气动热力参数和整机性能参数。在发动机部件特性图范围允许的情况下,部件级发动机模型可以计算获得其飞行包线内任意一点上发动机总体性能。发动机在非设计点计算过程中,需要对各个部件特性进行插值计算,下面从发动机部件特性图开始,对发动机非设计点特性计算进行详细介绍。

### 6.3.1　发动机部件特性

1. 风扇和压气机

换算流量:

$$W_R = f(n_R,\ \pi) \tag{6.23}$$

效率:

$$\eta = f(n_R,\ \pi) \tag{6.24}$$

式中,$n_R$ 表示相对换算转速;$\pi$ 表示压比。

图 6.3 为涡扇发动机通用风扇、通用增压级和通用高压压气机的特性图。

2. 燃烧室特性

效率:

$$\eta = f(p_3,\ \Delta T) \tag{6.25}$$

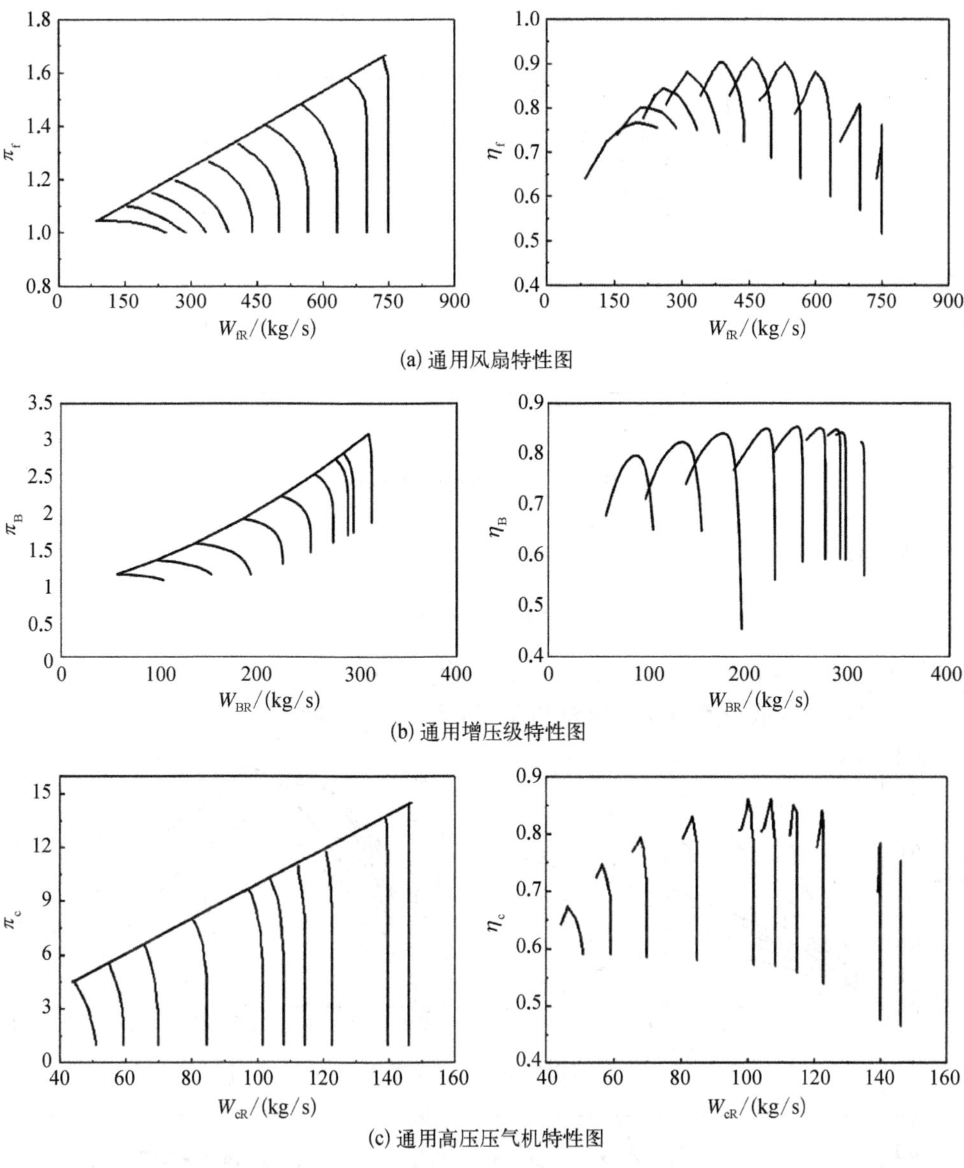


(a) 通用风扇特性图

(b) 通用增压级特性图

(c) 通用高压压气机特性图

**图 6.3　压缩部件特性图**

式中，$p_3$ 表示燃烧室进口压力；$\Delta T$ 表示燃烧室温升。

如图 6.4 所示为通用燃烧室特性图。

3. 涡轮

焓降：

$$\frac{\Delta h}{T}=f(W_{\mathrm{TR}},\ n_{\mathrm{TR}}) \tag{6.26}$$

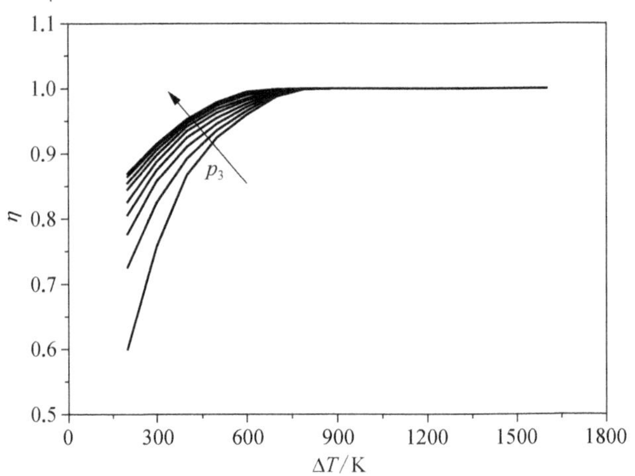


**图 6.4　通用燃烧室特性图**

效率：

$$\eta_T = f(W_{\mathrm{TR}},\ n_{\mathrm{TR}}) \tag{6.27}$$

式中，$W_{\mathrm{TR}}$ 表示涡轮换算流量；$n_{\mathrm{TR}}$ 表示涡轮换算转速。

如图 6.5 所示为通用高压涡轮和通用低压涡轮特性图。

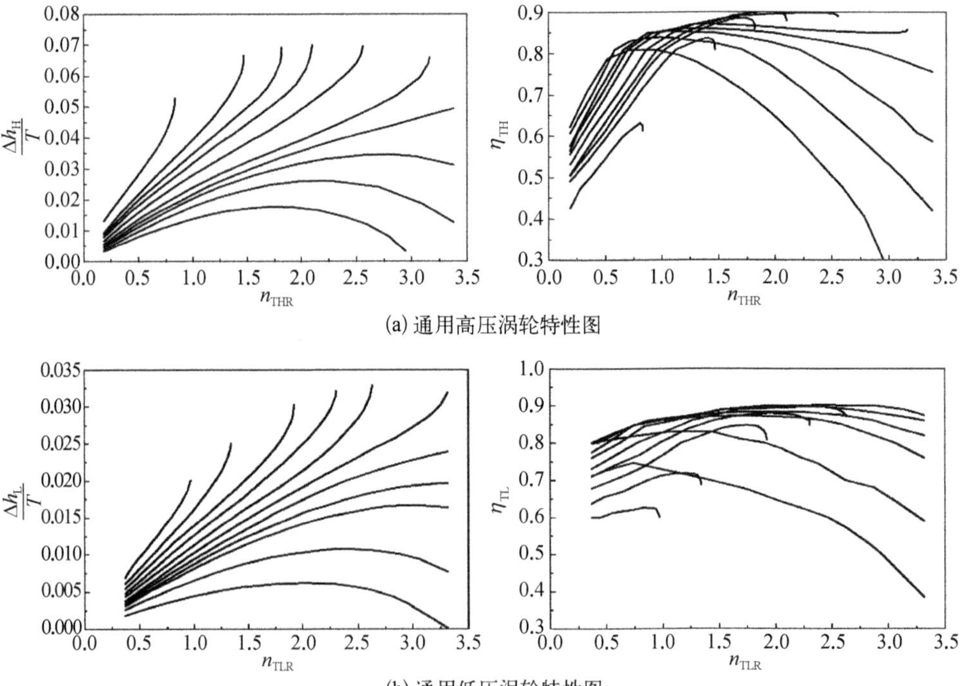


**图 6.5　涡轮特性图**

发动机的循环参数和部件参数，在设计点计算中是给定的，在非设计点计算中根据部件特性图插值计算得到或者作为自变量已知。非设计点与设计点部件特性计算的不同之处在于，设计点计算得到特征尺寸参数，而非设计点计算是根据特征尺寸参数得到部件参数。

### 6.3.2　发动机特性计算平衡方程

在描述发动机的平衡方程中，除了传统的能量守恒、动量守恒、流量连续和转速相等的条件外，根据发动机的类型不同，平衡方程会略有区别，以下分别从单轴涡喷发动机、加力式混合排气涡扇发动机阐述平衡方程的建立与求解过程。

1. 单轴涡喷发动机

在确定单轴涡喷发动机非设计平衡工作点时，一般是从某个初始点开始计算，而这个点往往并不满足上述平衡方程，这时需要误差方程来描述不平衡量，并采用数学方法来迭代寻找新的点，直到满足平衡方程为止。根据传统方法，这些误差方程如下。

压气机和涡轮功率平衡方程：

$$E_1 = \frac{L_T\eta_T - L_c}{L_c} = f_1(V_{\text{var1}}, V_{\text{var2}}, V_{\text{var3}}) \tag{6.28}$$

高压涡轮进口与主燃烧室出口流量连续方程：

$$E_2 = \frac{W_{4R} - \dfrac{W_4\sqrt{T_4}}{P_4}}{W_{4R}} = f_2(V_{\text{var1}}, V_{\text{var2}}, V_{\text{var3}}) \tag{6.29}$$

尾喷管喉部与加力燃烧室出口流量连续方程：

$$E_3 = \frac{W_9 - W_7}{W_7} = f_3(V_{\text{var1}}, V_{\text{var2}}, V_{\text{var3}}) \tag{6.30}$$

$V_{\text{var1}}$、$V_{\text{var2}}$、$V_{\text{var3}}$ 称为独立变量。以上3个误差方程若全为0(实际的计算过程中小于某个值即可)，则发动机就在平衡点工作，否则就不平衡，需迭代计算。这3个误差方程组成了一个非线性方程组。

如果3个平衡方程同时为零，即 $E_1$、$E_2$、$E_3$ 同时为零，则意味着所选的3变量的初值是正确的。但一般说来，对于任意选取的初值，平衡方程不会恰好同时为0。显然，平衡方程是所选取的变量初值的函数，即

$$\begin{cases} E_1 = f_1(V_{\text{var1}}, V_{\text{var2}}, V_{\text{var3}}) \\ E_2 = f_2(V_{\text{var1}}, V_{\text{var2}}, V_{\text{var3}}) \\ E_3 = f_3(V_{\text{var1}}, V_{\text{var2}}, V_{\text{var3}}) \end{cases} \tag{6.31}$$

在发动机的压气机和涡轮的工作点确定时,便可求出发动机的误差函数,如果误差函数满足条件(都为0时),发动机的工作点及性能也就确定了。稳态计算时,对于几何不可调的发动机,其可调参数只有发动机燃油流量,因此,只能选择一个自由变量作为被控变量。选择与平衡方程数相等的3个变量作为独立变量来确定发动机的共同工作情况,例如,若在确定涡轮进口总温的条件下(由发动机控制规律而定),求平衡点误差方程组及动态计算时求解非线性方程组所用的3个独立变量(它们能够确定发动机的工作点)一般选用压气机压比比、压气机相对换算转速及涡轮换算流量。

2. 加力式混合排气涡扇发动机

对于喷口可调的混合排气涡扇发动机独立变量有6个,对应的误差项也有6个。

风扇和低压涡轮功率平衡方程:

$$E_1 = \frac{L_{\mathrm{LT}}\eta_{\mathrm{LT}} - L_{\mathrm{f}}}{L_{\mathrm{f}}} = f_1(V_{\mathrm{var1}}, V_{\mathrm{var2}}, V_{\mathrm{var3}}, V_{\mathrm{var4}}, V_{\mathrm{var5}}, V_{\mathrm{var6}}) \tag{6.32}$$

压气机和高压涡轮功率平衡方程:

$$E_2 = \frac{L_{\mathrm{HT}}\eta_{\mathrm{HT}} - L_{\mathrm{c}}}{L_{\mathrm{c}}} = f_2(V_{\mathrm{var1}}, V_{\mathrm{var2}}, V_{\mathrm{var3}}, V_{\mathrm{var4}}, V_{\mathrm{var5}}, V_{\mathrm{var6}}) \tag{6.33}$$

高压涡轮进口与主燃烧室出口流量连续方程:

$$E_3 = \frac{W_{4R} - \dfrac{W_4\sqrt{T_4}}{P_4}}{W_{4R}} = f_3(V_{\mathrm{var1}}, V_{\mathrm{var2}}, V_{\mathrm{var3}}, V_{\mathrm{var4}}, V_{\mathrm{var5}}, V_{\mathrm{var6}}) \tag{6.34}$$

高压涡轮出口与低压涡轮进口流量连续方程:

$$E_4 = \frac{W_{41R} - \dfrac{W_{41}\sqrt{T_{41}}}{P_{41}}}{W_{41R}} = f_4(V_{\mathrm{var1}}, V_{\mathrm{var2}}, V_{\mathrm{var3}}, V_{\mathrm{var4}}, V_{\mathrm{var5}}, V_{\mathrm{var6}}) \tag{6.35}$$

尾喷管喉部(或出口)和低压涡轮出口流量连续方程:

$$E_5 = \frac{W_9 - W_7}{W_7} = f_5(V_{\mathrm{var1}}, V_{\mathrm{var2}}, V_{\mathrm{var3}}, V_{\mathrm{var4}}, V_{\mathrm{var5}}, V_{\mathrm{var6}}) \tag{6.36}$$

外涵道进口与外涵道尾喷管喉部(或出口)流量平衡方程:

$$E_6 = \frac{P_5 - P_{5\mathrm{II}}}{P_5} = f_6(V_{\mathrm{var1}}, V_{\mathrm{var2}}, V_{\mathrm{var3}}, V_{\mathrm{var4}}, V_{\mathrm{var5}}, V_{\mathrm{var6}}) \tag{6.37}$$

这6个误差方程组成了一个非线性方程组,即

$$\begin{cases} E_1 = f_1(V_{var1}, V_{var2}, V_{var3}, V_{var4}, V_{var5}, V_{var6}) \\ E_2 = f_2(V_{var1}, V_{var2}, V_{var3}, V_{var4}, V_{var5}, V_{var6}) \\ E_3 = f_3(V_{var1}, V_{var2}, V_{var3}, V_{var4}, V_{var5}, V_{var6}) \\ E_4 = f_4(V_{var1}, V_{var2}, V_{var3}, V_{var4}, V_{var5}, V_{var6}) \\ E_5 = f_5(V_{var1}, V_{var2}, V_{var3}, V_{var4}, V_{var5}, V_{var6}) \\ E_6 = f_6(V_{var1}, V_{var2}, V_{var3}, V_{var4}, V_{var5}, V_{var6}) \end{cases} \tag{6.38}$$

在进行非设计点性能计算时，首先要给出计算条件，如高度、马赫数及主燃油流量，求平衡点误差方程组及动态计算时求解非线性方程组所用的 6 个独立变量（它们能够确定发动机的工作点）如表 6.1 所示。

**表 6.1　发动机非设计点性能计算的独立变量**

| 符　号 | 含　义 | 符　号 | 含　义 |
|---|---|---|---|
| $V_{var1}$ = ZF | 风扇压比比 | $V_{var2}$ = $n_L$ | 风扇相对转速 |
| $V_{var3}$ = ZC | 压气机压比比 | $V_{var4}$ = $n_H$ | 压气机相对转速 |
| $V_{var5}$ = $W_{THR}$ | 高压涡轮换算流量 | $V_{var6}$ = $W_{TLR}$ | 低压涡轮换算流量 |

### 6.3.3　求解发动机误差方程组的方法

求解发动机误差方程组的方法很多，一般采用牛顿-拉弗森迭代法迭代求解，该数学方法比较成熟，不再赘述。

在具体求解过程中，要注意到牛顿-拉弗森迭代法中的影响收敛的因素，这对于求解成功有很大的影响，且由于涡轮发动机是一个结构十分复杂的系统，所以迭代求解时，要注意涡轮发动机各个部件参数的变化及其内在的要求。从所设定的变量初值开始迭代过程，直到所有偏差绝对值满足精度要求，即 $\Delta E \approx 0$，则收敛并获得涡轮发动机的共同工作点，进而可以计算涡轮发动机的推力和耗油率等性能参数。

## 6.4　稳态控制规律设计

### 6.4.1　基本概念

航空燃气涡轮发动机的控制规律是指被控参数随飞行条件、大气条件和发动机油门杆位置的变化关系。发动机稳态控制规律一般是被预设在控制器中，飞行过程中控制器根据来流马赫数、总温、总压和油门杆等参数在控制规律中插值获得被控参数的期望值。发动机稳态控制规律设计是非设计点稳态设计的核心。采用发动机性能计算模型设计控制规律，同时也可获得发动机特性，这样也能够判断设计好的控制规律是否能够使发动机发挥出所预期的性能。

发动机稳态控制规律规定了发动机在一定的飞行条件和油门杆位置下,应该达到的状态和性能,并且保证发动机在飞行包线内所有的工况下安全稳定可靠地运转。发动机稳态控制规律包含慢车控制规律、节流控制规律、中间状态控制规律,如果发动机带加力燃烧室,则还有加力油控制规律。此外针对可调几何参数也存在相应的稳态控制规律。下面将对各控制规律的设计方法进行介绍,并重点介绍最大状态和加力状态的控制规律设计方法。

### 6.4.2 慢车控制规律

发动机的慢车状态是推力级别最低的状态,其理想推力是0。对于慢车控制规律设计系要考虑如下因素:

(1) 要保证发动机推力尽量低;

(2) 考虑在较低推力状态工作时的燃烧室工作稳定性及空气系统冷却性能;

(3) 考虑慢车加速到更高推力状态的时间问题,如果慢车状态太低,会导致加速时转速跨度太大,进而延长了加速时间;

(4) 考虑与飞机进气道匹配的最低进气流量;

(5) 考虑满足飞机环控引气量的最低状态;

(6) 考虑满足飞机功率提取的最低转速;

(7) 要避开转子的临界转速;

(8) 针对某些发动机控制系统,存在最小燃油流量限制。

慢车控制规律设计需要在全工作包线条件下计算,具体方法如图6.6所示。

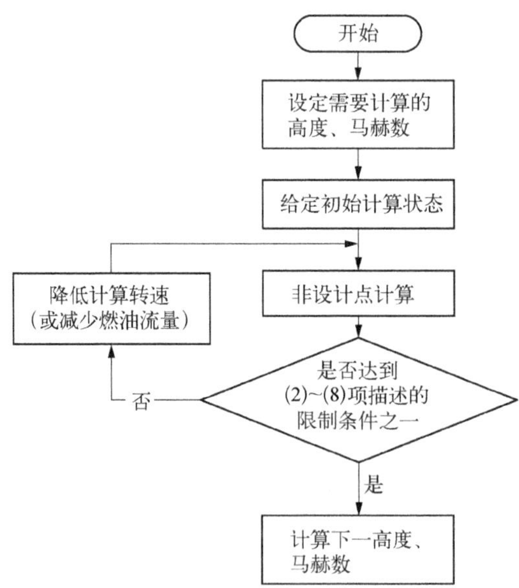


图6.6 慢车控制规律设计过程示意图

综合上述因素,通过发动机全包线范围内的非设计点稳态计算,便可获得慢车控制规律,如图6.7所示。

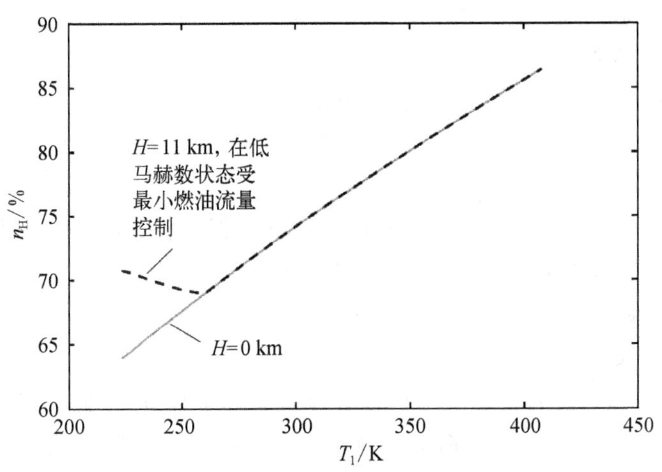


图6.7　慢车控制规律示意图

### 6.4.3　中间/最大状态控制规律设计

#### 6.4.3.1　中间/最大状态控制规律设计的约束条件

发动机中间状态是指：在加力燃烧室不工作条件下,发动机能够达到的最大状态。

发动机最大状态是指：在加力燃烧室工作条件下,发动机达到的最大状态。该状态加力燃油也达到最大。

中间/最大状态控制规律设计是为了保证在任何飞行条件下最大限度地发挥发动机潜力。在设计过程中应综合考虑发动机的强度负荷、热负荷、起动稳定性等因素。具体因素如下。

(1) 飞机进气道流量限制：低压转子或风扇换算转速。

(2) 机械负荷限制：转速、压气机出口压力。

(3) 热负荷限制：压气机出口温度、燃烧室出口温度。

(4) 气动负荷：换算转速、压气机出口压力。

(5) 气动稳定性限制。

(6) 加力燃烧室油气比限制。

(7) 加力燃烧室出口最大温度限制。

(8) 喷口调节能力限制。

对于新研制的发动机,需要着重考虑高压、低压部件的气动稳定性。

控制规律常规的设计方法是,通过对发动机不同进气总温、不同转速情况的非设计点稳态计算，得到发动机推力最大，且计算参数均未超过上述限制条件的一组数据。然后将发动机转速、排气温度、喷口面积、加力出口总温等参数绘制成与进口总温 $T_1$ 的关系曲线，这样便形成了中间/最大控制规律。

#### 6.4.3.2　控制规律设计

以双轴涡扇发动机为例，发动机控制规律设计的要求如下：

（1）满足飞机在各个飞行状态下的推力需求，同时充分发挥发动机各部件的潜力；

（2）在满足推力需求的基础上要达到最佳的经济性，要么发动机在巡航时耗油率最低，要么发动机尺寸最小，或两者兼顾；

（3）操作简单，易于实现。

1. 单一参数控制规律

单一控制规律是指把其中一个量定为最大限制值的控制规律，如分别令风扇换算转速 $n_{LR}$ = const，风扇物理转速 $n_L$ = const，压气机物理转速 $n_H$ = const 以及涡轮前温度 $T_4$ = const。研究这些控制规律可以得出发动机的各种负荷和变化规律。

2. $n_{LR}$ = const 控制规律

选取风扇换算转速 $n_{LR}$ 为最大限制值的控制规律计算结果如图 6.8 所示。

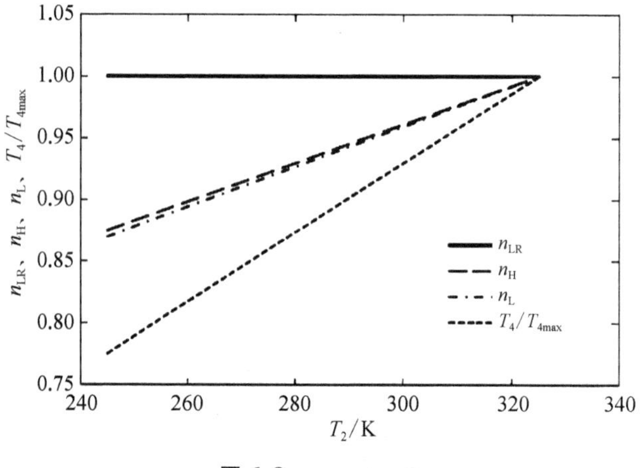


**图 6.8　$n_{LR}$ = const**

随进口总温 $T_2$ 的变化，始终保持风扇相对换算转速为 1.0，而风扇物理转速、压气机物理转速和涡轮前温度都随 $T_2$ 的增加而增加。

$T_2$ 增加，风扇物理转速要增加保证换算转速不变；发动机“加重”，所以要通过提高 $T_4$ 来增加涡轮功；发动机“加重”时是前重后轻，在 $T_4$ 增加时，“加重”的风扇转速增加，压气机的物理转速增加得更快。

3. $n_L$=const 控制规律

取风扇物理转速为最大限制值,发动机参数变化情况如图 6.9 所示。

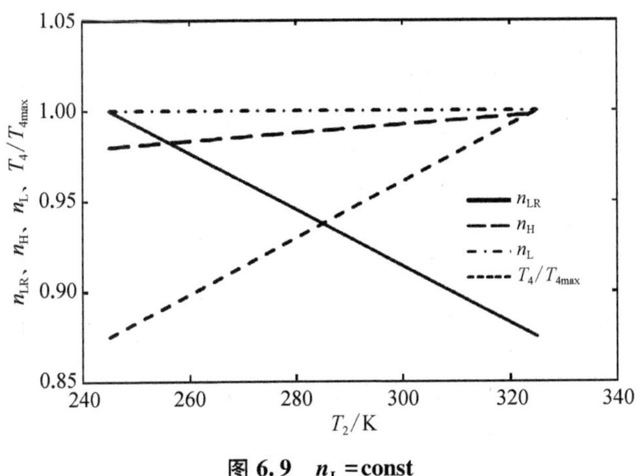


**图 6.9　$n_L$=const**

风扇物理转速不变,换算转速随 $T_2$ 的增大而减小。$T_2$ 增加,发动机压缩部件"前重后轻","加重"的风扇转速不变,需要提高 $T_4$ 来增加涡轮功。$T_4$ 增加,"减轻"的压气机的物理转速也要增加。在 $n_L$ = const 的控制规律下,$T_4$ 和 $n_H$ 在 $T_2$ 最大时达到最大限制值。

4. $n_H$=const 控制规律

取压气机物理转速为最大限制值,发动机参数变化情况如图 6.10 所示。

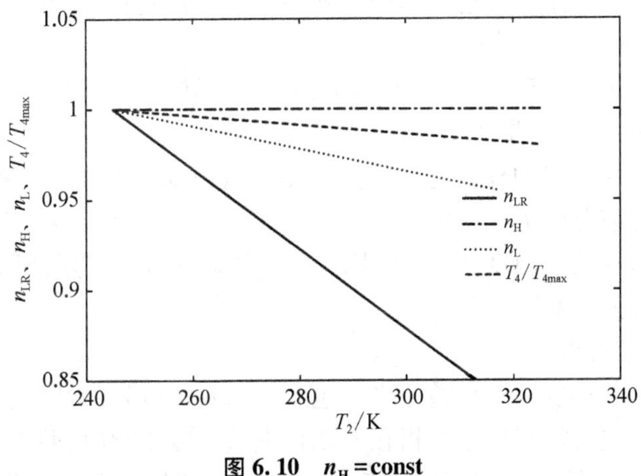


**图 6.10　$n_H$=const**

$T_2$ 增加时,由于压气机设计压比很高,所以压气机整体是"加重"的。风扇和增压级也是"加重"的,保持 $n_H$ 不变,$n_L$ 要减小,$T_4$ 要增加。$n_L$ 减小,$T_2$ 增加,所以风扇换算转速减小。

5. $T_4$=const 控制规律

取涡轮前温度 $T_4$ 为最大限制值,发动机参数变化情况如图 6.11 所示。

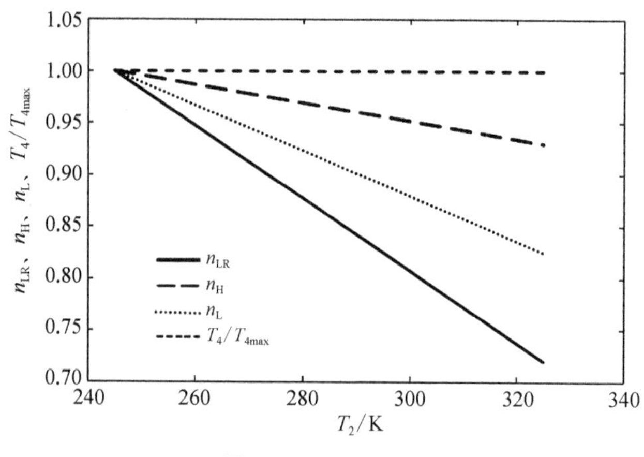


**图 6.11 $T_4$=const**

随 $T_2$ 的增大,$n_L$、$n_H$ 和 $n_{LR}$ 都减小。$T_2$ 增加,发动机"加重",而保持 $T_4$ 不变,风扇和压气机不能维持原来的转速,$n_L$ 和 $n_H$ 减小。"前重后轻",风扇转速下降得更快。

6. 四种控制规律的对比

分别令风扇换算转速 $n_{LR}$、风扇物理转速 $n_L$、压气机物理转速 $n_H$ 和涡轮前温度 $T_4$ 为最大限制值,计算了这四种控制规律下发动机参数的变化情况。从计算结果可以看出当 $T_2$ 增加时,发动机参数变化有以下趋势:

(1) 若保持风扇换算转速 $n_{LR}$ 不变,则风扇物理转速 $n_L$ 增加,压气机物理转速 $n_H$ 增加,涡轮前温度 $T_4$ 增加;

(2) 若保持风扇物理转速 $n_L$ 不变,则风扇换算转速 $n_{LR}$ 下降,压气机物理转速 $n_H$ 增加,涡轮前温度 $T_4$ 增加;

(3) 若保持压气机物理转速 $n_H$ 不变,则风扇换算转速 $n_{LR}$ 下降,风扇物理转速 $n_L$ 下降,涡轮前温度 $T_4$ 增加;

(4) 若保持涡轮前温度 $T_4$ 不变,则风扇换算转速 $n_{LR}$ 下降,风扇物理转速 $n_L$ 下降,压气机物理转速 $n_H$ 下降。

7. 组合控制规律

飞行器总是希望发动机在整个飞行包线内都发挥较好的性能,这时就要采用组合控制规律。组合控制规律是指在发动机进口温度变化时,并不是始终保持一个参数为最大限制值,而是在不同的 $T_2$ 下让不同的参数达到最大限制值。这样可以充分发挥发动机的潜力。

和单一控制规律类似,在计算组合控制规律时,也是先给出设计点的 $T_4$、$n_L$、$n_H$ 和 $n_{LR}$ 的值。然后增加发动机进口总温,按照 $T_4$、$n_L$、$n_H$ 和 $n_{LR}$ 都不超过限制值的原则进行计算，各限制值与上一节相同。算出每个 $T_2$ 下的发动机的 $T_4$、$n_L$、$n_H$ 和 $n_{LR}$ 的值，这样就得到了组合控制规律，如图 6.12 所示。

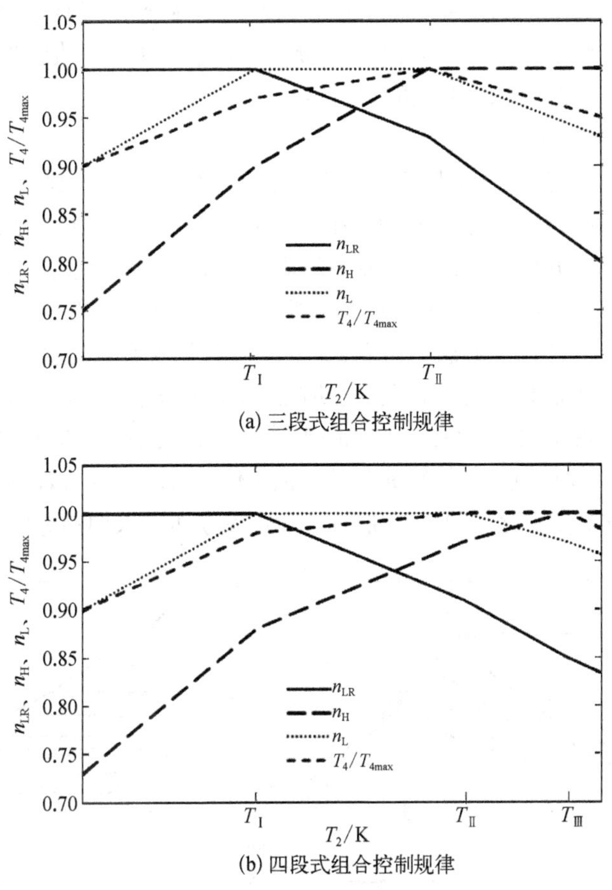


(a) 三段式组合控制规律

(b) 四段式组合控制规律

**图 6.12　组合控制规律**

图 6.12 展示了两种典型的组合控制规律。图 6.12(a) 所示为三段式组合控制规律：

$T_2 \leqslant T_Ⅰ$ 时，$n_{LR} = n_{LRmax} = \text{const}$；

$T_Ⅰ < T_2 \leqslant T_Ⅱ$ 时，$n_L = n_{Lmax} = \text{const}$；

$T_Ⅱ < T_2$ 时，$T_4 = T_{4max} = \text{const}$。

图 6.12(b) 所示为四段式组合控制规律：

$T_2 \leqslant T_Ⅰ$ 时，$n_{LR} = n_{LRmax} = \text{const}$；

$T_Ⅰ < T_2 \leqslant T_Ⅱ$ 时，$n_L = n_{Lmax} = \text{const}$；

$T_Ⅱ < T_2 \leqslant T_Ⅲ$ 时，$n_H = n_{Hmax} = \text{const}$；

$T_Ⅲ < T_2$ 时，$T_4 = T_{4max} = \text{const}$。

图 6.12 给出的两种组合控制规律的差异在于 $T_4$ 和 $n_H$ 两个参数哪个先达到限制值。在三段式组合控制规律中，$T_4$ 首先达到限制，此后 $n_H$ 随着 $T_2$ 的升高而降低，故不存在限制 $n_H = n_{Hmax} = \text{const}$ 的阶段，组合控制规律仅有三段。具体的发动机中采用三段式或四段式控制规律与发动机设计参数和限制值的选取及发动机的特性有关，需要具体问题具体分析。

8. 等推力控制规律

当大气温度下降时，发动机换算转速增加，换算流量和压比增加，物理流量增加，而且发动机的加热量增加，发动机推力增加。对于大推力商用发动机，直接采用上述以限制值边界构成的组合控制规律时存在着明显的不足。主要问题是发动机冷天推力大，热天推力小。这就使得飞机的操纵性和舒适性变差。同时，如果发动机在热天的推力已经能够满足需求，那么冷天的时候推力将会有富余，此时若仍然让发动机工作在限制值的边界上，发动机的工作负荷高，对寿命不利。

基于上述考虑，商用发动机一般采用等推力控制策略。其核心是环境温度在一定范围内变化时，保持风扇换算转速为某一恒定值，从而保证在该温度范围内发动机的推力不随环境温度变化。图 6.13 展示了商用发动机所采用的等推力控制规律。

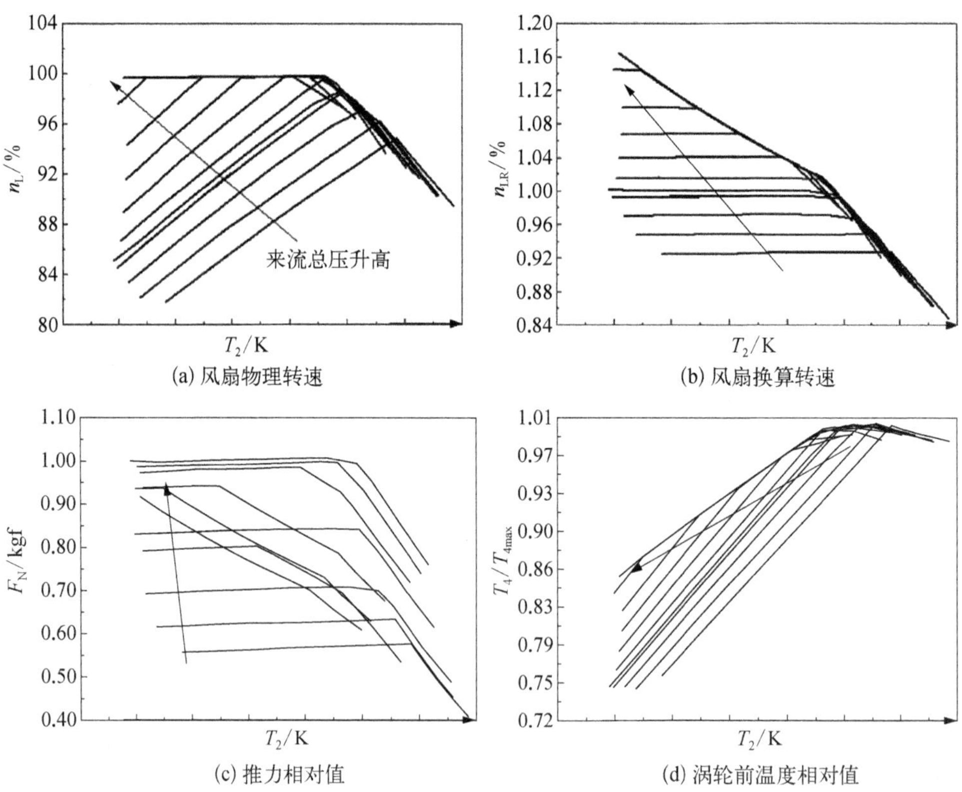


**图 6.13　等推力控制规律**

图 6.13(a)中转速的外边界和图 6.13(d)所示的温度外边界,分别为最大物理转速限制和涡轮进口温度 $T_4$ 限制。若商用发动机按最大能力控制(即按外边界线控制),在地面冷天起飞,物理转速相同,换算转速高,空气流量大,推力会增大;在地面热天起飞,物理转速相同,换算转速低,空气流量小,推力会减小。若在高海拔机场起飞,物理转速相同,换算转速相同,进口总压会减小,推力会减小。

如图 6.13(a)~(c)所示,在不同温度范围内,按发动机进口总压保持风扇换算转速为定值,发动机在一定温度范围内推力是恒定的。海拔高度增加,发动机进口总压减小,发动机推力会减小,控制系统会让风扇进口换算转速增大,发动机推力增大,但风扇换算转速增大对推力的影响没有进口总压减小对推力的影响大,总的来说,发动机推力会减小,但减小的幅度比较小。当发动机进口总压增大,发动机推力会增大,控制系统会让风扇进口换算转速减小,发动机推力减小,风扇换算转速减小对推力的影响和进口总压增大对推力的影响相互抵消,总的来说,发动机推力保持恒定。

9. 喷口控制规律

当发动机尾喷管喉部面积 $A_8$ 可调时,发动机几何不再相似,改变了发动机共同工作线的走向。因此,可以通过调节 $A_8$ 来控制影响发动机性能的参数,本节研究 $A_8$ 可调状态下的控制规律。

1)"冷超转"技术

根据之前的讨论,当涡轮前温度达到极限时,$n_L$ 会迅速下降,此时通过放大 $A_8$,可以减缓 $n_L$ 下降速度,从而改善推力特性,这就是"冷超转技术"。

如图 6.14 所示即为"冷超转"所采用的控制规律,可见,所谓"冷超转"是在高速飞行时,当 $T_4$ 达到极限值,用增加 $A_8$ 的方法提高 $n_L$。这样的调节将增大发动机的进气流量,并且发动机的经济性会提高,因此在某些情况下(高马赫数时),这种调节方法对于发动机的性能储备是非常有利的。尽管如此,通过调节 $A_8$ 带来的收

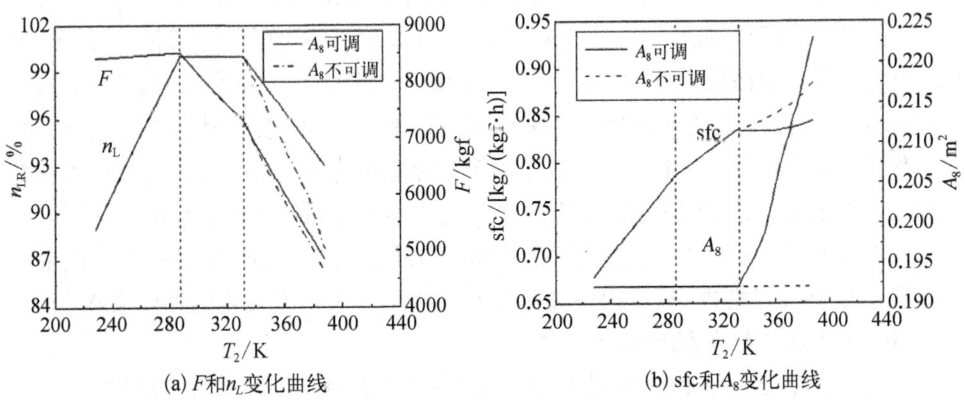

(a) $F$和$n_L$变化曲线　(b) sfc和$A_8$变化曲线

**图 6.14 "冷超转"技术对特性参数的影响**

益，应当结合飞/发进排气阻力特性进行综合评价。

2）“燃气储备利用”技术

当 $n_L$ 达到极限值时，调小 $A_8$ 来改善推力特性的调节方式，称为“燃气储备利用”技术。

图 6.15 中发动机 $n_L$ 达到工作极限后（$T_2 \approx 296$ K），$T_4$ 上升斜率减小，发动机推力增加减慢，这时如果适当关小发动机喷管喉部面积 $A_8$，可以保持 $n_L$ 工作极限的同时增大 $T_4$ 的上升斜率，使发动机推力迅速提高。

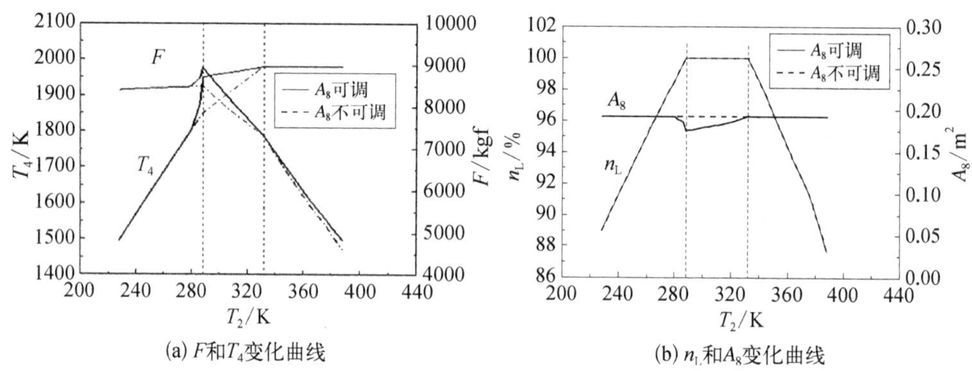


(a) $F$和$T_4$变化曲线　　(b) $n_L$和$A_8$变化曲线

**图 6.15　“燃气储备利用”技术对特性参数的影响**

从图 6.15 可以看出，当 $n_L$ 达到极限值时，$T_4$ 上升速率减小，推力下降速率增加，这时如果适当关小 $A_8$，增大 $T_4$ 上升的速率，可以使推力下降的速率减小。当 $T_4$ 达到极限值时，喷管打开，调节过程终止。根据“冷超转”技术和“燃气储备利用”技术，采用组合控制规律，同时调节尾喷管喉部面积 $A_8$，参数变化如图 6.16 所示。

图 6.16 为 $A_8$ 可调与不可调的发动机性能比较，其中图 6.16(a)为 $F$ 对比，当 $n_L$ 达到最大值 $n_{L,max}$ 时，减小 $A_8$，通过增加 $T_4$ 的上升速度来改善推力特性，同样，进口温度 $T_2$ 过高时，放大 $A_8$，通过减缓 $n_L$ 的下降速度来改善推力特性。图 6.16(d)为发动机喘振裕度对比，可以看出 $A_8$ 改变时，$\Delta SM_c$ 并未受影响，而 $\Delta SM_f$ 减小得很明显，这是由于涡轮导向器喉部临界或接近临界，$A_8$ 的改变对高压压气机的共同工作线基本没有影响；对于风扇来说，由于混合室的存在，$A_8$ 的改变会明显影响其共同工作线的走向，以此来影响内、外涵道发动机参数之间的相互关系及其特性。

“冷超转”技术和“燃气储备利用”技术，是通过调节 $A_8$，在保留一定喘振裕度的基础上改善推力特性，从而保证飞机在不同状态下对动力装置的性能需求。

10. 加力状态控制规律设计

加力工作状态是现代战斗机发动机必不可少的一种工作状态，根据作战任务的不同，加力工况可以在战机紧急起飞、爬升、突破声障以及超声速飞行和机动作

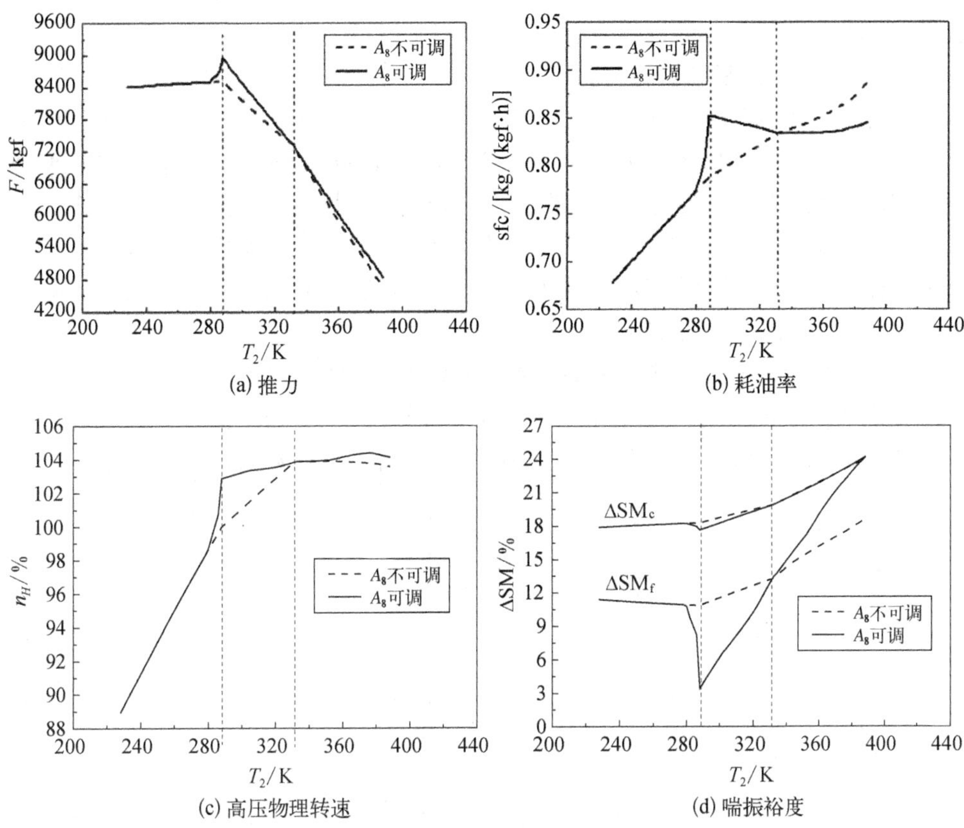


(a) 推力　(b) 耗油率　(c) 高压物理转速　(d) 喘振裕度

**图 6.16　$A_8$ 调节对发动机性能的影响**

战等飞行任务时使用。根据飞行作战任务不同，加力时间占整个飞行时间的比例有所不同，其中，对于纯粹的截击战斗机（如米格-25）来说，其使用加力时间差不多占到整个飞行时间的50%，对于典型的空中优势战斗机 F-15，其加力时间仅占了飞行时间的 10%左右。可见，加力过程是发动机重要工作过程之一。由于没有涡轮等旋转部件的影响，加力燃烧室出口总温 $T_7$ 可以很高。目前，第四代涡扇发动机的 $T_7$ 已经达到 2 050~2 100 K，这主要是受到材料耐温和气体高温离解的限制，如果要突破这个制约继续提高 $T_7$，可以在现有基础上往加力燃烧室喷入氧化剂，研究表明，这种方式可以使 $T_7$ 达到 3 000 K 左右。提高 $T_7$ 虽然可以大幅度地提高发动机推力，但是却付出了耗油率高的代价。例如，F100-PW-100 发动机推力提高 66%，但是耗油率提高 281%，原因之一是加力燃烧室燃烧效率要远低于主燃烧室的燃烧效率。如此高的耗油率即使是在加力时间不是很长的情况下，也将缩短飞机的作战半径。目前，绝大多数涡喷发动机和军用涡扇发动机都有加力燃烧室，以便在必要时提高发动机推力。

通常，加力与不加力的推力之比称为加力比，为了满足飞机的各种飞行状态需要，通常加力比是可调的，现役发动机的加力比在 1.5 左右。

1）加力状态控制参数的选取

混合排气加力涡扇发动机在加力工作状态，还有一个控制因素——加力供油量 $W_{fa}$。下面研究 $W_{fa}$ 的控制方法和 $T_7$ 及总余气系数 $\alpha_\Sigma$ 随 $T_2$ 的变化规律，这些规律是基于在加力状态下仍保持主发动机最大工作状态为极限状态所选择的控制规律。

应该指出，由于加力燃烧室中 $T_7$ 是难以测量的，而且发动机中没有空气流量和燃油流量的测量，因此，无法实现 $T_7$ 或 $W_{fa}$ 的直接控制，在实际中一般采用间接方法保持 $\alpha_\Sigma \approx \text{const}$ 控制规律。

带加力的发动机保证 $T_7 = \text{const}$ 的控制规律，是根据加力燃烧室结构部件可靠性和强度的要求提出的，然而温度 $T_7$ 保持常值并没有发掘出发动机加力的潜力，因为 $T_7 = \text{const}$ 时总余气系数 $\alpha_\Sigma$ 值随着 $T_2$ 的升高明显增大，如图 6.17 所示。

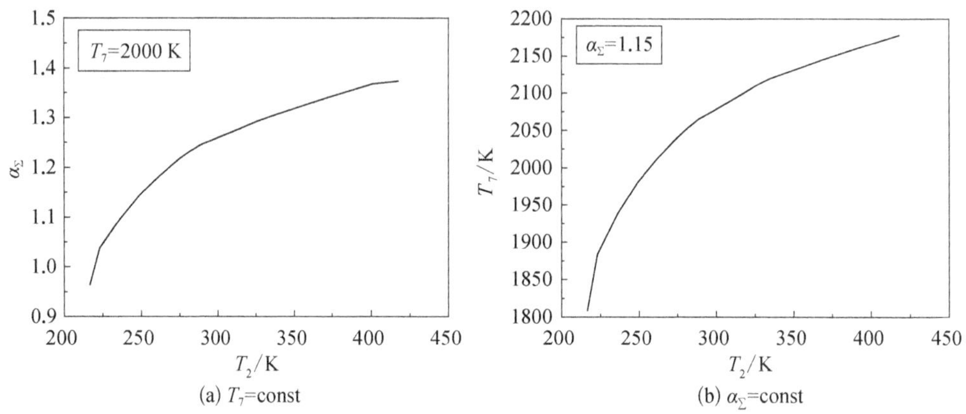


**图 6.17　$\alpha_\Sigma = \text{const}$ 时 $T_7$ 的变化和 $T_7 = \text{const}$ 时 $\alpha_\Sigma$ 的变化**

混合排气加力涡扇发动机随马赫数的增大，空气流量增加会使得压气机出口压力 $P_3$ 增高，因为

$$W_a = \text{const} \frac{P_3}{\sqrt{T_4}}(1 + B) \tag{6.39}$$

为了保持 $\alpha_\Sigma = \text{const}$，这种情况下需要引入 $W_{fa}$ 按 $B$ 变化的修正，即保证加力燃油按以下规律供油：

$$\frac{W_{fa}}{P_3} = \text{const} \frac{(1 + B)}{\sqrt{T_4}} \tag{6.40}$$

在一般情况下，由于 $T_4$ 和 $B$ 是 $T_2$ 和油门杆角度的函数，$W_{fa}$ 最通用的控制规律是

$$\frac{W_{fa}}{P_3}=f(\alpha_\Sigma,\ T_2) \tag{6.41}$$

在每个给定的油门杆位置下保证 $\alpha_\Sigma$ = const 的 $W_{fa}$ 或 $\alpha$ 随 $T_2$ 函数的任何变化都是以上式给出。

为了定性分析混合排气加力涡扇发动机控制规律在不同阶段上 $W_{fa}/P_3$ 的变化，如果近似以式(6.40)为基础，那么当 $T_4$ 达到最大时，随着马赫数进一步升高，$B$ 会迅速增大，在此情况下加力供油必须按以下规律给定：

$$\frac{W_{fa}}{P_3}=\text{const}(1+B) \tag{6.42}$$

按照式(6.41)，在发动机控制规律的其他阶段上，必须考虑进口温度 $T_2$ 的变化性质。

2）加力状态控制规律设计

发动机加力状态控制规律设计的目标就是获得最大推力，同时发动机参数不能超越6.4.3.1节列出的约束条件。因此需要综合设计 $W_f$、$A_{8a}$、$W_{fa}$。设计的基本思路是采用发动机稳态性能计算模型开展，首先要确定需要计算的大气条件，通过给定 $W_f$，确保转速、$T_4$ 不超过限制值，通过加力油气比限制值反算应提供的 $W_{fa}$，给定一系列非加力状态 $A_8$，模型会自动计算出加力状态的 $A_{8a}$。

图6.18给出了在固定高度马赫数条件下不同非加力状态 $A_8$ 条件下，发动机参数的变化。这里要说明的是，不同的 $A_8$ 对应的 $W_f$ 是不同的。当给定一个 $A_8$ 时，通过适应性调整 $W_f$，确保发动机的转速、$T_4$ 至少有一项达到限制值，其他参数低于限制值。

(1) 根据图6.18(a)可知，在固定进气条件下(图中对应的 $T_1$ = 357 K)，推力随非加力喷管面积增大而增大，这是因为在357 K高温条件下，$A_8$ 提高，低压物理转速提高，发动机进气流量提高，加力燃油流量提高，进而使推力提高。但当 $A_8$ 继续增大时，推力急速下降。

(2) 根据图6.18(b)可知，虽然 $A_8$ 持续增大，加力燃油流量提高并保证加力燃烧室排气温度保持在最大温度条件下，当 $A_8$ 继续增大时，$T_7$ 急速下降，这是导致推力下降的主要原因。

(3) 根据图6.18(c)可知，随着 $A_8$ 持续增大，加力状态 $A_{8a}$ 增大，当 $A_{8a}$ 增大到最大喉部面积时，为了保证风扇裕度，加力燃油流量只能减少，导致加力燃烧室排气温度下降，以及推力下降。

采用上述方法，可以计算不同进气温度条件下的加力燃油流量，最终获得加力控制规律。如图6.19所示，混合排气加力涡扇发动机加力工作状态的控制规律。

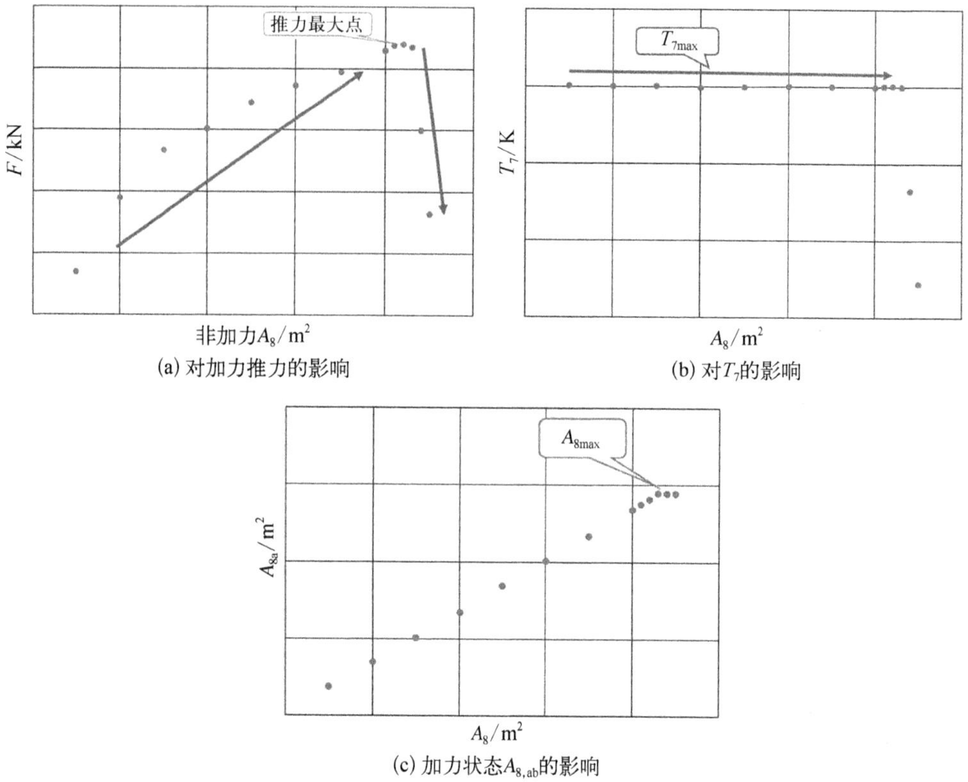

推力最大点

$F$/kN

非加力$A_8$/m²

(a) 对加力推力的影响

$T_{7max}$

$T_7$/K

$A_8$/m²

(b) 对$T_7$的影响

$A_{8max}$

$A_{8a}$/m²

$A_8$/m²

(c) 加力状态$A_{8,ab}$的影响

**图 6.18　非加力 $A_8$ 对加力状态参数的影响示意图**

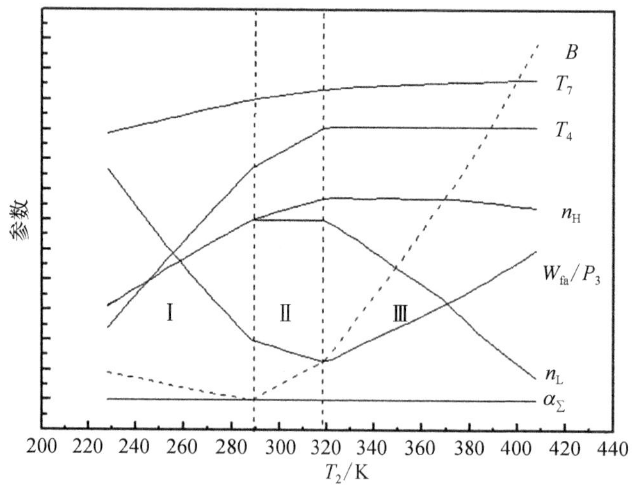


**图 6.19　典型的混合排气加力涡扇发动机加力状态的控制规律**

如图6.19所示,混合排气加力涡扇发动机在加力状态工作时,核心机仍采用组合控制规律,加力燃烧室采用 $\alpha_{\Sigma}$ 控制。

在区段Ⅰ,采用 $n_{LR}$ = const的控制规律,由图可见,在 $T_2$ 升高时 $T_7$ 增高,$T_4$ 急剧升高,而 $B$ 有所降低,因此,为了保持 $\alpha_{\Sigma}$ = const,在 $T_2$ 升高时,$W_{fa}/P_3$ 降低。

在区段Ⅱ,采用 $n_L$ = const的控制规律,随 $T_2$ 升高涡轮前温度 $T_4$ 升高,使得核心机物理转速 $n_H$ 升高,同时涵道比增加,由于该区段内,$T_4$ 增加占主导影响,因此,$W_{fa}/P_3$ 有所降低,只是降低幅度比在区段Ⅰ减缓。区段Ⅲ参数变化规律与区段Ⅱ类似。

需要说明的是,当 $T_2$ 升高时,$T_7$ 总是增高的,即随着飞行马赫数增大,温度 $T_4$ 和 $T_7$ 的增高可以保证发动机在加力状态下有足够高的推力。但当 $T_7$ 达到最大允许温度时,加力推力不会再有明显升高,甚至会随马赫数的提高而降低。

11. 节流比对性能影响分析

节流比是略大于1.0的数值,不同的节流比值将会使得阶段二和阶段三的分界线发生移动,节流比越大则该分界线对应的 $T_2$ 越高。当节流比为1时,将不存在定物理转速的阶段。当 $T_{4,\max}$ 选定后,发动机节流比的选择,也就决定了起飞状态的 $T_4$。一般认为,发动机的起飞状态 $T_4$ 代表了发动机的设计水平,这对节流比小于1的发动机无疑是正确的。当节流比大于1时,代表发动机设计水平的不再是起飞时的 $T_4$,而应是 $T_{4,\max}$,如图6.20所示。

从图6.20可见,THR的引入可以改善发动机在高温条件下的性能,因而该数值的大小可以根据发动机高温下的性能需求来确定。

在所选控制规律条件下,不同的THR值,对发动机性能产生不同影响。当采用控制规律为 $n_L$ = 100%时,大THR方案的 $T_{4,sl}$ 较低,在相同的条件下,它的 $F$ 和sfc都必然低于小THR方案;当采用控制规律为 $T_4 = T_{4,\max}$ 时,不同THR方案的 $T_{4,sl}$ 相同,那么大THR方案使得发动机各部件具有较好的流通能力、较强的做功能力,使得进气流量较大,单位推力基本相同,因而 $F$ 大很多,sfc基本相同。而发动机控制规律的传统配置一般为低马赫数飞行状态(由进口温度 $T_2$ 决定)采用 $n_L$ = 100%,高马赫数飞行状态采用 $T_4 = T_{4,\max}$。现代战斗机追求良好的高速性能,因此高THR方案是最优选择。

为了进一步说明,THR选择对不同飞行状态发动机性能的影响,计算了不同THR方案的发动机最大状态高度-速度特性,如图6.21所示。

分析图6.21可以看出:

(1) 不同高度-速度下,不同THR设计方案对发动机特性影响趋势基本相同;

(2) 对于大THR设计方案,$T_{4,\max}$ 值越大,发动机热负荷水平越高,在同一高度下发动机高速性能越好;

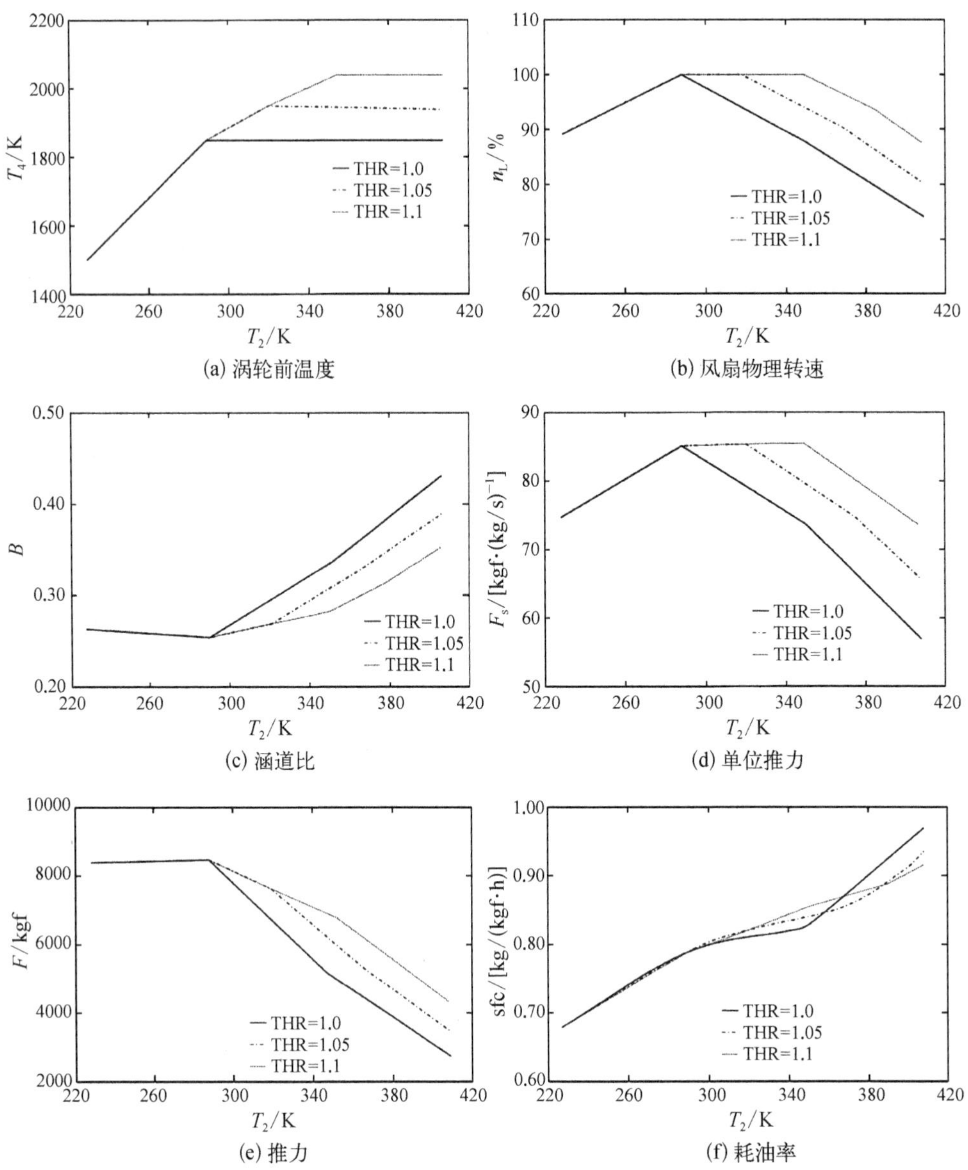


**图 6.20　不同节流比方案发动机特性参数变化**

（3）在低速飞行阶段（$H = 2$ km，$Ma \leqslant 0.6$；$H = 6$ km，$Ma \leqslant 0.9$；$H = 12$ km，$Ma \leqslant 1.3$），各方案推力相差不大；

（4）随着马赫数的增加，小 THR 设计方案首先进入限温范围，大 THR 设计方案在更大的马赫数下才进入限温范围（THR = 1.1，$H = 12$ km，$Ma = 1.8$），在高速飞行时，三种设计方案最终都会进入限温范围，但是大的 THR 方案涡轮功较大，因而转速和空气流量均较大，所以具有更大的推力，但是耗油率差别并不大。

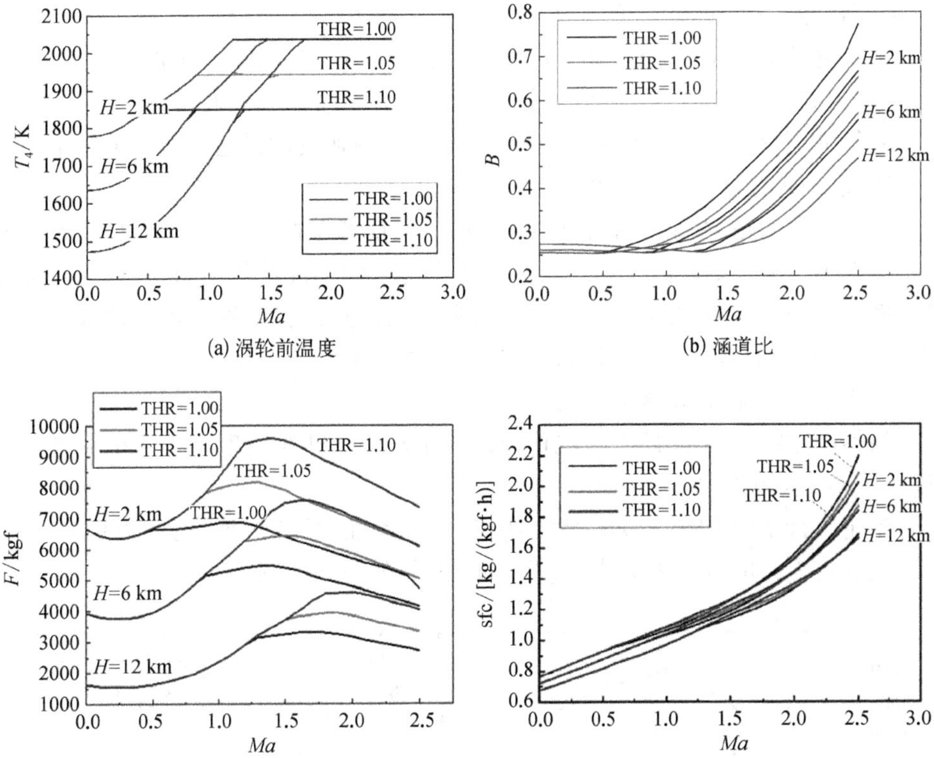

(a) 涡轮前温度

(b) 涵道比

(c) 推力

(d) 耗油率

**图 6.21 不同节流比方案发动机高度-速度特性**

### 6.4.4 节流状态控制规律

节流状态(巡航状态)介于慢车状态与最大状态之间。一般采用油门杆与 $n_{HR}$ 的关系定义节流状态控制规律,也有采用油门杆与发动机增压比的关系定义节流状态控制规律。

飞机在飞行中,绝大部分时间是处于巡航飞行状态(发动机处于节流状态)。通常规定 $F$ 在 $0.50F_{max}$ ~ $0.80F_{max}$ 时为发动机的巡航状态。发动机在巡航状态工作时,需要的是经济性。因此,制定巡航状态控制规律的目标是尽可能降低发动机油耗。

1. 巡航状态控制参数的选取

发动机的最大状态是从最大单位推力要求出发,一般不在最有利的工作线上。发动机从最大状态过渡到巡航状态时,核心机需要进行节流。节流深度一般按照最经济的巡航状态确定。

根据巡航状态特点和发动机共同工作条件可知,在给定飞行状态($H$、$Ma$ 和 $T_H$)、转速 $n_H$ 和几何面积 $A_8$ 等条件下,可以唯一的确定发动机共同工作点。同理,在给定飞行状态($H$、$Ma$ 和 $T_H$)、$W_f$ 和 $A_8$ 等条件下,也可以确定发动机共同工作点，进而获得 $F$ 和 sfc 随 $n_H$ 的变化关系。

本章通过给定飞行条件（$H$、$Ma$ 和 $T_H$）、$W_f$ = const，通过不断调整 $A_8$，则可获得 $F$、sfc 与转速 $n$ 的关系，在某一个转速 $n$ 下，$F$ 将会达到最大值，即 sfc 最小值。如果将等 $W_f$ 获得的 sfc 最小值点连接起来，即可得到发动机巡航状态下的最小油耗工作线，即最经济巡航工作线。

需要指出的是，在某一外界条件下最佳的巡航状态控制规律，在其他飞行条件下就可能不是最佳的。因此要想获取任何飞行条件下都是最佳的巡航状态，那就必须使巡航的节流规律随飞行条件变化，要保证这点需要靠发动机自动控制系统实现，一般情况下满足基本飞行状态的经济性要求即可。

2. 巡航状态控制规律设计

根据制定的巡航状态控制规律，计算涡扇发动机在巡航状态（$H$ = 11 km，$Ma$ = 0.8）的特性变化。

给定飞行条件（$H$ = 11 km，$Ma$ = 0.8，国际标准大气）和 $W_f$，通过调节 $A_8$，计算得到发动机 $F$、sfc、$n_H$ 和 $n_L$ 与 $A_8$ 之间的关系，如图 6.22 所示。

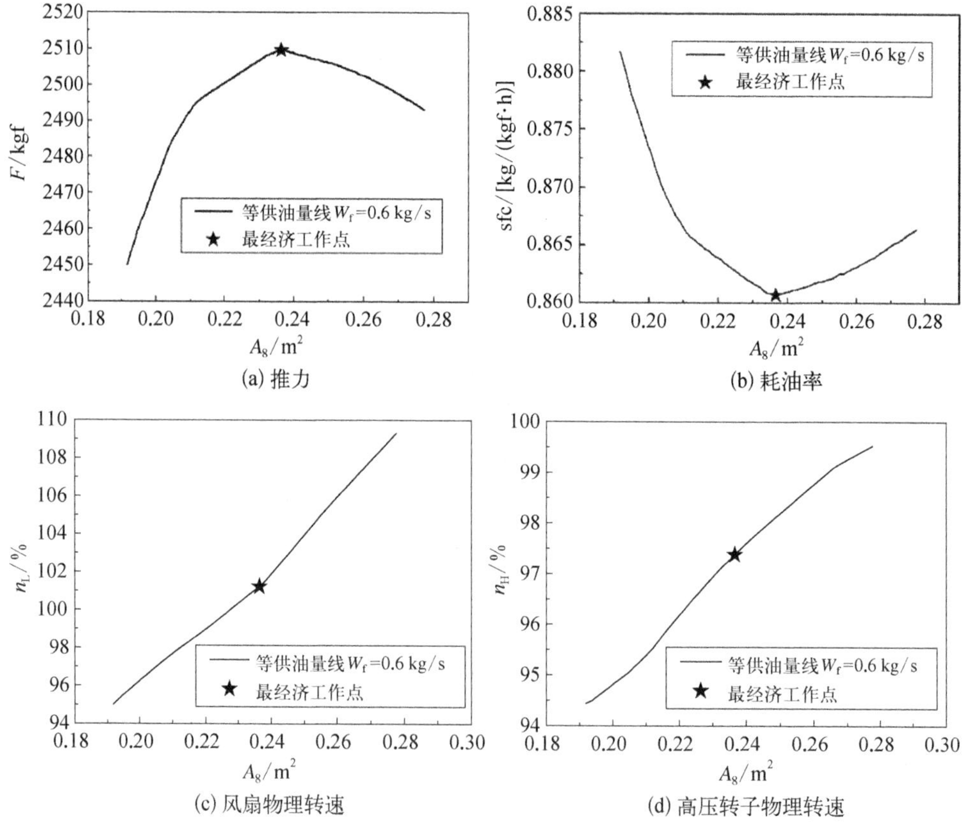

(a) 推力

(b) 耗油率

(c) 风扇物理转速

(d) 高压转子物理转速

**图 6.22 巡航状态各变量随 $A_8$ 变化关系**

从图 6.22 可以看出,发动机 $n_L$ 和 $n_H$ 随着 $A_8$ 增大而增大,这可以解释为,当 $A_8$ 增大时,发动机涡轮落压比增大,涡轮功增加,导致转速增加。在给定 $W_f$ 条件下,可以找到对应 $F$ 最大点和 sfc 最低点的 $n_H$(图 6.22 中星号所示),这说明发动机在此状态下工作时,经济性最好。如图 6.22 所示,当 $A_8$ 为 0.236 5 $m^2$ 时,发动机 $F$ 最大为 2 509 kgf,sfc 最低为 0.860 7 kg/(kgf·h),对应的 $n_L$ 为 101.2%,$n_H$ 为 97.3%,此即为该条件下的巡航状态控制规律。

同理,当巡航状态不变时,给定不同 $W_f$(1 800~5 400 kg/h),可以得到不同 $W_f$ 下 $F$ 最大值所对应的 $A_8$、高低压转子物理转速等,如图 6.23 所示。

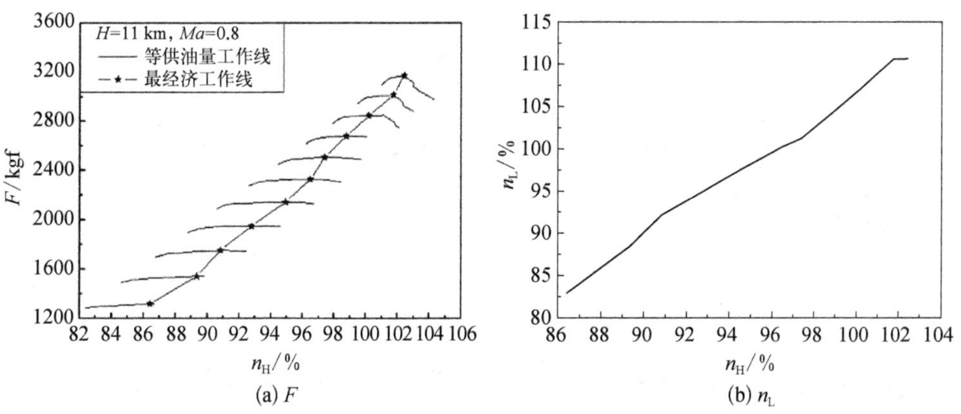

(a) $F$　　(b) $n_L$

**图 6.23　巡航状态最经济工作线的获取**

根据图 6.23 制定巡航状态控制规律,其中,当 $n_L$ 超转时,通过减小 $A_8$ 实现机械负荷不超,计算获得巡航状态发动机特性参数变化,如图 6.24 所示。

从图 6.24 中可见,发动机 $n_H$ 随 $A_8$ 增大而增大,这可解释为,当 $A_8$ 增大时,发动机落压比增大,涡轮功增大,导致 $n_H$ 增加;发动机 $F$ 随着 $n_H$ 的增大,先增大后减小,图中在等 $W_f$ 线上推力最大的点连接起来就是最经济工作线。当 $A_8$ 较小时,发

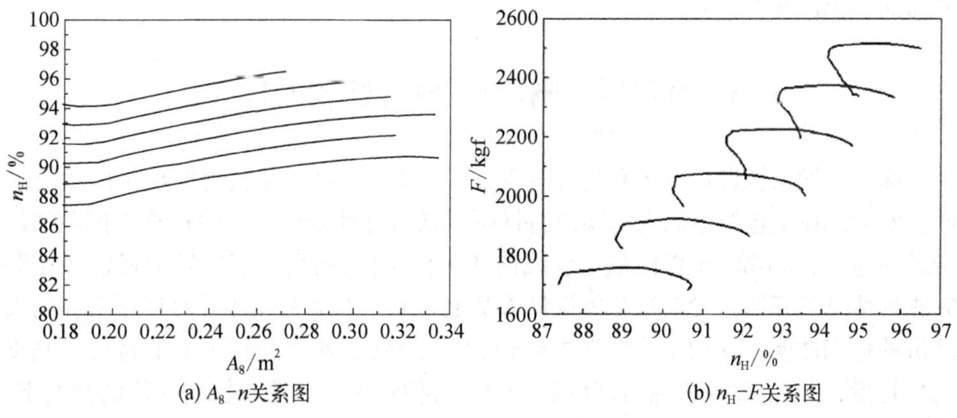

(a) $A_8$-$n$关系图　　(b) $n_H$-$F$关系图

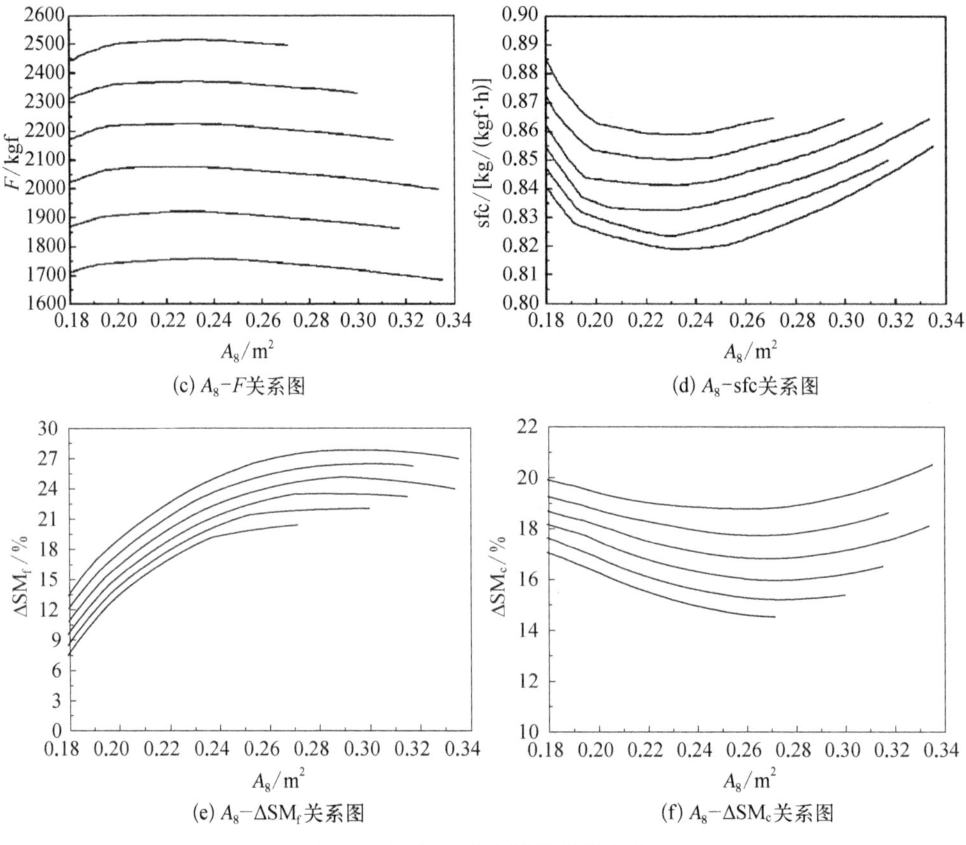

(c) $A_8$-$F$关系图 (d) $A_8$-sfc关系图

(e) $A_8$-$\Delta SM_f$关系图 (f) $A_8$-$\Delta SM_c$关系图

**图 6.24 巡航状态特性参数变化**

动机物理转速增大,使得风扇进口空气的流量有所增加,从而发动机的 $F$ 增大,然而 $A_8$ 增大会导致发动机可用压比降低,当 $A_8$ 增大到一定程度,发动机压比降低影响加大,导致 $F_N$ 下降,同时,还可以得到 $A_8$ 与耗油率 sfc 之间的关系,如图 6.24(d) 所示。由于 $A_8$ 增大后,发动机的空气换算流量增大,导致风扇共同工作线向下移动,$\Delta SM_f$ 有所增加。

## 6.5 全包线范围内稳态特性(含非标天)

确定了发动机设计方案和稳态控制规律之后,可以计算获得发动机的稳态特性。发动机在全包线范围内的稳态特性可以通过计算获得。发动机整机试验的缺点是周期长、成本高、难以模拟全包线内的工作条件,而且只能在发动机已经组装完成的情况下开展。发动机总体设计人员通常采用发动机性能计算模型来获得发动机的稳态性能。发动机的特性主要包括高度特性、速度特性和节流特性。高度特性是指,在给定发动机油门杆位置、飞行马赫数、大气条件和控制规律的情况下,

发动机推力 $F$ 和耗油率 sfc 等参数随飞行高度的变化关系。速度特性是指，在给定发动机油门杆位置、飞行高度、大气条件和控制规律的情况下，发动机推力 $F$ 和耗油率 sfc 等参数随飞行马赫数的变化关系。节流特性是指，在给定发动机飞行高度、飞行马赫数、大气条件和控制规律的情况下，发动机推力 $F$ 和耗油率 sfc 等参数随油门杆位置的变化关系。

本节以某混合排气加力涡扇发动机为例介绍发动机的特性。在海平面标况下，该发动机最大状态的主要参数见表 6.2 和表 6.3。

**表 6.2　某涡扇发动机最大状态各部件参数**

| 部　件 | 参　数 | 单　位 |
|---|---|---|
| 进气道 | 总压恢复系数 | — |
| 风　扇 | 换算流量 | kg/s |
| | 压比 | — |
| | 等熵效率 | — |
| | 喘振裕度 | — |
| 压气机 | 换算流量 | kg/s |
| | 压比 | — |
| | 等熵效率 | — |
| | 冷气量 | — |
| | 喘振裕度 | — |
| 主燃烧室 | 燃烧效率 | — |
| | 总压损失 | — |
| | 出口总温 | K |
| 高压涡轮 | 等熵效率 | — |
| | 冷气量占比 | — |
| | 提取功率 | kW |
| 低压涡轮 | 等熵效率 | — |
| | 冷气量占比 | — |
| 加力燃烧室 | 燃烧效率 | — |
| | 总压损失 | — |
| | 出口总温 | K |
| 尾喷管 | 速度系数 | — |
| 外涵道 | 总压损失 | — |
| 涵道比 | 涵道比 | — |

续　表

| 部　件 | 参　数 | 单　位 |
|---|---|---|
| 总体性能 | 推力 | kgf |
| | 单位推力 | kgf/(kg·s) |
| | 耗油率 | kg/(kgf·h) |

**表 6.3　发动机在海平面标况下的性能**

| 性　能　参　数 | 单　位 |
|---|---|
| 中间状态推力 | kgf |
| 中间状态单位推力 | kgf/(kg·s) |
| 中间状态耗油率 | kg/(kgf·h) |
| 最大连续状态推力 | kgf |
| 最大连续状态推力 | kgf/(kg·s) |
| 最大连续状态耗油率 | kg/(kgf·h) |
| 慢车状态推力 | kgf |
| 慢车状态单位推力 | kgf/(kg·s) |
| 慢车状态耗油率 | kg/(kgf·h) |
| 最大状态推力 | kgf |
| 最大状态单位推力 | kgf/(kg·s) |
| 最大状态耗油率 | kg/(kgf·h) |

### 6.5.1　发动机高度速度特性计算

分别按中间状态和最大状态的控制规律计算发动机的高度速度特性，结果如图 6.25 和图 6.26 所示。

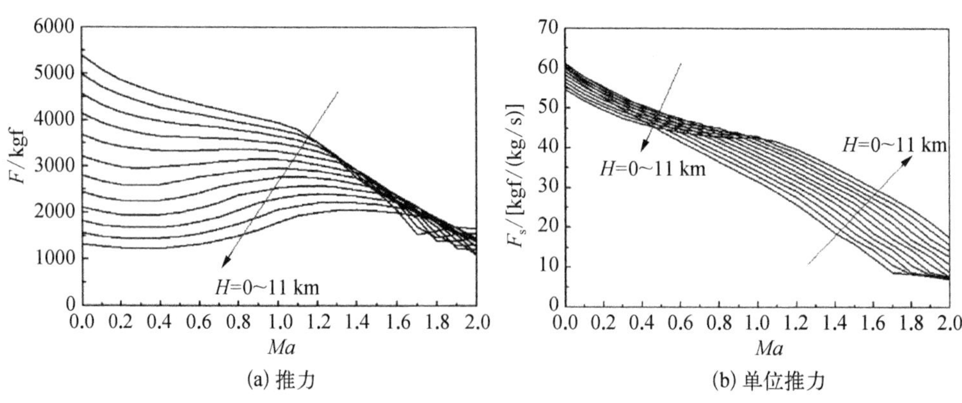


(a) 推力　　　　(b) 单位推力

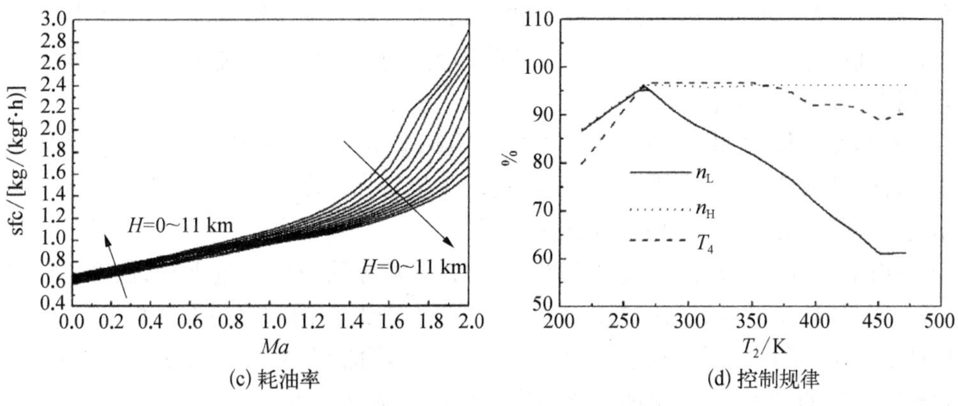


(c) 耗油率　　　(d) 控制规律

**图 6.25　中间状态高度速度特性**

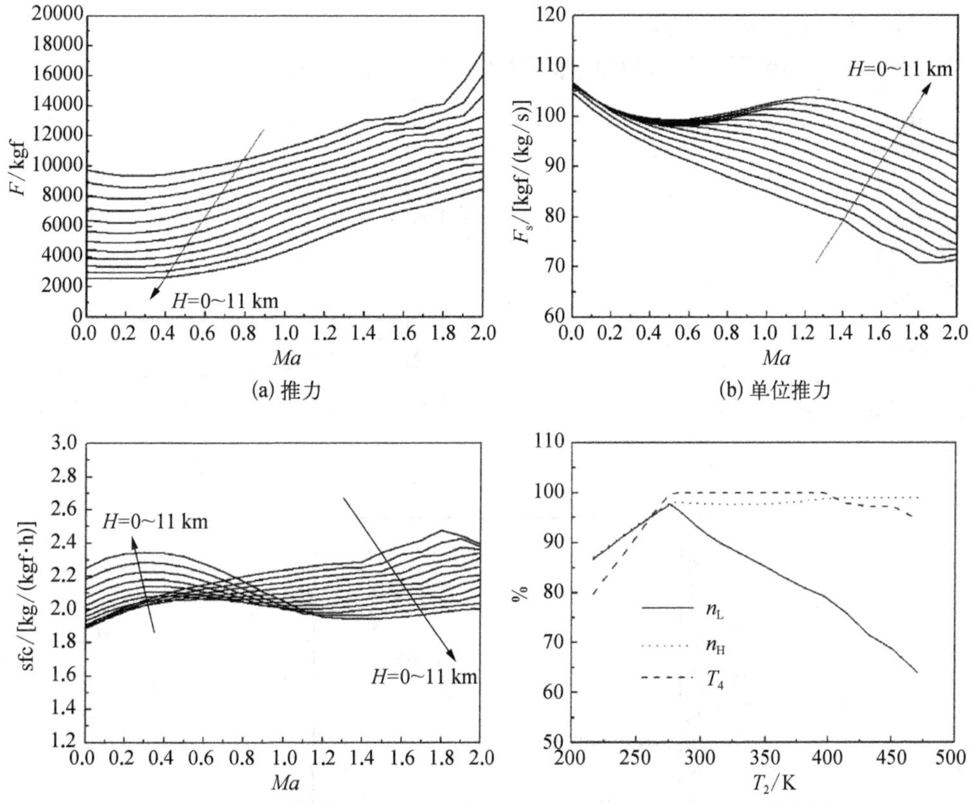

(a) 推力　　　(b) 单位推力

(c) 耗油率　　　(d) 控制规律

**图 6.26　最大状态的高度速度特性**

中间状态推力的变化可解释如下。

在高度较高时,随马赫数增加,推力下降,此时单位推力 $F_s$ 随马赫数的下降起主导作用。之后推力随马赫数增加而增加,此时空气流量增加起主导作用。最后推力随马赫数增加而下降,此时单位推力 $F_s$ 随马赫数的下降起主导作用,推力下降。耗油率随马赫数的增加而增加,这是因为马赫数增加,来流冲量增大,单位推力急剧下降,所以耗油率增加。

在高度较低时,推力随马赫数增加时下降,因为此时发动机的控制规律为定高压物理转速或 $T_4$,随马赫数增加,发动机的流量增加得不快,单位推力下降起主导作用。耗油率和单位推力的变化趋势不变。

在同一马赫数条件下,随高度增加,压力下降导致空气流量下降;温度下降导致发动机加热量增加,压比增加,所以单位推力增加,总的效果是发动机推力下降,耗油率下降。但在马赫数较小,高度较高时,$T_2$ 较低,发动机的限制是换算转速。此时随高度的增加,发动机的压比不变,但 $T_4$ 下降,所以单位推力下降。

### 6.5.2　节流特性计算

在海平面标况下,某发动机的节流特性如图 6.27 所示。

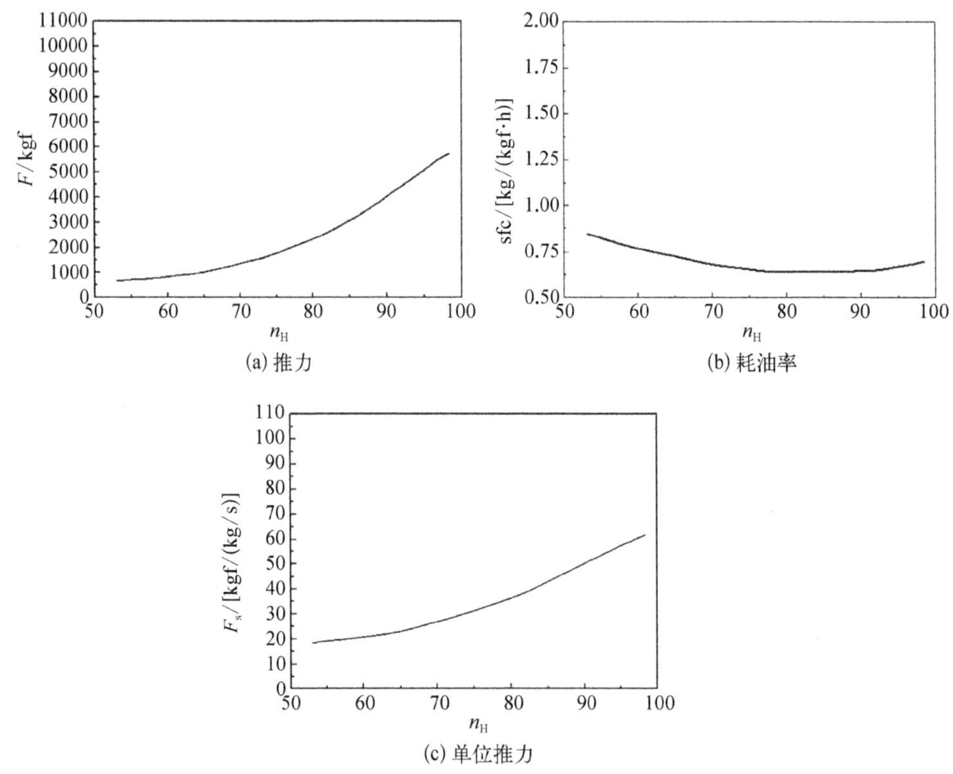


**图 6.27　地面节流特性**

节流时发动机的流量,压比和涡轮前温度都会下降,这些因素都会导致推力下降。节流时发动机热效率会降低但推进效率会提高。在开始节流时推进效率提高占主导,耗油率下降,之后热效率下降占主导,耗油率上升。

### 6.5.3 温度特性计算

海平面静止条件下,将某发动机设定为最大连续状态,则发动机性能参数随发动机进口温度的变化关系如图 6.28 所示。

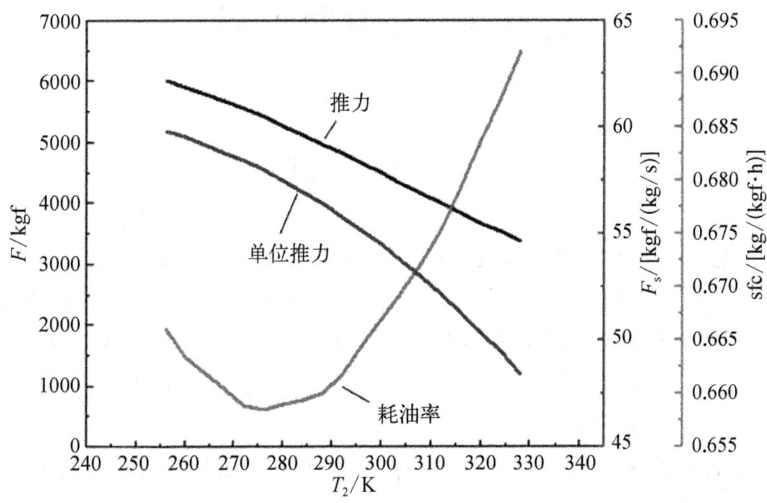


图 6.28 发动机在地面的温度特性

环境温度从标准天(288.15 K)上升时,压气机换算转速下降,压比下降,发动机流量下降。所以推力下降,单位推力下降,耗油率上升。环境温度从标准天(288.15 K)下降时,压气机换算转速上升,压比增加,流量增加,所以推力增加,单位推力增加。

耗油率随温度下降呈现先下降后增加的趋势。原因是温度下降时 $T_4 - T_2$ 增加,发动机的供油量在增加,在温度很低时,推力增加得很慢,不如供油量增加得快,此时发动机的耗油率上升。

# 第7章 总体结构构型设计

## 7.1 概　　述

发动机总体结构构型设计,就是在发动机设计过程中,充分考虑发动机的尺寸流路、结构/强度/气动负荷,利用部件匹配、发动机设计极限来实现发动机在总体设计阶段由热力学参数向发动机初步结构设计的过渡。初步实现发动机的气动/强度/结构校核,为发动机部件设计提供了可供参考的设计范围,同时,也有利于开展各部件之间的协调工作。

根据发动机总体性能设计得到的各个截面的气动热力学参数、发动机部件的总体性能参数及涡轮的单位功,根据发动机设计参数数据库选取发动机的结构参数与发动机部件材料的强度极限与密度,作为发动机总体结构设计的输入。首先,根据发动机总体结构构型设计的输入参数求出发动机压气机的几何尺寸,然后,根据发动机第一级压比通过拟合曲线求出发动机进口的叶尖切线速度,进而求得发动机的转速,从而可以进行发动机强度的校核。根据建立的发动机部件模型,结合材料密度,计算出发动机部件的重量,求出发动机的推重比。根据设计的结果,还可以对不合理的总体性能参数进行修改,提升总体性能方案的合理性。

在发动机尺寸与重量预测设计技术方面,20 世纪 70 年代,美国 R. J. PERA 等系统地提出了适用于航空发动机设计阶段基于统计数据的尺寸与重量估算方法,其计算程序命名为 WATE－1(Weight Analysis of Turbine Engine),数据来源于 29 款不同型号的航空发动机尺寸与重量数据,通过对另外 8 款不同型号的发动机总重量估算,表明其精度大于 90%,随后 NASA 将其作为发动机设计的一个重要环节。到 20 世纪末,NASA 在 WATE－1 程序的基础上发展出了同时适用于大型和小型发动机重量估算的程序 WATE－2,以及专门针对小型涡轮发动机的重量估算程序 WATE－S。2004 年,M. T. TONG 等通过对 WATE－S 中轮盘重量的估算方法等的改进,获得了更加适合于高涵道比涡扇发动机的估算方法,并在对 GE－90 等发动机的估算中达到了更高的精度。另外,英国、法国、俄罗斯、印度等国也相继提出并发展了自己的尺寸与重量估算方法，但详细报道较少。

## 7.2　涡轮发动机尺寸与重量计算

### 7.2.1　重量计算流程

一般航空发动机尺寸与重量设计的总流程为：

(1) 进行核心机流路设计；

(2) 用类似的设计流程设计低压转子部件；

(3) 由各转子部件和燃烧室长度确定高、低压轴的长度，由涡轮功和许用应力计算轴的径向尺寸；

(4) 由已确定的主要部件尺寸进行其他通道设计。

以下仅以高压转子部件设计为例介绍流路设计流程：

(1) 由压气机进口总温、总压及选取的马赫数，算得进口环面积 $A_{25}$；

(2) 由 $A_{25}$ 及预选的压气机进口轮毂比 $HTR_{25}$，求出压气机出口外径 $D_{T25}$；

(3) 由选取的压气机进口级 $\pi$，求出叶尖线速度 $U_{T25}$；

(4) 由 $D_{T25}$ 和 $U_{T25}$ 利用方程计算高压轴转速 $n_H$；

(5) 由涡轮出口总温、总压及选取的马赫数 $Ma$，算得涡轮出口环面积 $A_{45}$；

(6) 由 $A_{45}$、$A_3$、NHT 进行压气机和涡轮叶片应力校核；

(7) 由 $D_{T25}$、$HTR_{25}$，计算压气机进口界面其他剩余尺寸；

(8) 由选取的设计准则及压气机出口 $Ma_3$，结合压气机等径方式，计算压气机出口剩余参数；

(9) 由涡轮功、高压轴转速 $n_H$ 及选取的涡轮平均载荷参数 $Y_T$，计算涡轮出口中径 $D_{M45}$；

(10) 类似第(7)、(8)步计算涡轮进、出口截面剩余参数。

图 7.1 为双轴涡扇发动机尺寸及重量计算流程图。

### 7.2.2　基本计算模型

航空涡轮发动机尺寸与重量计算模型由基本计算模型及各个关键部件的计算模型组成，由于不同发动机有其不同的部件结构特点，因此在本节部件计算模型中介绍了现有涡轮发动机主要的部件基本计算模型。

1. *功率平衡方程*

适用于压气机的功率平衡方程为

$$Y_C = \Delta H_{compressor}/(U_M^2 Z) \tag{7.1}$$

式中，$\Delta H_{compressor}$ 为单位质量空气的总焓变，近似等于压气机轮缘功，单位为 J/kg；

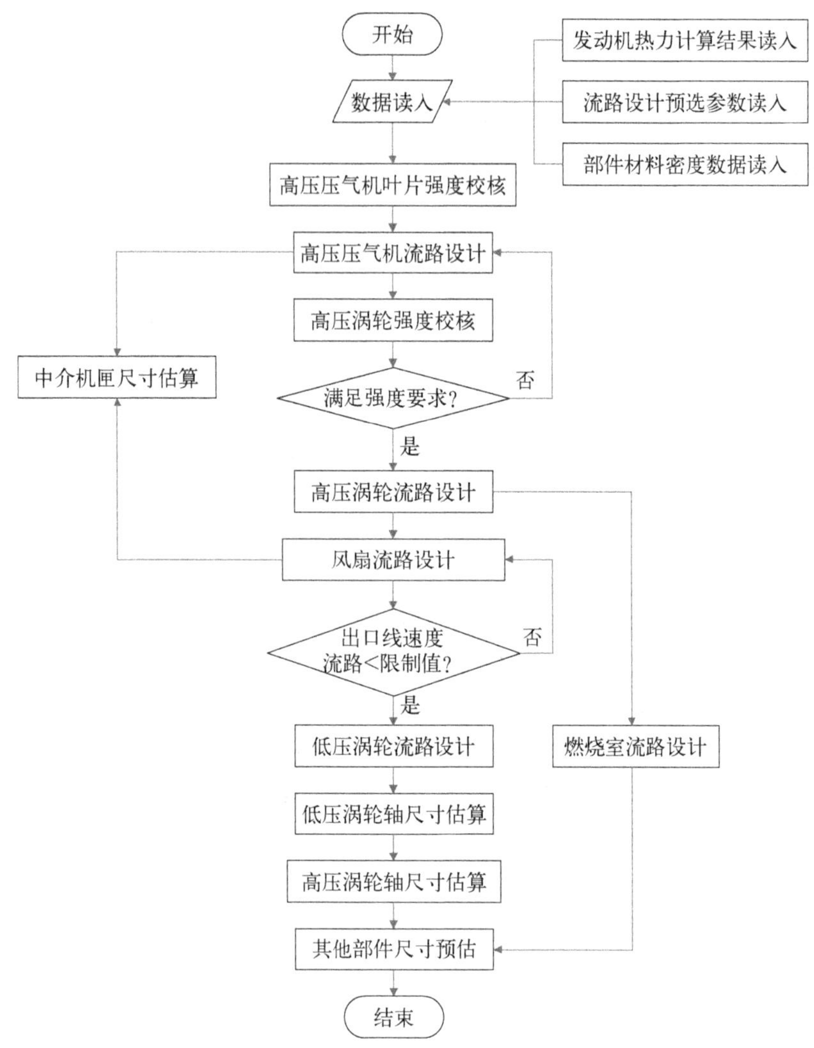


**图 7.1 双轴涡扇发动机尺寸流路设计流程图**

$U_M$ 为压气机进、出口截面中径平均线速度; $Z$ 为压气机或风扇级数; $Y_C$ 为压气机平均载荷参数。设计中计算出 $U_M$、$Z$ 后,用该式计算 $Y_C$,检查其值是否在合理范围内。

适用于燃气/自由涡轮的方程为

$$Y_T = 2.0\Delta H_{turbine}/(U_M^2 Z) \tag{7.2}$$

式中,$\Delta H_{turbine}$ 为单位质量空气的总焓变,近似等于涡轮轮缘功,单位为 J/kg; $U_M$ 为涡轮出口截面中径处平均线速度; $Z$ 为涡轮级数; $Y_T$ 为涡轮平均载荷参数,其值一般为 3.0~4.5。设计中由选取的 $Y_T$、$Z$ 计算出 $U_M$。

2. 流量连续方程

由流量连续可以得到方程：

$$W_a = \frac{KP^* q(\lambda) A}{\sqrt{T^*}} \tag{7.3}$$

或

$$W_a = \rho v A \tag{7.4}$$

3. 应力校核方程

应力校核方程主要包括两部分：转子叶片拉应力校核和高、低压轴剪切应力校核。以下介绍轴流式转子部件的应力校核方程。

转子叶片拉应力校核中，应先选取安全系数 $K_\sigma$（$K_\sigma > 1.0$）：

$$K_\sigma = \sigma_\tau^T / \sigma_{\mathrm{BP}} \tag{7.5}$$

式中，$\sigma_\tau^T$ 为叶片在 $T$℃下安全工作 $\tau$ 小时的最大许用应力；$\sigma_{\mathrm{BP}}$ 为叶片拉应力，可由下式求得：

$$\sigma_{\mathrm{BP}} = \rho_{\mathrm{B}} U_{\mathrm{T}}^2 [(1 - \mathrm{HTR}^2)/2] \Phi \tag{7.6}$$

$\sigma_{\mathrm{BP}}$ 也可由转速求得：

$$\varepsilon = \pi A (N/60)^2 = \sigma_{\mathrm{BP}} / 2\rho_{\mathrm{B}} \Phi \tag{7.7}$$

式中，HTR 为轮毂比；$\Phi$ 为叶片形状因子；$\varepsilon$ 为应力参数，是 $\sigma_{\mathrm{BP}}$ 的一种度量，$\rho_{\mathrm{B}}$ 为叶片的密度；$A$ 为发动机气流流通面积；$N$ 为发动机的转速，单位为 r/min。

在轴的强度校核中，对燃气涡轮轴是通过最大许用切应力计算扭矩进而算得截面直径，而对自由涡轮轴则是通过对扭矩的计算校核轴的切应力。所用公式如下：

$$\Gamma = \frac{16 T D_{\mathrm{o}}}{\pi (D_{\mathrm{o}}^4 - D_{\mathrm{i}}^4)} \Rightarrow D_{\mathrm{o}} = \left( \frac{16T}{\pi \Gamma X} \right)^{1/3} \tag{7.8}$$

其中，

$$T = \frac{60 W_a \Delta H_{\mathrm{turbine}}}{2\pi N}, \ X = 1 - \frac{D_{\mathrm{i}}^4}{D_{\mathrm{o}}^4} \tag{7.9}$$

式中，$\Gamma$ 为燃气涡轮轴最大许用切应力；$T$ 为涡轮轴的扭矩；$D_{\mathrm{o}}$ 为涡轮轴的外径；$D_{\mathrm{i}}$ 为涡轮轴的内径；$N$ 为涡轮轴的转速；$\Delta H_{\mathrm{turbine}}$ 为涡轮轴上的单位功。

4. 几何方程

轴流转子部件的几何方程主要分为两部分，一部分为各截面外径（$D_{\mathrm{T}}$）、中径

($D_M$)、内径($D_H$)、轮毂比(HTR)、叶高($H_B$)及环面积($A$)之间的关系式,知道其中任意两个参数值,即可确定其余四个参数值。

$$A = \frac{\pi}{4}D_T^2[1-(\mathrm{HTR})^2] = \pi D_M H_B \tag{7.10}$$

$$H_B = \frac{D_T - D_H}{2} \tag{7.11}$$

$$\mathrm{HTR} = \frac{D_H}{D_T} \tag{7.12}$$

$$D_M = \frac{D_T + D_H}{2} \tag{7.13}$$

另一部分为叶高、叶栅稠度、展弦比、叶片数之间的关系式。

$$C_B = H_B/\mathrm{AR} \tag{7.14}$$

$$N_B = \pi D_T(C/S)(\mathrm{AR}/H_B) \tag{7.15}$$

式中,$H_B$ 为叶高;AR 为展弦比;$C/S$ 为叶栅稠度;$N_B$ 为叶片数。

另外,有如下线速度和转速的关系式:

$$U_T = (\pi/60)D_T N \tag{7.16}$$

可类推得中径及内径处线速度和转速的关系式。

### 7.2.3　发动机部件关联设计模型

所谓关联设计,就是连接发动机性能参数与部件参数的“桥梁”,在涡轮发动机性能/结构/部件的关联设计中起着举足轻重的作用。以下就发动机主要旋转部件轴流压气机和涡轮的耦合设计图作详细说明。

#### 7.2.3.1　轴流压气机耦合设计

对于轴流压气机来说,其部件参数多变效率和气动参数载荷系数之间存在着一定的关联关系,即轴流压气机的平均中径负荷 $Y_C$ 与多变效率 $\eta_P$ 的变化关系图(Smith 图),如图 7.2 所示,图中标出了两条高、低设计水平等级线,分别代表着先进和保守的设计水平。

多变效率反映了轴流压气机的绝热效率和总压比在整个压气机压缩过程中的变化关系,取决于总体性能、循环参数及部件的气动、热力等性能参数,可表示为

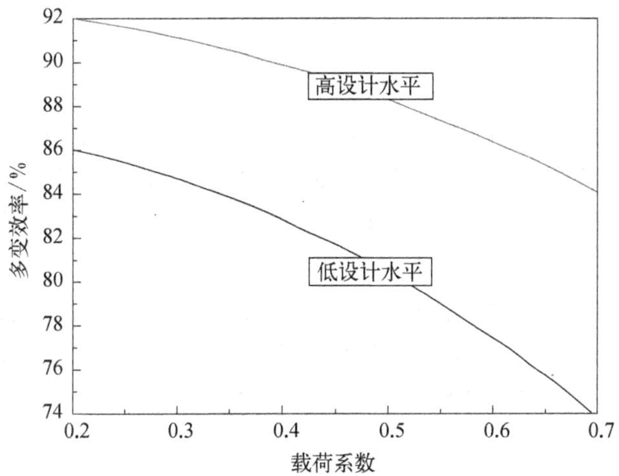


**图 7.2　轴流压气机耦合设计图**

$$\eta_P = \frac{\ln(\pi^{\frac{k-1}{k}})}{\ln\left(\frac{\pi^{\frac{k-1}{k}} - 1.0}{\eta} + 1.0\right)} \tag{7.17}$$

式中，$\eta_P$ 代表轴流压气机的多变效率；$\eta$ 代表轴流压气机的等熵效率；$\pi$ 代表轴流压气机的压比。

图 7.3 给出了 $\eta_P$、$\eta$ 和 $\pi$ 之间的变化关系。

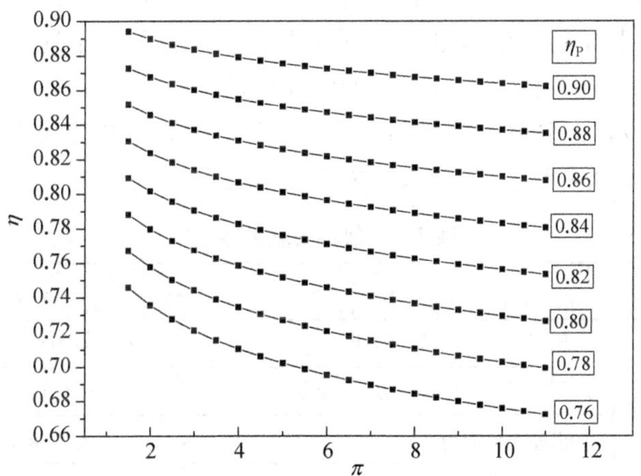


**图 7.3　多变效率、等熵效率和压比之间的变化关系图**

载荷系数 $Y_C$ 又称平均中径级负荷，反映了轴流压气机所承受的气动负荷，取决于总体性能参数、循环参数和部件结构参数等，可表示为

$$Y_C = \frac{\Delta H_{compressor}}{U_M^2 Z} \tag{7.18}$$

由以上参数的定义可以知道，多变效率 $\eta_P$ 反映了轴流压气机等熵效率 $\eta$ 和压比 $\pi$ 在整个热力过程中的变化关系，且在相同的多变效率 $\eta_P$ 下，等熵效率 $\eta$ 的提高伴随着压比 $\pi$ 的下降；平均中径级负荷 $Y_C$ 反映了轴流压气机所承受的气动负荷，与级数 $Z$ 成反比，$Y_C$ 还与轴流压气机进口叶尖切线速度、进口轮毂比、流道形式或进出口马赫数（若流道形式为等中径，则 $Y_C$ 与马赫数无关；若流道形式不是等中径，则 $Y_C$ 与马赫数有关）相关。因此轴流压气机的耦合设计图就把性能参数（等熵效率 $\eta$ 和压比 $\pi$）、结构参数（轮毂比）、部件参数（级数、叶尖切线速度和马赫数）有机地联系起来。

#### 7.2.3.2 涡轮关联设计

涡轮的耦合设计图（Smith 图）见图 4.11，该图速度系数定义为

$$Y_T = 2.0\Delta H_{turbine} / (U_T^2 Z) \tag{7.19}$$

$$V_{ra} = \frac{V_a}{U_T} \tag{7.20}$$

式中，$V_a$ 为涡轮出口气流轴向速度；$U_T$ 为涡轮出口中径切线速度；$V_{ra}$ 为涡轮出口速度系数。

由参数的定义可知，涡轮载荷系数 $Y_T$ 正比于其单位质量的焓变，反比于涡轮级数和涡轮出口中径切线速度的平方；由涡轮发动机总体性能计算模型可知，涡轮等熵效率会影响其单位质量的焓变；由涡轮发动机尺寸与重量计算模型可知，涡轮出口截面中径切线速度的计算不仅与转子转速有关，还与涡轮出口马赫数相关。这样，涡轮关联设计图就将性能参数（涡轮等熵效率）、部件参数（级数、转子转速和马赫数）有机地联系起来，各参数的关联约束见表 7.1。

**表 7.1 部件关联约束表**

| 约束 | 约束因子 | 限制范围 |
| --- | --- | --- |
| 结构强度约束 | 压气机出口轮毂比 $HTR_{out,ac}$ | $0.32 \leqslant HTR_{out,ac} \leqslant 0.93$ |
| | 压气机进口叶根应力（钛合金）$\sigma_{BP}$ | $\sigma_{BP} \leqslant 325$ MPa |
| | 涡轮出口应力 $AN^2$ | $AN^2 \leqslant 34 \times 10^6\ m^2 \cdot rad/s$ |
| | 出口叶高 $HB_o$ | $HB_o \geqslant 2.0$ cm |
| 部件气动约束 | 压气机载荷系数 $Y_C$ | $0.30 \leqslant Y_C \leqslant 0.55$ |
| | 轴流压气机第一级压比 $Pr_1$ | $Pr_1 \leqslant 1.8$ |
| | 压气机进口马赫数 $Ma_o$ | $Ma_o \leqslant 0.62$ |

# 7.3 支点布局

## 7.3.1 对支承方案的基本要求

支承方案的确定是一项综合和复杂的结构决策，既有技术上的选优，又有设计经验的继承，同时在决策中有一些重要的基本原则是必须重视的，根据对现代航空发动机常采用的总体方案的研究分析，在选取总体支承方案上应该注意以下几个方面的问题：

(1) 支承方案的选取应有利于发动机载荷的分布和传递，应该尽量缩短传力路线，减少承力框架，在转子上合理选取止推轴承的位置减少压气机和涡轮转静叶片工作状态的轴向位移变化；

(2) 支承方案的选取应有利于转子变形控制、转静件间的间隙控制，通过合理安排支点位置可以提高轴的抗变形能力，减小在冲击载荷作用下的轴系变形；

(3) 支承方案的选取应有利于结构间的振动隔离，支承结构应有良好的振动隔离性，必要时可通过阻尼提高结构的振动衰减能力；

(4) 中介轴承的使用应注意利弊的平衡，其可以减小转子长度，节省一个承力框架，降低发动机重量，但是轴承的供油、封严、安装困难，并且转子间的动力学耦合等影响较大。中介轴承一般为滚棒轴承，以便于安装。

## 7.3.2 发动机结构方案对比

表 7.2 列出了 6 种军用发动机的性能参数与主要结构参数。图 7.4～图 7.9 展示了这些发动机的简图。

**表 7.2　几种歼击机用涡扇发动机性能数据与主要结构参数[1]**

| 发动机型号 | F100－PW－220 | F404－GE－400 | F110－GE－100 | RB119－MK101 | M88－2 | EJ200 |
|---|---|---|---|---|---|---|
| 最大状态(加力)推力/kN | 111.13 | 71.15 | 121.52 | 71.00 | 73.30 | 89.91 |
| 中间状态推力/kN | 66.64 | 47.1 | 74.1 | 35.476 | 46.06 | 60.00 |
| 最大状态(加力)耗油率/[kg/(dN·h)] | 2.21 | 1.651 | 2.04 | 2.293 | 1.80 | 1.66～1.73 |
| 中间状态耗油率/[kg/(dN·h)] | — | 0.826 | 0.66 | 0.611 | 0.898 | 0.74～0.81 |
| 涵道比 | 0.6 | 0.34 | 0.87 | 1.08 | 0.50 | 0.40 |
| 总增压比 | 25.0 | 26 | 30.4 | 23.5 | 24.5 | 26.0 |
| 涡轮前燃气温度/K | 1 672 | 1 589 | 1 644 | 1 603 | 1 853 | 1 750 |

续 表

| 发动机型号 | F100－PW－220 | F404－GE－400 | F110－GE－100 | RB119－MK101 | M88－2 | EJ200 |
|---|---|---|---|---|---|---|
| 空气流量/(kg/s) | 102.7 | 64.4 | 122.4 | 70 | 67 | 75～77 |
| 重量/kg | 1 391 | 908 | 1 769 | 900 | 900 | 900 |
| 用途 | F15、F16 | F/A18 | F15、F16 | 狂风 | 阵风 | EF2000 |
| 风扇级数+高压压气机级数 | 3+10 | 3+7 | 3+9 | 3+3+6 | 3+6 | 3+6 |
| 高压涡轮级数+低压涡轮级数 | 2+2 | 1+1 | 1+2 | 1+1+2 | 1+1 | 1+1 |
| 可变弯度进口导叶 | 有 | 有 | 有 | 无 | 有 | 有 |
| 可调静叶数 | 3 | 3 | 4 | 无 | 3 | |
| 带凸肩的叶片级数 | 3 | 1 | 1 | 无 | 1 | 无 |
| 转子支点数目 | 5 | 5 | 5 | 7 | 5 | 5 |
| 承力框架数 | 4 | 3 | 3 | 3 | 3 | 2 |
| 低压转子支承方案 | 1－1－1 | 1－1－1 | 1－1－1 | 0－3－0 | 1－1－1 | 0－3－0 |
| 高压转子支承方案 | 1－1－0 | 1－0－1 | 1－0－1 | 中压 0－1－1<br>高压 1－0－1 | 1－0－1 | 1－0－1 |
| 中介支点数 | 0 | 1 | 1 | 1 | 1 | 0 |

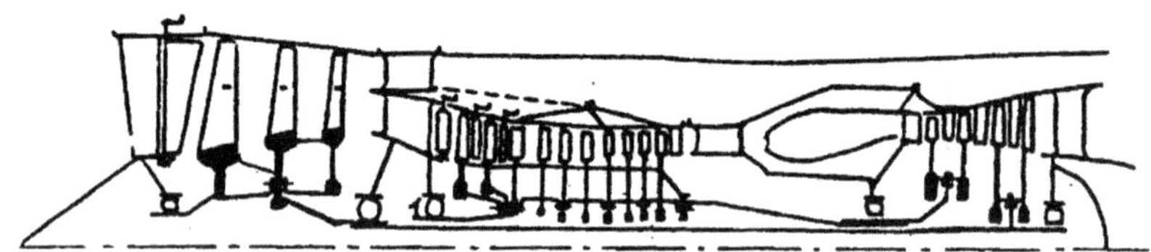

图 7.4　F100[1]

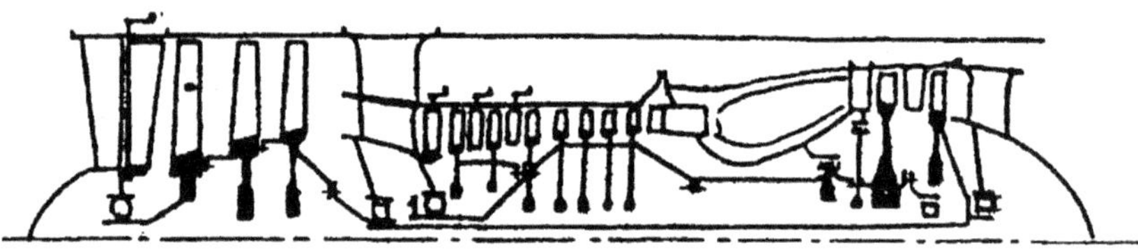

图 7.5　F404[1]

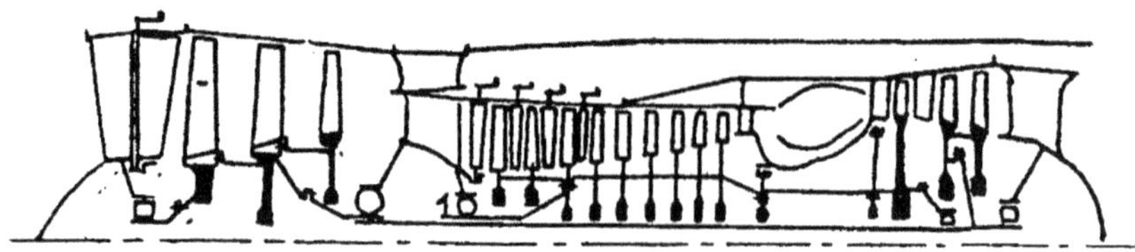

图 7.6　F110[1]

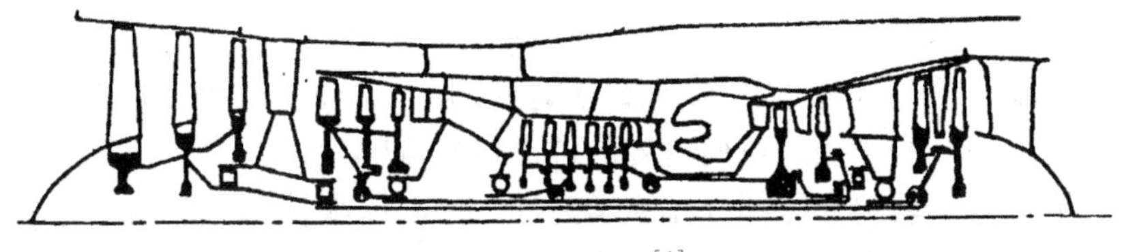

图 7.7　RB199[1]

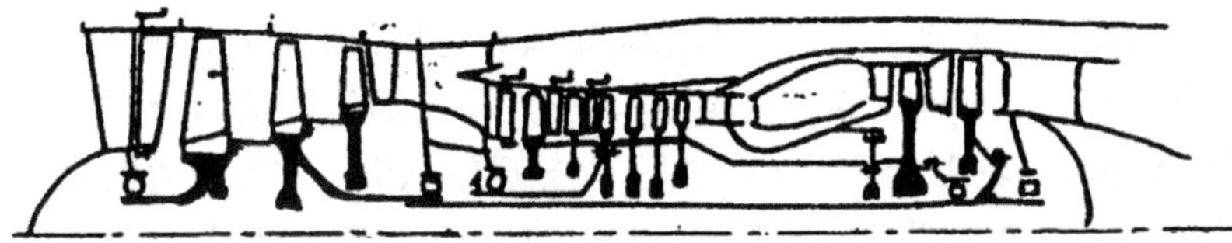

图 7.8　M88[1]

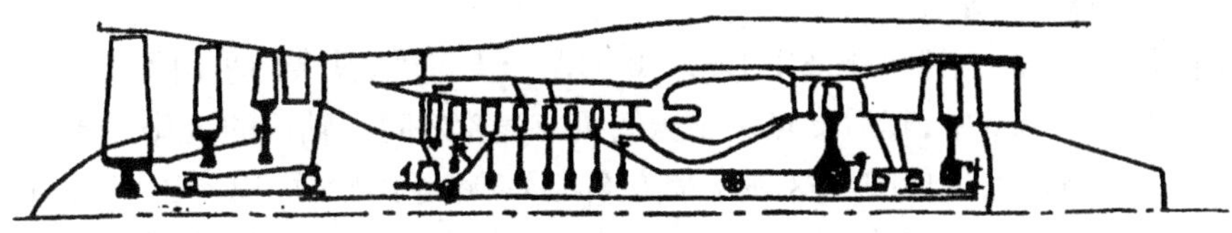

图 7.9　EJ200[1]

表 7.2 中所列举的 6 种发动机,基本继承了普・惠、通用电气、罗・罗三家发动机制造厂几乎所有发动机型号主要结构的设计思想。例如,F100 系列发动机的高压压气机的转子型式、高/低压涡轮盘与轴的连接方式、高压转子支承方式(1-1-0)与传力结构、封严装置等均与 JT9D 中所采用的结构相同。而 F100 的最新改进型 F100-PW-229,则在许多地方改用了 JT9D 发展型 PW4000 的结构设计。通用电气公司的 F404、F110 与该公司的 F101 类似,而民用发动机 CFM56 采用了 F101 的核心机。因此,F404、F110 高压部分的结构设计及其后支点用中介轴承支承于低压转子上的结构基本与 CFM56 相同。M88 虽然是法国 SNECMA 公司设计的,但由于该公司与通用电气公司联合设计生产了 CFM56 发动机,因而 M88 的设计,广泛采用了通用电气公司的设计,例如,低压转子连接方式、高压压气机转子与机匣、燃烧室、高压涡轮、转子支承形式与结构等均与 F404、F110 的类似。RB199、EJ200 虽然是多国联合研制的,但它们的基础设计仍由罗・罗公司负责,因而这两种发动机在某些方面继承了 RB211 的设计思想。最突出的是这两种发动机均采用了 RB211 的涡轮级间承力框架。而这种设计,除在早期的 CF6 上采用过外,其他发动机很少采用。又如,EJ200 的高压转子、核心机的双层机匣、低压涡轮(相当于 RB211 的中压涡轮)转子结构均采用了 RB211 的最新型号遄达(TRENT)的结构。另外,RB199、EJ200 在转子上采用的圆弧端齿联轴器(其他 4 种发动机中未用)也是继承了 RB211 设计的结构。

1. 低压转子支承方案

这6种发动机的风扇均由两个支点支承,但方式却有两种。在F100、F404、F110、M88的风扇中,采用了可变弯度的进出口导流叶片。因此,它们均利用进口导流叶片的固定不动的前缘部分作为承力件,这样,风扇转子由前、后两支点来支承。RB199为三转子发动机,EJ200风扇中采用宽弦新叶型叶片,未采用可变弯度的进口导向叶片,为了简化结构,转子前不设置支承,因而转子是悬臂支承的。

EJ200、RB199两发动机采用了涡轮级间承力框架,利用导向器叶片中的承力件将轴承负荷外传,因而在低压涡轮中,其支点装于涡轮盘前,轮盘是悬臂支承。其他4种发动机,涡轮支点均装于轮盘后,涡轮后轴承机匣作为承力框架。

因此,6种发动机的低压转子均为三个点支承,EJ200、RB199为0-3-0方案,其他为1-1-1方案。

2. 高压转子支承方式

高压转子中,除了F100采用1-1-0的两个支点外,其余均采用了1-0-1二支点方案。在F100中,其后支点装于压气机与涡轮之间。轴承的负荷是通过燃烧室内机匣、扩散机匣外传的。这种支承方案与F404等比较,可以省去麻烦的中介支点,单元体拆装比较方便,但是高压轴较细,整个转子刚性较差,低压轴的直径也受到限制,且高压涡轮是悬臂支承等是这种支承方案的缺点。普·惠公司的产品,由早期的JT9D到PW2037、PW4000,以及目前最新的V2500均采用了这种方案,这体现出了他们对于结构已积累了独具特色的设计、制造与使用经验。在1-0-1的支承方案中,除EJ200将高压转子后支点支承于涡轮级间承力框架上外,其他4种发动机均通过中介支点支承于低压轴上。这种方案最早用于F101上,由于它可使承力框架数减少1个(与F100相比),发动机长度可缩短(与EJ200相比),因而CFM56、F404、F110、M88等发动机中均采用该方案。但这种支承方案要求低压转子在工作中的变形小,这就要求在三个支点的低压转子上采用刚性联轴器(一般三个支点的转子要采用柔性联轴器,以保证三个支点不同轴线时仍能很好地工作),使加工精度要求大大提高。另外,此中介轴承的外环套装在高压轴内,内环装在低压轴上,工作时,由于外、内环的转速差,会使轴承的径向游隙加大,易产生滑蹭损伤。RB199的高压转子后支点也是中介支点,但其外环装在中压轴上,内环装在高压轴上,可减少产生滑蹭损伤的可能性。

### 7.3.3　承力系统

将转子轴承负荷外传的承力框架,F100发动机为最多(4个),EJ200最少(2个),这与各部件的结构设计有关。在这几种发动机中,作为承力框架的结构如下。

(1) 进气机匣:在风扇有可变弯曲进口导叶的发动机(F100、F404、F110、M88)中,带有固定不动进口导叶前缘部分的进气机匣作为一承力框架,导叶前缘部分作为承力辐条。

（2）高、低压压气机间的中介机匣。

（3）涡轮后轴承机匣：这两种承力框架是许多发动机中广泛采用的。

（4）燃烧室内机匣和扩散机匣：这是 F100 发动机中采用的。

（5）涡轮级间承力框架：这是在 RB199、EJ200 发动机中采用的，它是继承了 RB211 的结构设计，即将低压涡轮导向器作为承力框架。由于流过叶片的燃气温度较高，在结构设计中，应将传力件与受热件分开。为此，将承力的径向辐条穿过空中的导向叶片，导向叶片自由地套在辐条外侧，可以自由膨胀，因而叶片做得较厚、较长，不仅影响涡轮的效率，而且还会使发动机的长度增加，但它可以避免采用 F404 等发动机中的中介机匣。

（6）滚珠轴承在转子上的位置。

滚珠轴承除承受径向负荷外，还承受转子的轴向负荷。因此，在一般的设计中，均不将负荷大的滚珠轴承置于温度较高的涡轮附近。以保证转子的几个轴承基本上有相同的寿命。但在 RB199 低压转子上，却将滚珠轴承置于涡轮盘前，目前尚无其他大型发动机采用这种布局。这主要是为了简化结构并便于装、拆风扇和低压涡轮单元体。因为在 RB211 上，将三个转子的滚珠轴承集中于中压、高压压气机间的中介机匣处，这种布局能将三个转子的轴向负荷由一承力框架转出，使核心机机匣不传轴向负荷，但却需将低压转子的滚珠轴承作为中介轴承，不仅使结构复杂，而且装拆也较困难。在 RB199 上，将低压转子的滚珠轴承移到涡轮盘处，可以避免采用复杂的中介轴承结构，且易于装、拆，但核心机机匣要传递低压转子的轴向负荷。

由于发动机是一个典型的转子-支承工作系统，在其总体方案的制定过程中，首先要考虑的问题就是避免发动机工作过程中出现有害振动，否则将导致发动机工作寿命的急剧下降，甚至整个发动机结构方案被推翻，这将导致难以估量的损失。如果设计意图是使得临界转速在转子工作转速范围之外，那么临界转速的裕度必须达到 20%的最低要求。在首次分析一个新发动机时，为确保不会因后续的设计更改而导致临界转速落入转子的工作转速范围，应该有更大的甚至超过 50%的转子临界转速裕度。

对于转子工作转速范围内的临界转速，一般将其调整至慢车转速以下，并与慢车转速至少有 20%的裕度。对于这种临界转速，在有充分的试验验证及严格的判断等前提下，也就是说当这种临界转速裕度具有较高的置信度时，临界转速裕度可以小于 20%，如 T700 发动机燃气发生器转子第三阶临界转速是弯曲型临界转速，低于发动机的慢车转速，与慢车转速的裕度仅为 8%。这类临界转速往往需要与转子弯曲应变能相结合进行评定。

按准则要求与临界转速一起评定转子的弯曲应变能，若工作转速以内出现的临界转速,其转子应变能大于总应变能(包括转子、支承、机匣)的20%~25%时,若不采取阻尼措施,则应调整支承刚度、转子刚度和质量,将部分转子应变能转移到静子部件中,使转子应变能达到可接受的程度,否则需要添加阻尼器或进行柔性转子的高速动平衡。

发动机结构应能经受由于发动机任何级的单个叶片飞出所造成的不平衡载荷,除非采用合适的方法防止破坏,即符合合同要求的断裂力学或古德曼图的裕度。为计算载荷,对传统连接的叶片,应认为在最大转速下,从榫头处分开,应用瞬态动力学分析计算响应载荷。对这种载荷条件允许永久变形或局部破坏,只要结构件不发生断裂或毁坏,并且破坏不导致飞机着火伤害。该通用要求特别值得注意的方面是叶片飞出不应引起轴的附加碰磨。在静子结构中引起的载荷,应通过叶片飞出和轴停转两者的瞬态分析确定,叶片飞出是一种极限载荷条件,不应与其他发动机工作载荷组合。这是标准做法并一直继续这种做法,因为这有助于减少对叶片飞出动载荷使用静强度带来的保守性。

对整体叶盘转子,除一级风扇外,叶片飞出载荷应相当于叶身(包括转子轮缘直径以外的圆角材料在内)飞出引起的不平衡力。对于第一级风扇转子,应按合同要求,由断裂力学或加工方法预计最可能的叶身断裂部位,叶片飞出载荷,应相当于叶身部分飞出引起的不平衡力。

确定分析转速时,应假设断裂发生在最大瞬态转速,即最大正常工作转速加上考虑恶化的调节量,控制和测量偏差、发动机之间的差异和慢车加速到中间状态的超调量。

对这种载荷条件,永久变形和局部破坏是可接受的,只要求发动机保持在安装节上,不发生结构件的断裂破坏,不发生非包容着火、二次破坏损伤飞机以及叶片飞出后能通过临界转速不引起附加灾难性破坏而安全拉停发动机。

## 7.4 发动机单元体设计

现代航空燃气涡轮发动机多采用单元体结构设计,它是为了简化发动机的装配及提高发动机的维修性而发展的一种设计方法。所谓单元体结构设计就是将整台发动机在结构上设计为由若干单元体组合而成,每个单元体包含一两个发动机部件。例如,PW4000发动机采用单元体结构设计,整台发动机由进口整流罩、风扇叶片、低压转子联轴器、低压压气机、风扇机匣、中介机匣、高压压气机、扩压器及燃烧室、高压涡轮导向器和火焰筒内壁、高压涡轮、低压涡轮、涡轮排气机匣、主齿轮箱13个单元体组成。另外,为了方便安装、运输及维修,又将数个单元体合并组成一个大单元体组,例如,CFM56发动机的17个单元体分为风扇、核心机、低压涡轮和附件传动这四个大单元体组。

采用单元体结构设计的发动机通常可以在外场甚至在飞机上用更换单元体的方式排除个别零件和部件的故障,而不必将整台发动机运回修理厂,例如,可以直接在飞机上更换风扇单元体,更换后不需要进行平衡或试车即可投入使用,为此,用户可减少发动机备份数,只需根据单元体的工作条件储备不同数量的备份单元体。发动机在运输时,如有需要可拆分成单元体后分箱包装。这无疑节约了大量运输时间和开支,大大缩短了维修时间,减少了维修工作量,降低了运营/维修成本。在战时能缩短地面后勤保障时间,提高飞机的作战效能和出勤率。

另外,航空发动机使用寿命不断延长,以往的整机定寿使发动机的实际使用很不经济,因此提出了发动机各部件的不等寿设计概念。单元体结构设计发动机,由于各单元体可单独更换,使发动机冷、热端部件的不等寿设计得以实现,因而,可用单元体的翻修寿命与总寿命代替发动机的翻修寿命与总寿命。发动机的单元体结构设计使发动机获得最大的寿命效益。

自从20世纪70年代以后,世界上的军、民用发动机普遍采用了单元体结构设计,尤其是对维修性要求很高的民用发动机,如目前使用的CF6、PW4000、GE90、CFM56、V2500等,特别是随着发动机推力的不断增加,风扇机匣的尺寸已经大到不能用任何飞机运输整台发动机的地步,如GE90发动机,风扇叶片的长度已达128 in*,因此将风扇部件及外框架视为飞机部件,一旦装上就不再轻易拆下,发动机返厂时,则将风扇单元体与发动机其余部分(称为推进器)分离,采用良好的单元体特性已经成为现代发动机的重要标志。

发动机在采用单元体结构后,可以改善维修工作,即发动机维修工作的质量及效率在很大程度上取决于发动机总体结构布局是否易于维修。单元体划分的合理性则是总体结构布局在维修性设计中需要考虑的重点问题。通过对单元体的合理划分,结合各单元体单独的寿命管理、维修工作范围策略制定,可以减少备用发动机数量,实现全寿命期内,发动机使用维护成本的降低。为了更加快速的更换单元体,保证飞机的可用时间,在发动机单元体设计中,不仅要求其具有安装尺寸的可互换性,而且性能上也应具有互换性,即更换某一单元体后,对发动机性能不会产生不利影响。

### 7.4.1 单元体设计原则

单元体是发动机可更换的组成部分,单元体结构设计是按照一定的准则将发动机的若干部件组成一个单元体,分别进行装配与平衡,再以这些单元体结构进行总装。同一单元体在性能与装配上要求规格化,可以互换。各单元体之间的匹配无须调试,甚至只需简单的连接就能进行整车。维修时,可以单独更换某一个单元

* 1 in=2.54 cm。

体而不影响整台发动机的性能与部件的协调工作，更换后的转子部件也不需要进行重新发动机动平衡。

为了实现单元体在结构和性能上的完全互换，单元体结构发动机在设计上有很多特点。首先，发动机单元体的划分很关键，各单元体之间界面要清晰；其次，设计上要保证发动机上各单元体在结构、性能上尽可能独立；再次，要有各种先进的工艺方法作为基础，保证转子平衡，以及叶片型面等关键要素的加工精度。

1. 发动机单元体划分原则

发动机划分成几个大单元体时，既可以采用大部件为单位，即每个大单元体由一个或几个部件组成。也可以把单元体划分得更细，直接划分成许多小单元体，或是先划分成几个大单元体，然后每个大单元体再划分成若干个小单元体，小单元体的划分基本是以组件为单位。这里所说的单元体划分单位，并不是形式上的部件或组件。发动机划分单元体时应遵循下述原则：

(1) 各单元体应是具有较完整功能，能够形成一个小的性能体系且较容易进行性能控制的那部分结构，即保证单元体性能受其他单元体的影响达到最小；

(2) 各单元体结构应是自包容的，如有独立的转子和静子的定位基准，以作为结构设计基准，并且该基准在单元体组装成发动机时能够起到定位作用；

(3) 各单元体之间连接结构应简单，可达性好使装拆方便，单元体装拆时应能保证其他单元体的完整；

(4) 考虑到不同零件由于负荷、工作条件等的不同，其寿命会有较大的差别，在划分单元体时，尽可能保证一个单元体内各零、组件的寿命基本相近，便于维护及提高经济效益。

由于风扇、高压压气机、涡轮、加力燃烧室、附件传动机匣等部件容易达到上述要求，许多发动机均以这些部件划分成单元体。对于主燃烧室，由于它的性能影响因素较多，特别是压气机出口流场的影响，难以保证性能的互换，因此，很少将它单独作为一个单元体，而是结合主燃烧室进口(即高压压气机最后一级静子)、出口(高压涡轮导向器)组成联合单元体。

最后需要强调，有些部、组件虽不成为一个单元体，但由于其工作条件的特殊，设计上仍要保证能在外场条件下可单独更换，如单个风扇叶片等。

2. 保证单元体结构互换的设计原则

为了实现单元体结构互换，首先在设计上，要满足上述划分原则中提到的自包容，单元体应有独立的转子和静子的定位基准，单元体的零、组件之间具有封闭环尺寸，其有关尺寸链上各个组成尺寸应全部包含在这个单元体内，如果某个间隙尺寸必须由某个调整元件来达到，则这个调整元件不应位于别的单元体内。如考虑到发动机工作过程中轴向的自由膨胀，设计时应精确计算出各处所应留有的初始轴向和径向间隙，在单元体组装成发动机时，为保证这些间隙值，可在各单元体转子或静子的分界面处设置调整垫片，或控制界面处轴向固定大螺母的深度。其次，相邻单元体间的配合尺寸不仅要求能互换，其配合精度要求较高，以便尽量减少更换单元体后，对发动机性能与不平衡量的影响。

3. 保证单元体性能互换的设计原则

为保证更换某一单元体后，不影响整台发动机的性能，除了规定整台发动机的性能外，还应规定各单元体的性能，只要各单元体达到各自性能指标，整台发动机便自然达到整体性能。保证单元体性能互换的设计原则如下：

（1）采用先进的气动设计，同时在结构、材料和工艺上给以实现，以保证发动机有较准确的气动设计；

（2）提高对发动机性能影响较大的结构件的加工精度等级，如叶片型面精度、气流通道型面精度；

（3）在设计上力求部件性能匹配更加准确，部件高效率工作范围较宽，或整机性能裕度较大，则个别部件的变动对整机性能不会有较大影响，单元体的性能互换性就更容易保证；

（4）尽量减少可调的临界截面数，使单元体性能受人为控制的因素减少。

4. 满足单元体结构平衡要求的设计原则

各单元体的转子要预先平衡好，在平衡方法上一般采用多步平衡的方法，即按照单级盘-鼓筒轴-带叶片转子的顺序分步平衡，最终进行单元体转子的平衡，这样可以减少作用于转子内部的弯矩，从而减少转子的变形。在单元体转子进行平衡时，最好要带上与之相连接的另一单元体转子的模拟转子，一起置于平衡机上进行动平衡，模拟转子要求与真实转子有着相同的刚性、质量和质心，从而保证平衡的转子与真实的转子质量相等，质量分布相似，支点跨度相近。

各单元体转子的相对不平衡量应适当减少。较大叶片（如风扇叶片、涡轮叶片等）应按质量矩选配。发动机应具有本机平衡能力，保证更换低压部分的较大叶片后能通过本机平衡微调转子平衡。

在转子支承结构与发动机总体结构设计中，尽可能采取措施保证各单元体转子的不平衡量不互相影响。

5. 单元体间配合要求

对于单元体结构设计发动机，各单元体间界面连接处的配合，特别是转子间的配合，对实现单元体化有较重要的影响。

据相关资料对单元体结构设计发动机的统计分析表明，单元体之间机匣界面（包括冷端和热端）多采用小过盈止口圆柱面定心，在热端要配合精密螺栓工作定心；单元体之间转子界面，多采用小过盈圆柱面定心，在滚珠轴承衬套与转子之间界面多采用小间隙圆柱面定心或过渡配合；单元体之间机匣界面的尺寸配合精度，按机械设计的常规要求进行设计，单元体之间转子界面的尺寸配合精度则要比常规要求高1~2个等级。

### 7.4.2 采用单元体结构设计的典型发动机分析

CFM56系列发动机为大涵道比涡轮风扇发动机，其核心机与F110发动机类似，均源自F101发动机核心机，其单元体设计思想和划分方式也与F110发动机类似，并根据大涵道比发动机结构特点进行了优化，共有4个大单元体组组成（图7.10）：风扇单元体组，核心机单元体组，低压涡轮单元体组和附件传动单元体组，将核心机单独作为一个大单元体，这也是许多发动机所采用的。为了便于维修，每个单元体组又可分成若干个小单元体，共有17个小的维修单元体（图7.11）：风扇大单元体分为风扇转子和增压器单元体、1号和2号轴承支承轴单元体、进口齿轮箱和3号轴承单元体、风扇机匣单元体；核心机大单元体分为高压压气机转子单元体、高压压气机前段静子机匣单元体、高压压气机后段静子机匣单元体、燃烧室机匣单元体、燃烧室火焰筒单元体、高压涡轮导向器单元体、高压涡轮转子单元体；低压涡轮大单元体分为第一级低压涡轮导向器单元体、低压涡轮单元体、低压涡轮轴单元体、涡轮排气机匣单元体；附件传动单元体分为传动齿轮机匣单元体、附件齿轮机匣单元体。可以看出它的单元体划分得较细，小单元体主要以组件为单位。在外场，发动机的17个单元体中有10个是可以单独更换的，另外7个必须随其所

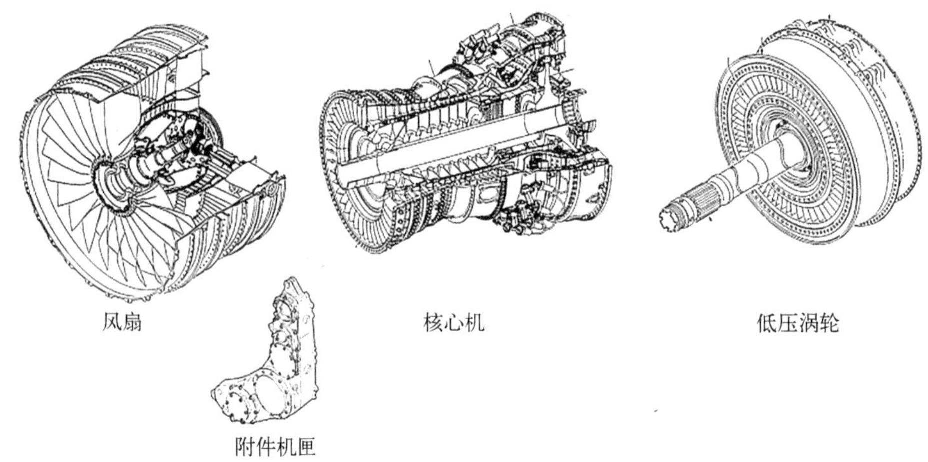


图7.10　CFM56系列发动机的主机大单元体

图7.11　CFM56系列发动机的17个维修单元体

在的大单元体一起更换，即当这 7 个单元体出现故障时，其所在的大单元体就要更换，然后再把大单元体返厂进行小单元体的更换。

单元体间转子的连接采用了两种方式：低压涡轮轴与风扇转子轴承支承轴之间，高压压气机前轴颈与主动齿轮间采用了套齿连接、两端圆柱面定心、大螺帽压紧的连接方式；其余 4 处均采用过盈止口定心，螺栓连接的结构满足定心精度的同时，结构又很简单。过盈止口定心的难点在于紧度的选择和螺栓拧紧力矩的确定。为了保证冷、热态定心可靠，相配合构件材料的线膨胀系数要匹配好，构件工作状态、应力、变形与温度变化所引起的膨胀与收缩量要准确控制。如果靠止口处的端面摩擦传扭，则连接螺栓的扭矩大小要准确掌握。各单元体机匣之间则全部是止口圆柱面定心，螺栓或螺钉连接，其安装边止口的厚度都有不同程度的加大，以供再加工。

CFM56 系列发动机单元体的装拆过程相对来讲比较烦琐，尽管各单元体之间连接结构比较简单，但由于单元体较多，界面较多，为了拆下某一个单元体要先拆下其他几个单元体，例如，为了拆下进口齿轮箱和 3 号轴承单元体，要先拆下低压涡轮单元体组和核心机单元体组，然后在风扇单元体组上拆下风扇转子和增压器单元体、1 号和 2 号轴承支承轴单元体，这样才能完成拆卸。另外，需要许多特殊工具才能达到两单元体界面，导致除风扇叶片和机匣外，其他单元体的更换均不能在飞机上进行。

## 参考文献

[1] 林左鸣. 世界航空发动机手册[M]. 北京：航空工业出版社，2012.

[2] 陈光. 现代航空发动机发展与结构设计特点分析[Z]. 北京：北京航空航天大学动力系，1995.

# 第 8 章 气动稳定性设计

## 8.1 概　　述

先进航空燃气涡轮发动机必须在推力大、燃油消耗率低、质量轻、可靠性高、寿命长和成本低等要求与气动稳定性之间进行折中设计，全飞行包线范围内发动机必须具有足够的气动稳定性。具有先进航空燃气涡轮发动机设计能力的国家已经将气动稳定性作为当代先进航空燃气涡轮发动机的三项战术技术指标（性能、可靠性、稳定性）之一加以贯彻。因此，我国开展全包线气动稳定性设计方法研究具有重要的理论意义和工程应用价值。

从 20 世纪 60 年代开始，美、欧等国家就认识到：进气道气流畸变是降低配装航空燃气涡轮发动机的飞机可操纵性的重要因素，开始重视发动机气动稳定性设计及评定技术，并投入了大量的人力和财力开展研究工作。由美国和英国的 16 家飞机、发动机厂商和政府研究机构组成的 S－16 技术委员会，旨在研究进口流场畸变引起的进气道/发动机相容性问题，先后发布了 ARP－1420、AIR－1419、ARD－50015 等标准，建立了进气道与发动机相容性准则，阐明了一种关联发动机压气机气动稳定性的方法。这些评定标准很快成为美国和欧洲的通用规范，以多种形式被用于各种以发动机为动力的飞行器设计中，使得进气道、发动机部件和整机试验从设计、试验整个过程具有了系统而规范的研究、试验和评定方法，其技术目前已相当成熟。

俄罗斯研究机构开展了大量的试验研究工作，颁布了相应的选择和检查航空燃气涡轮发动机气动稳定性的总的技术要求标准，为俄罗斯的飞机、发动机设计部门共同遵守和使用，其目的是将稳定性评定贯穿于发动机研制的各个阶段之中，以保证畸变存在时发动机仍能稳定工作。

国内气动稳定性研究开始于 20 世纪 80 年代中后期，最初引进了美国的 ARP－1420 和 AIR－1419，经过消化吸收，于 1994 年编写并发布了国家军用标准《航空涡轮喷气和涡轮风扇发动机进口总压畸变评定指南》（GJB/Z 64－94），但受国内试验条件和设计经验的限制，该指南一直未得到工业部门的广泛采纳。20 世纪 90 年代中后期,通过开展对俄科学技术合作,建立了插板式进气总压畸变发生器、燃烧氢气的总温畸变发生器等关键设备,引进了进气畸变和过渡态仿真软件,逐步开展气动稳定性评估试验的探索,积累和总结了试验数据和工程经验。2005 年发布的国家军用标准《航空燃气涡轮发动机稳定性设计与评定指南》(GJB/Z 224-2005),已成为国内航空发动机气动稳定性设计和评定的重要依据。

图 8.1 进气道(贴近机身布局)与机身相互干涉引起的进气畸变

航空发动机在研制和使用过程中,存在系统或部件气动失稳的气动稳定性问题,其现象表现为压缩部件的旋转失速或喘振。大的进口气流角、侧滑角及地面起动时地面漩涡引起的压力畸变(图 8.1)、舰面起飞时吸入偏流板反射尾气引起的温度畸变(图 8.2)、进气道激波附面层干扰、发动机加减速及加力接通、断开及功率提取等都会对发动机性能和气动稳定性造成不同程度的影响。一旦在工作过程中出现不稳定工况,可能造成的危害有:

(1) 降低发动机的性能;

(2) 引起风扇/压气机转子叶片的强迫振动,增大叶片的振动应力,破坏其结构完整性;

图 8.2 舰面起飞时吸入偏流板反射尾气引起的温度畸变

（3）增加涡轮的热负荷和热应力；

（4）缩小主燃烧室和加力燃烧室的稳定工作范围，引起发动机熄火、停车；

（5）损害发动机的结构完整性，直接威胁飞行安全。

气动稳定性设计工作的核心是在兼顾性能要求的前提下，保证发动机在全包线范围内各种许用工况条件下均能够稳定工作，即：原始可用稳定裕度>需用稳定裕度。其中，原始可用稳定裕度是不考虑内、外界因素影响的发动机的名义稳定裕度；而需用稳定裕度是指影响发动机稳定性的各种因素（称为降稳因子）使发动机稳定裕度减小的值的总和。本章主要介绍发动机稳定性设计与评估过程中涉及的一些基本概念和工程上应用的评估方法。

## 8.2 发动机稳定性设计与评估

### 8.2.1 主要降稳因子及其需用稳定裕度评估方法

航空发动机稳定性的影响因素众多，一般将这些影响因素统称为降稳因子。国军标《航空燃气涡轮发动机稳定性设计与评定指南》中将影响发动机稳定性的降稳因子分为四类：第一类降稳因子（外部降稳）因子包括进气压力畸变、进气温度畸变、冲击波、大气阵风、雷诺数的影响；第二类降稳因子（内部降稳因子）包括发动机过渡态、加力燃烧室、压气机引气、功率提取、高度速度和非定常热等影响；第三类降稳因子为发动机生产偏差、控制容差引起的影响；第四类降稳因子为不能再现因子和其他不能准确描述的因子，包括发动机寿命老化等。在实际应用过程中，由于第三类和第四类降稳因子对稳定裕度影响计算方法相同，通常合并称为其他降稳因子进行考虑。

英国和美国在航空发动机稳定性评定中考虑的降稳因子多达 22 项，俄罗斯规定的降稳因子 15 项，国军标《航空燃气涡轮发动机稳定性设计与评定指南》中规定的降稳因子 16 项。其中最为主要的降稳因子为总压畸变、总温畸变、雷诺数、控制容差和制造误差等。这些降稳因子对发动机稳定性的影响大，而且大多与发动机的工作状态、飞行高度、飞行马赫数、攻角和侧滑角等飞机的飞行姿态直接相关。表 8.1 给出了主要降稳因子名称及包线内影响区域，图 8.3 显示了主要降稳因子对发动机稳定性的影响[1-4]。

表 8.1 降稳因子

| 类　型 | 名　称 | 发动机工作包线内主要影响区域 |
|---|---|---|
| 外部降稳因子 | 稳态总压畸变 | 各区域 |
| 外部降稳因子 | 总温畸变 | 各区域 |

续 表

| 类 型 | 名 称 | 发动机工作包线内主要影响区域 |
|---|---|---|
| 外部降稳因子 | 组合畸变 | 各区域 |
| 外部降稳因子 | 动态总压畸变 | 各区域 |
| 外部降稳因子 | 雷诺数 | 高空小表速 |
| 外部降稳因子 | 冲击波 | 与飞行环境相关 |
| 外部降稳因子 | 阵风 | 与飞行环境相关 |
| 内部降稳因子 | 功率提取 | 与功率提取占比有关,高空小表速 |
| 内部降稳因子 | 压气机引气 | 增加稳定裕度 |
| 内部降稳因子 | 过渡态 | 各区域 |
| 内部降稳因子 | 脉动燃烧 | 高空小表速 |
| 内部降稳因子 | 高度/速度 | 与喷管亚临界有关 |
| 内部降稳因子 | 非定常热 | 未暖机、低温等 |
| 其他降稳因子 | 生产和装配偏差 | 各区域 |
| 其他降稳因子 | 控制器容差 | 各区域 |
| 其他降稳因子 | 发动机恶化 | 各区域 |

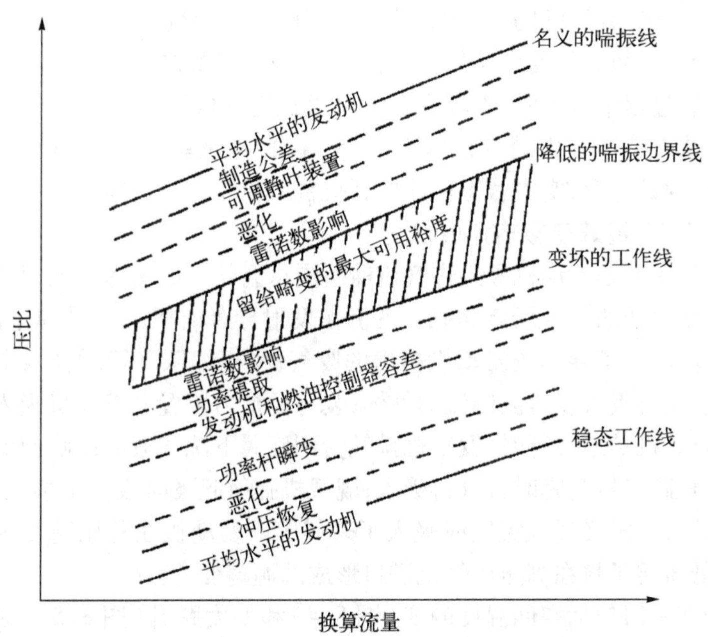


图8.3 主要降稳因子对航空发动机稳定性的影响

本节主要介绍总压畸变、总温畸变、雷诺数、功率提取、引气、过渡态、非定常热等7种典型降稳因子影响分析及评估方法,生产和装配偏差、发动机恶化、控制偏差等其他降稳因子对发动机稳定性影响评估需要大量试验数据支撑,目前暂时可按照国军标中推荐值进行考虑。

#### 8.2.1.1 总压畸变影响评估方法

总压畸变主要是进气道进口前和进气道内部流动的扰动而形成的畸变。进气道进口前气流扰动源包括飞机机动条件下的大迎角、大侧滑、起飞条件下的地面涡及大气侧风等形成的进气道唇口、侧板等绕流分离等。另外,进气道进口前机体结构形成的扰动源如天线、弹舱、挂架及机体附面层等,也可产生总压畸变。此外,机身上的凸起物也可引起扰动,如飞机皮托管及静压管的尾流、起飞着陆时短舱干扰、装在后机身上的发动机吸入了机翼上的低能流等。发动机压力畸变图谱与飞机的机动性及进气道的形式有关。

通常采用综合总压畸变指数衡量总压畸变强弱程度,主要包含稳态压力畸变指数和动态压力畸变指数。按照国军标《航空涡轮喷气和涡轮风扇发动机进口总压畸变评定指南》中对总压畸变定义: AIP 上总压的空间变化称为稳态畸变指数(AIP: 用来确定发动机进口畸变和性能的测量界面),时间变化(紊流度)称为动态压力畸变指数。稳态压力畸变指数与动态压力畸变指数之和为综合压力畸变指数。

将压力畸变指数转化为压力畸变需用稳定裕度,需要引入畸变敏感系数的概念。畸变敏感系数代表压缩部件对畸变的敏感程度,与压缩部件硬件和工作状态直接相关,通常采用部件试验的方式获取。当已知压力畸变指数及畸变敏感系数时,压力畸变需用稳定裕度=压力畸变指数×畸变敏感系数。

工程研制过程中,评估压力畸变对发动机稳定性的影响主要以畸变试验形式开展。地面状态整机压力畸变试验形式有: 模拟板试验、插板试验、全尺寸进气道/发动机联合试验等,空中状态可开展高空台试验及飞行试验。

#### 8.2.1.2 总温畸变影响评估方法

总温畸变主要是发动机吸入进气道前不同总温的气流而形成的畸变。发动机进口产生总温畸变的主要场景包括: 飞机在发射导弹时吸入了导弹排出的废气;飞机在格斗区吸入了导弹或发动机排出的废气;飞机编队飞行时吸入了前面飞机排出的燃气;飞机吸入了短舱回流的气体;装有反推力装置的发动机吸入了本身的回流气体;直升机贴地飞行时,发动机排气受到旋翼下洗气流的影响回流到发动机进口;垂直/短距飞机起降时排气再吸入;舰载机弹射起飞时吸入了蒸汽/偏流板反射的尾气;灭火飞机飞过火灾区时吸入了燃气等。发动机在总压畸变条件下工作时,风扇或低压转子将在高压压气机进口形成总温畸变[5]。

总温畸变一般包括空间温度畸变(图 8.4)和温度跃升(图 8.5),通常空间温度畸变的影响是降低发动机稳定边界线,而温度跃升则改变发动机的共同工作线,

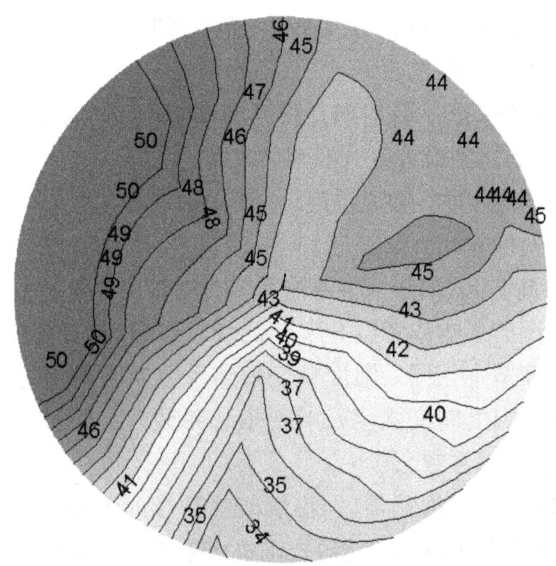


图 8.4　发动机进口稳态温度畸变云图(空间温度畸变)

图 8.5　发射导弹时引起的温度畸变(温度跃升)

因而温度畸变对发动机气动稳定性的影响是二者的线性叠加。

衡量总温畸变对稳定性影响的主要参数如下。

(1) 温度畸变强度：是温度畸变幅值的数值表示,用面平均相对温升来表示。

(2) 高温区范围：根据不同半径处测得的面积加权的径向平均值沿周向的分布来确定“高温区”周向范围。温度高于面平均温度的周向区域被定义为“高温区”周向范围,它是用面平均温度与径向平均温度的周向温度场线性插值的交点来定义“高温区”。如果实际温度场有两个以上的“高温区”,其周向范围应等于实际温度场所有局部高温区范围之和。

(3) 温度畸变持续时间:该时间是指温度畸变作用在发动机进口所持续的时间,约为温度畸变开始达到最大值时的两倍时间。

(4) 温度畸变周向不均匀度:温度畸变周向不均匀度定义为高温区平均温度与面平均温度的相对增量。

(5) 温升率:“高温区”的最大温升测量值与对应时间之比。

当不考虑温升率的影响或者温升率较低可以忽略时,总温畸变需用稳定裕度计算方法与压力畸变基本相同。温度畸变敏感系数通常采用仿真分析/部件试验的方式获取。当已知温度畸变强度及畸变敏感系数时,温度畸变需用稳定裕度=温度畸变强度×畸变敏感系数。

当温升率较高(飞机发射武器时,温度畸变持续时间短),发动机工作点会瞬间快速上移,喘振可能无法避免。此时发动机应采用短时增稳或者消喘复原系统。

温度畸变周向不均匀度对发动机稳定性影响目前尚在研究中,已有试验结果表明,该参数对发动机稳定性影响不容忽视。

在工程研制过程中,地面状态评估总温畸变影响可采取的模拟方式有:水蒸气吸入试验、总温模拟畸变试验、吞烟试验、陆基偏流板试验、高温气体试验、燃烧氢气模拟等方式,空中状态温度畸变试验通常结合飞机武器发射试验开展。

#### 8.2.1.3 雷诺数影响评估方法

航空发动机在高空低马赫数工作时,发动机受雷诺数影响较大。此时发动机工作雷诺数处于较低水平,甚至会低于自模化雷诺数,从而导致部件性能降低、稳定裕度减小,进而影响发动机整机性能及气动稳定性。雷诺数对发动机气动稳定性的影响,主要表现在低压系统,即风扇、低压涡轮的流量、效率的降低。雷诺数对发动机气动稳定性影响评估,主要以计算分析和高空台试验形式开展。

通常选择雷诺数指数表征发动机进口的雷诺数变化(图 8.6)。雷诺数指数 RNI 是发动机进口气流雷诺数 $Re$ 与马赫数 $Ma$ 的比值和标准海平面静止状态下该比值之比,其数值可由下式计算:

$$\mathrm{RNI} = \sigma/(\varphi\sqrt{\theta}) \tag{8.1}$$

式中,$\sigma$ 为高空飞行状态下发动机进口气流总压与海平面标准大气压力之比;$\varphi$ 为高空飞行状态下发动机进口气流总温与海平面标准大气温度之比;$\theta$ 为高空飞行状态下发动机进口气流总温动力黏度与海平面标准状态大气的动力黏度之比。

利用空气动力黏度计算公式,得

$$\mathrm{RNI} = 0.002\,056\,009\,2 \times P(T + 110.4)/T^2 \tag{8.2}$$

式中,$P$ 为发动机进口总压(Pa);$T$ 为发动机进口总温(K)。

在等雷诺数指数 RNI 线上,用传统的发动机性能换算公式,可较好地综合发动机性能参数。

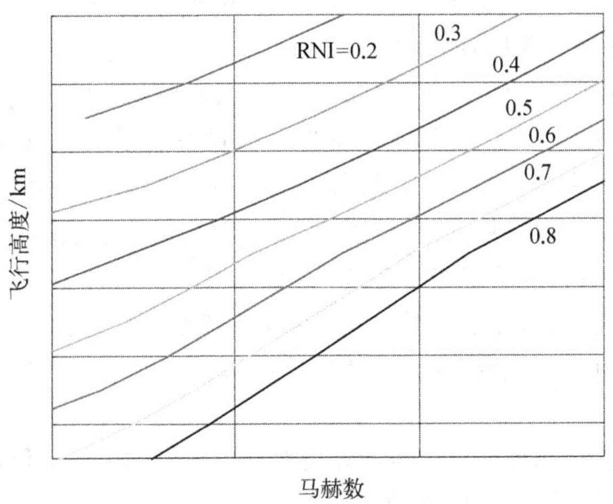


**图 8.6 雷诺数指数影响区域**

1. 计算评估

工程上通常采用 Wassell 方法,分别对低压压气机、高压压气机、高压涡轮、低压涡轮部件特性进行雷诺数修正。在修正雷诺数对发动机部件特性影响的基础上,需在总体性能程序中用雷诺数修正后的部件特性替代原部件特性开展计算(图 8.7)。

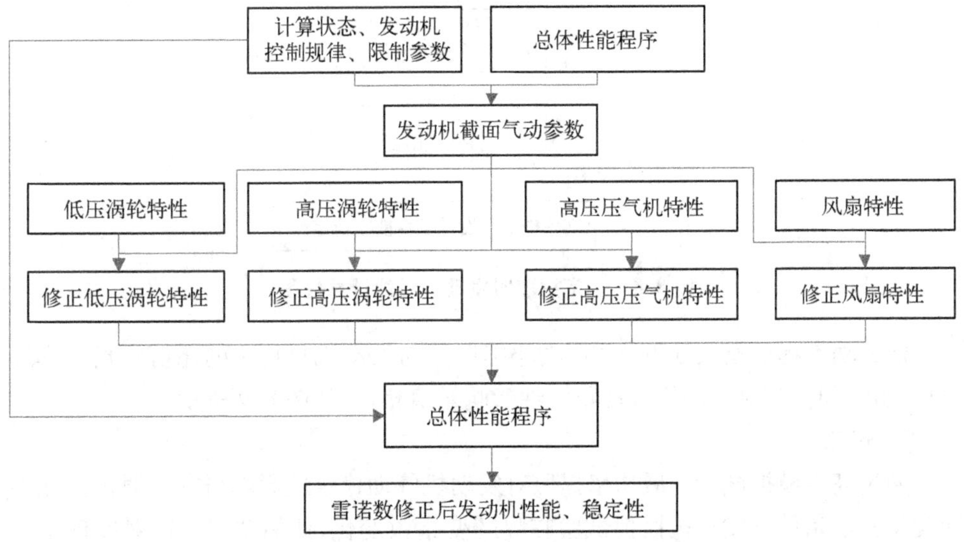


**图 8.7 雷诺数修正时发动机性能计算框图**

2. 试验评估

通过高空模拟试验开展雷诺数影响研究,采用“间接评估法”研究雷诺数对发动机气动稳定性的影响。保持发动机状态不变,发动机在进口雷诺数指数不同的情况下进行插板试验,通过对比临界畸变指数的差异获取其对气动稳定性影响规律。

#### 8.2.1.4 功率提取影响评估方法

航空发动机在装机使用过程中,除了要产生推力以外,向飞机输出功率也是发动机任务之一。输出功率主要用于驱动发动机自身液压系统,同时用于驱动机载设备,实现发动机、飞机相关机构按照控制指工作。发动机提取功率时,风扇和压气机工作点会向喘振边界移动,降低发动机稳定裕度。发动机在高空小速度区域工作时,由于发动机自身功率较小,此时功率提取占发动机功率比值较高,对发动机气动稳定性影响较大,还会影响加力燃烧室工作稳定性及发动机加速工作能力。功率提取对发动机气动稳定性影响评估。

1. 计算评估

采用总体性能计算程序可直接计算功率提取对发动机气动稳定性影响。通常可选择高压涡轮或低压涡轮作为功率提取单元,输入发动机工作状态及选定发动机控制规律后,给定功率提取量即可进行计算(图 8.8)。

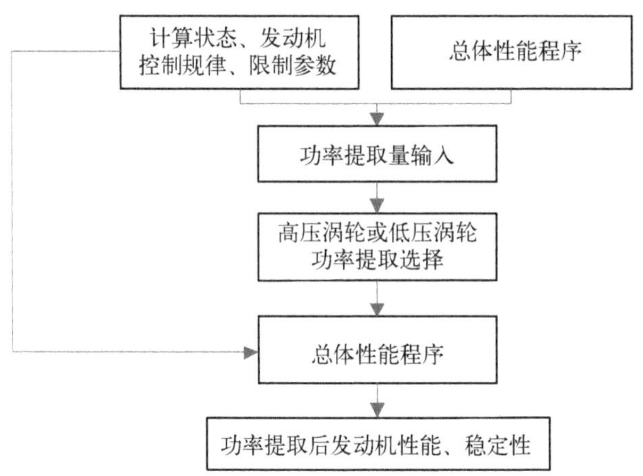


**图 8.8 功率提取时发动机性能计算框图**

定义功率提取指数如下:实际功率提取量与发动机总功率的比值。当功率提取指数相近时,其对发动机气动稳定性影响量值相近,如图 8.9 所示。

2. 试验评估

通过高空模拟试验开展功率提取对发动机气动稳定性影响研究。通过对比不同功率提取条件下发动机插板试验临界畸变指数变化,评估功率提取对发动机气动稳定性影响。

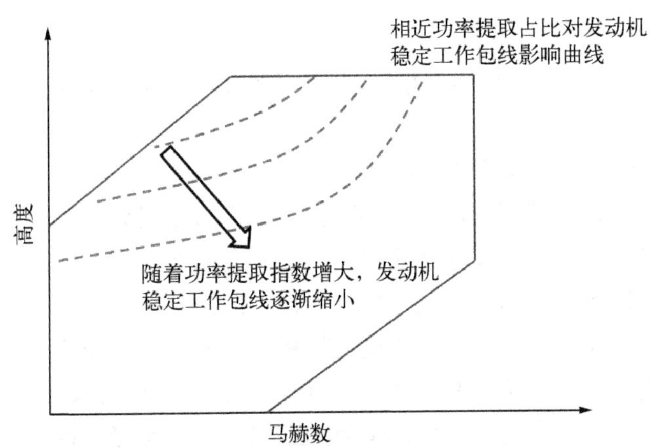


**图 8.9 功率提取对发动机稳定工作包线影响**

#### 8.2.1.5 引气影响评估方法

航空发动机在装机使用过程中,除了要产生推力以外,向飞机座舱及其他系统提供空气也是发动机任务之一。发动机引气时,风扇和压气机工作点会向远离喘振边界移动,发动机稳定裕度增加。引气对发动机气动稳定性影响评估,一般采用计算评估和整机试验的方法开展。

1. 计算评估

通过计算程序给定发动机状态和飞机引气量,改变压气机引气比值及相应的分配比例,保证换算到发动机进口大气条件的飞机引气量所占比例与给定值相等,同时保持用于发动机冷却的引气量占压气机进口流量的比例不变。当计算得到的飞机引气量小于给定值时,逐步增加引气量及飞机引气量的比例,直到飞机引气量符合要求。对比无引气条件下计算结果,即可获得引气对发动机气动稳定性影响计算结果。图 8.10 为引气时发动机性能计算框图。

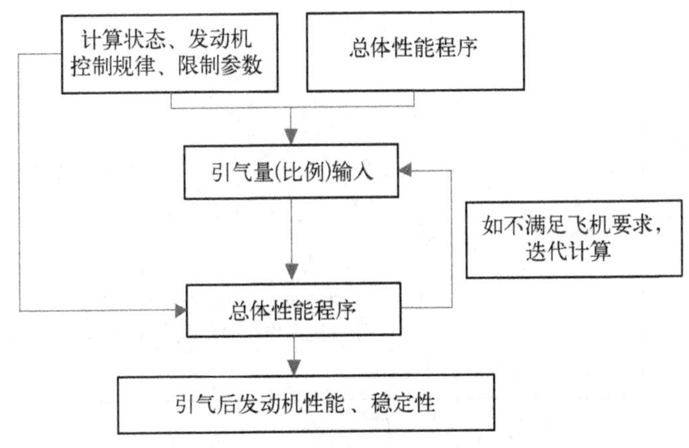


**图 8.10 引气时发动机性能计算框图**

2. 试验评估

引气对航空发动机气动稳定性影响试验研究通常结合整机地面试验及高空模拟试验开展。

#### 8.2.1.6 过渡态影响评估方法

相关资料表明,国外针对航空发动机加速过程气动稳定性研究开展了大量工作,形成了一套成熟系统的预测和验证流程。比较典型的方法为燃油阶跃逼喘试验,获取发动机整机条件下压气机的稳定工作边界;同时采用控制转速上升率方法研究加速过程稳定工作裕度。在发动机使用过程越来越多地暴露出加速过程故障后,国内研究人员对加速过程气动稳定性开展了大量研究,大多采用仿真和计算手段。本节基于发动机外场故障数据统计,给出发动机在加速过程气动稳定性评估与控制思路。

1. 计算评估

采用计算模型可实现加减速过程发动机稳定裕度变化情况研究(图 8.11 和图 8.12)。

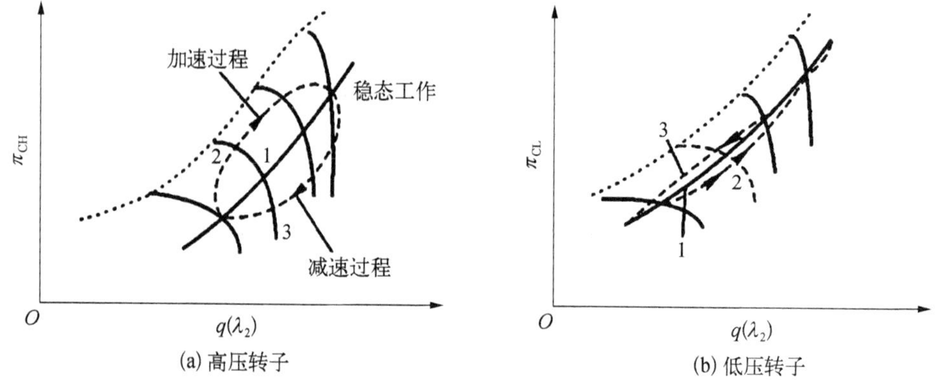


**图 8.11 双轴发动机加减速过程工作线走向示意图**[6]

1 -稳态工作线;2 -加速过程;3 -减速过程

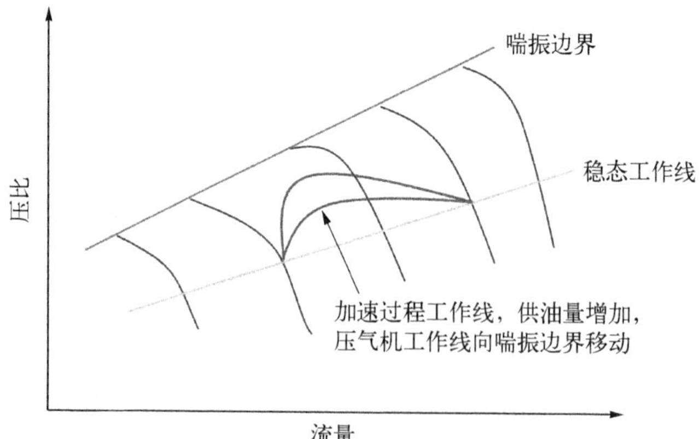


**图 8.12 加速过程压气机工作线变化示意图**

通过对比相同状态稳态稳定裕度，得到加减速过程发动机稳定裕度变化情况。

2. 试验评估

通常采用发动机台架加减速试验的方式获其对稳定裕度影响。以加速过程为例，通过测量压气机工作点的变化，利用整机条件下获得的压气机工作线边界，可获取加速过程对压气机气动稳定性的影响。

#### 8.2.1.7　非定常热影响评估方法

发动机装机使用后，同一发动机状态在冷热态下性能存在差异（如起飞状态不同暖机时间、高空小表速快拉减速等过程带来的冷热态变化）。这主要是发动机处于冷/热态时，发动机的间隙不一致导致部件特性发生变化带来的性能参数差异。以高压涡轮叶尖间隙为例，机匣的线膨胀系数大于轮盘但小于叶片，三者对热的响应速率不一致。发动机处于暖机过程中，叶片受热膨胀很快伸长到位，机匣次之，轮盘因为膨胀系数小的原因，需要 10~20 min 才能伸长到位。如果暖机时间不够长，则轮盘不能膨胀到位，导致冷态叶尖间隙过大，部件效率下降。相同推力下，发动机排气温度升高，压气机裕度降低（图 8.13）。

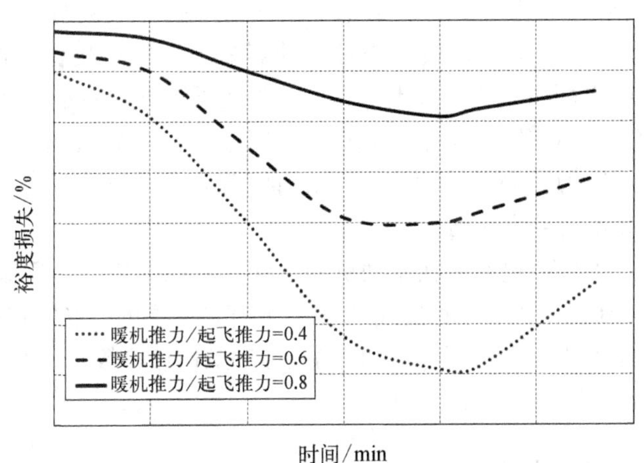


**图 8.13　不同暖机状态对稳定裕度影响**

采用总体性能计算程序可计算非定常热状态对发动机气动稳定性影响，计算关键在于不同暖机状态部件特性的准确性，通常需要发动机各部件依据设计/试验经验给出间隙变化对部件特性的影响，在整机条件下测量获得不同暖机时间，不同暖机转速下，发动机各部件的间隙情况。将经过非定常热状态修正后的部件特性代入总体性能程序进行计算，通过计算对比可获取非定常热状态对整机气动稳定性影响。图 8.14 为非定常热状态计算流程图。

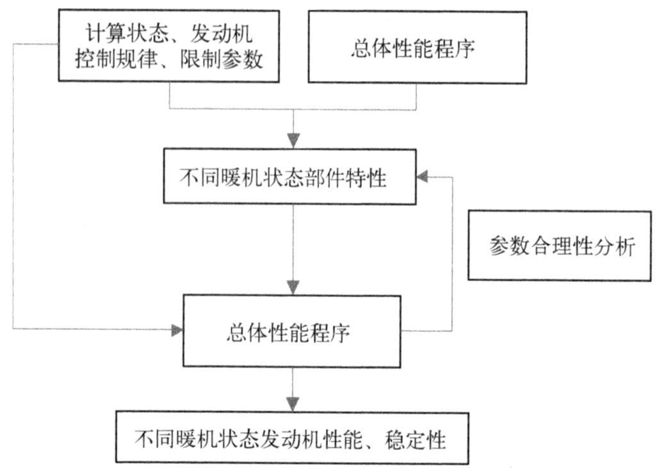


图 8.14 非定常热状态计算流程图

### 8.2.2 需用稳定裕度设计与评估

发动机的气动稳定性主要由其压缩部件——风扇、压气机的稳定性决定,并受其他部件共同工作及发动机复杂工作过程的影响。在发动机稳定性设计和分析中,关于稳定裕度有两个重要的基本概念:一个是原始可用稳定裕度,另一个是需用稳定裕度。发动机可用稳定裕度是原始可用稳定裕度减去需用稳定裕度的差值。稳定裕度评估的总要求:兼顾发动机性能,保证发动机在全包线范围内其可用稳定裕度>0 并留有一定余量。

"稳定裕度"的概念,也就是在发动机的工作点和稳定边界之间保留足够的"距离"。稳定裕度 SM 的定义有多种形式,但其本质都是一样的。稳定裕度是根据等换算转速条件下的稳定边界点参数$(\pi_c/W_{a,c})_{Su,o}$和工作点参数$(\pi_c/W_{a,c})_{o,o}$定义的(图 8.15),其表达式如公式(8.3)所示:

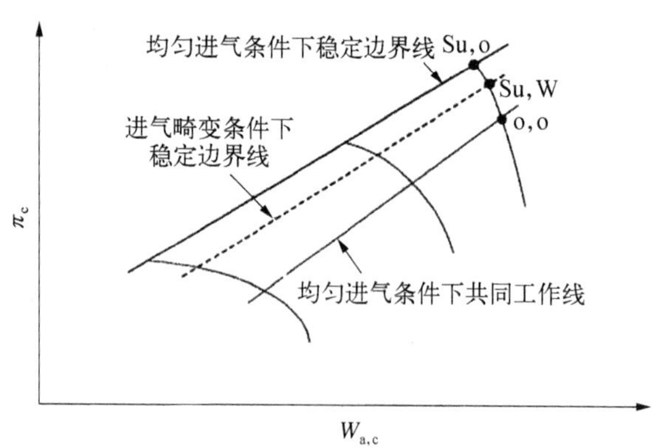


图 8.15 稳定裕度示意图

$$SM = \left[\frac{(\pi_c/W_{a,c})_{Su,o} - (\pi_c/W_{a,c})_{o,o}}{(\pi_c/W_{a,c})_{o,o}}\right]_{n_{c,c}=\text{const}} \times 100\% \tag{8.3}$$

原始可用稳定裕度一般直接由压缩部件的部件试验获取，但从部件到整机状态由于上下流环境的变化，需要进行一定的修正。整机状态也可以通过加装工艺外涵喷管或主燃油阶跃等方式进行逼喘获得风扇或压气机的原始稳定裕度。

对于需用稳定裕度计算，发动机内、外部降稳因子（非随机因子）影响按照代数和相加，其他降稳因子（随机因子）影响按照均方根之和计算，以此获得各降稳因子影响需用稳定裕度计算，表 8.2 所示为降稳因子裕度分解表格。

**表 8.2　降稳因子裕度分解表格**

<table>
<tr><th colspan="2">状态<br>降稳因子</th><th colspan="2">状态 1</th><th colspan="2">状态 2</th><th colspan="2">状态 3</th><th colspan="2">状态 4</th><th colspan="2">……</th></tr>
<tr><td colspan="2">原始稳定裕度</td><td colspan="2"></td><td colspan="2"></td><td colspan="2"></td><td colspan="2"></td><td colspan="2"></td></tr>
<tr><td rowspan="10">非随机因子</td><td>压力畸变（风扇）</td><td colspan="2"></td><td colspan="2"></td><td colspan="2"></td><td colspan="2"></td><td colspan="2"></td></tr>
<tr><td>温度畸变</td><td colspan="2"></td><td colspan="2"></td><td colspan="2"></td><td colspan="2"></td><td colspan="2"></td></tr>
<tr><td>雷诺数</td><td colspan="2"></td><td colspan="2"></td><td colspan="2"></td><td colspan="2"></td><td colspan="2"></td></tr>
<tr><td>发动机过渡态</td><td colspan="2"></td><td colspan="2"></td><td colspan="2"></td><td colspan="2"></td><td colspan="2"></td></tr>
<tr><td>加力燃烧室</td><td colspan="2"></td><td colspan="2"></td><td colspan="2"></td><td colspan="2"></td><td colspan="2"></td></tr>
<tr><td>压气机引气/(kg/h)</td><td colspan="2"></td><td colspan="2"></td><td colspan="2"></td><td colspan="2"></td><td colspan="2"></td></tr>
<tr><td>功率提取</td><td colspan="2"></td><td colspan="2"></td><td colspan="2"></td><td colspan="2"></td><td colspan="2"></td></tr>
<tr><td>高度/速度</td><td colspan="2"></td><td colspan="2"></td><td colspan="2"></td><td colspan="2"></td><td colspan="2"></td></tr>
<tr><td>非定常热</td><td colspan="2"></td><td colspan="2"></td><td colspan="2"></td><td colspan="2"></td><td colspan="2"></td></tr>
<tr><td>……</td><td colspan="2"></td><td colspan="2"></td><td colspan="2"></td><td colspan="2"></td><td colspan="2"></td></tr>
<tr><td rowspan="3">随机因子</td><td>生产偏差</td><td rowspan="3"></td><td></td><td rowspan="3"></td><td></td><td rowspan="3"></td><td></td><td rowspan="3"></td><td></td><td rowspan="3"></td><td></td></tr>
<tr><td>寿命老化</td><td></td><td></td><td></td><td></td><td></td></tr>
<tr><td>控制容差</td><td></td><td></td><td></td><td></td><td></td></tr>
<tr><td colspan="2">需用稳定裕度</td><td colspan="2"></td><td colspan="2"></td><td colspan="2"></td><td colspan="2"></td><td colspan="2"></td></tr>
<tr><td colspan="2">剩余稳定裕度</td><td colspan="2"></td><td colspan="2"></td><td colspan="2"></td><td colspan="2"></td><td colspan="2"></td></tr>
</table>

### 8.2.3　典型稳定性评估工作状态选取

为了保证在飞机规定的使用包线范围内发动机能够稳定工作，通常会选择一组发动机使用过程中的典型工作状态点进行稳定性评定，以检验上述条件下发动机稳定工作能力。本节结合实际发动机使用状态，推荐的典型工作状态点如下。

#### 8.2.3.1　起飞状态（状态 1）

起飞状态是发动机实际使用过程中典型状态，其主要特征如下：

(1) 发动机处于最大状态，发动机工作状态高、进气流量大，进气道综合压力畸变指数较高；

(2) 起飞状态进气道出口气流不均匀度和脉动值很大，特别是有侧风时，进气畸变将进一步增大；

(3) 当日首次起飞，发动机处于暖机不充分状态，涡轮和压气机间隙较大，稳定裕度损失增加；

(4) 舰载机用发动机舰面起飞时还需考虑吸入偏流板反射尾气、吸入泄漏蒸汽等温度畸变带来的稳定裕度损失。

评定起飞状态发动机气动稳定性时建议在最大状态进行，重点考虑压力畸变、温度畸变、非定常热瞬变等因素的影响。

#### 8.2.3.2 着陆状态(状态2)

着陆状态主要工作特征如下：

(1) 飞机着陆过程中发动机进口的压力不均匀度增加；

(2) 装有推力反向或垂直起落飞机着陆时，发动机尾气回流产生温度畸变，影响发动机工作稳定性；

(3) 飞机可能进入复飞，发动机急剧加速将降低稳定裕度。

评定着陆状态发动机气动稳定性时建议在慢车或节流状态进行，重点考虑过渡过程和压力畸变等因素的影响。

#### 8.2.3.3 飞机在最大高度以最小速度飞行状态(状态3)

飞机在最大高度以最小速度飞行状态主要工作特征如下：

(1) 雷诺数的最小值可能低于压气机和涡轮自模化工作区的临界值，雷诺数对发动机气动稳定性的影响明显；

(2) 高空空气密度低，发动机做功能力减弱，飞机及附件功率需求的相对份额增加，其结果使涡轮后燃气温度上升和相应地提高共同工作点的参数，降低发动机气动稳定性；

(3) 超声速飞行时，当发动机实际空气流量大幅低于设计流量时，将明显增加进气道出口的压力不均匀度，降低发动机气动稳定性；

(4) 飞机进行机动动作、大攻角和大侧滑角飞行时，发动机进口压力畸变会随之增大；

(5) 高空压力降低，发动机压气机出口压力降低，主燃烧室和加力燃烧室进口压力降低，发动机容易出现不稳定燃烧，影响发动机气动稳定性。

评定飞机在最大高度以最小速度飞行状态发动机气动稳定性时建议在慢车或节流状态进行，重点考虑雷诺数、功率提取、压力畸变、稳定燃烧边界等因素的影响。

#### 8.2.3.4 飞机在最大高度上以最大速度飞行状态(状态4)

飞机在最大高度上以最大速度飞行状态主要工作特征如下：

(1) 进气道与发动机流量匹配性变差,发动机进口畸变和脉动较大,降低发动机气动稳定性;

(2) 发动机最大状态时加力燃烧室脉动燃烧引起压力脉动,降低发动机气动稳定性。

评定飞机在最大高度上以最大速度飞行状态发动机气动稳定性时建议在最大状态进行,重点考虑压力畸变、加力通断等因素的影响。

#### 8.2.3.5　飞机在最小高度上以最大马赫数飞行状态(状态 5)

飞机在最小高度上以最大马赫数飞行状态主要工作特征如下:

(1) 发动机有剩余推力,发动机可以实现加力加速和关掉加力;

(2) 加力供油流量最大,加力通断过程可能会对发动机气动稳定性带来影响;

(3) 飞机可能在较大的马赫数下进行武器发射,发动机吞入高温燃气带来温度畸变,降低发动机气动稳定性,甚至造成加力熄火。

评定飞机在最小高度上以最大速度飞行状态发动机气动稳定性时建议在最大状态进行,重点考虑压力畸变、温度畸变、加力通断等因素的影响。

#### 8.2.3.6　飞机在接近地面以最大动压飞行状态(状态 6)

飞机在地面以最大动压飞行状态主要工作特征如下:发动机工作状态为最大状态,该状态的特征是发动机燃油消耗量最大,在加力接通和切断过程中,发动机外涵道可能出现压力脉动。

评定飞机在地面以最大动压飞行状态发动机气动稳定性时建议在最大状态进行,重点考虑压力畸变、加力通断等因素的影响。

#### 8.2.3.7　飞机在空中左边界飞行状态(状态 7、8)

飞机在空中左边界飞行状态主要特征如下:

(1) 发动机工作状态为最大状态,进气压力畸变相对较大;

(2) 飞机进行机动飞行和特技飞行时,会进一步增加进气压力畸变值,增大发动机喘振风险;

(3) 发动机在加力通断过程中,发动机外涵道可能出现压力脉动。

评定飞机在空中左边界飞行状态发动机气动稳定性时建议在最大状态进行,重点考虑压力畸变、加力通断等因素的影响。同时,可在空中左边界选取 2~3 个高度进行稳定性评估。

#### 8.2.3.8　高空小流量飞行状态(状态 9、10)

飞机在高空小流量飞行状态主要特征如下:

(1) 跨声速飞行时,进气道提供流量大于发动机所需流量,进气道出口的低频压力脉动增加,影响发动机气动稳定性;

(2) 进气道可调机构的起调/回收,容易引发进气道进入不稳定工作边界,进而影响发动机气动稳定性。

评定飞机在高空小流量飞行状态发动机气动稳定性时建议在节流或慢车状态进行，重点考虑进气压力脉动、雷诺数、功率提取等因素的影响。同时可在超声速、亚声速附近各选 1 个状态点进行稳定性评估。

上面典型状态在发动机工作包线上的位置如图 8.16 所示。

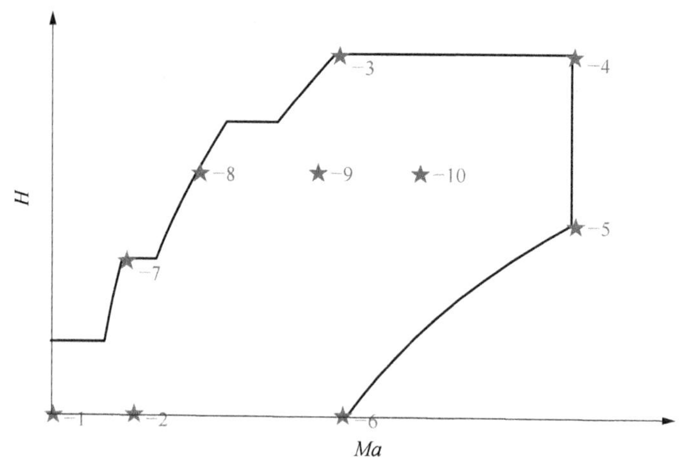


**图 8.16 典型状态在包线的位置示意图**

## 参考文献

[1] 刘永泉，施磊，梁彩云. 某航空发动机全包线气动稳定性设计方法究[J]. 航空动力学报，2012，27(11)：2462－2467.

[2] 刘大响，叶培梁，胡骏，等. 航空燃气涡轮发动机稳定性设计与评定技术[M]. 北京：航空工业出版社，2004.

[3] 施磊，朱宇，赵肃. 跨声速小流量会进气道与发动机的相容性[J]. 航空动力学报，2014，29(3)：631－636.

[4] 梁彩云，谢业平，李泳凡，等. 飞/发性能一体化技术在航空发动机设计中的应用[J]. 航空发动机，2015，41(3)：1－5.

[5] 谢业平，刘永泉，潘宝军. 真实进气条件下发动机气动稳定性计算方法[J]. 航空动力学报，2019，34(4)：804－812.

[6] 廉筱纯，吴虎. 航空发动机原理[M]. 西安：西北工业大学出版社，2005.

# 第 9 章 过渡态性能设计

## 9.1 概　　述

发动机工作状态从一个状态变化到另一个状态,工作参数随时间变化的过程,称为过渡态,或称为瞬态。发动机按照油门等操作指令,从某个状态过渡另一个状态的工作能力,称为过渡态性能,以参数的变化时间和极值,状态转换过程的工作稳定性等来表征过渡态性能。常见的发动机过渡态包括地面/空中起动、加/减速、接通和切断加力等过程。此外,发动机对进口气流畸变的响应过程也属于过渡态。因为第 8 章已经对进口气流畸变问题做过专门的讨论,所以本章不再赘述。

## 9.2 过渡态的工作特点

航空发动机的过渡态相比于稳态有几个典型影响特征:① 转子部件的惯性影响;② 部件的容积效应;③ 部件间的换热效应;④ 旋转部件的叶尖间隙影响。

### 9.2.1 转子惯性

发动机过渡态性能不同于稳态的本质特征是共同工作线发生了偏离。对于单转子涡喷发动机和核心机的压气机,加速过程的共同工作线靠近喘振边界,减速过程的共同工作线靠近堵塞边界如图 9.1 所示。

过渡态共同工作线偏离稳态工作线的根本原因是供油量改变使得涡轮前总温发生变化从而改变了涡轮的功率。定义转子部件的剩余功率为

$$\Delta P_{\mathrm{res}} = L_{\mathrm{T}}\eta_{\mathrm{m}} - L_{\mathrm{c}} - L_{\mathrm{accessorey}} - L_{\mathrm{offtake}} \tag{9.1}$$

式中,$\Delta P_{\mathrm{res}}$ 表示转子剩余功率;$L_{\mathrm{T}}$ 表示涡轮功率;$L_{\mathrm{c}}$ 表示压气机功率;$\eta_{\mathrm{m}}$ 表示机械效率;$L_{\mathrm{accessorey}}$ 表示发动机附件功率提取;$L_{\mathrm{offtake}}$ 表示飞机功率提取。稳态的转

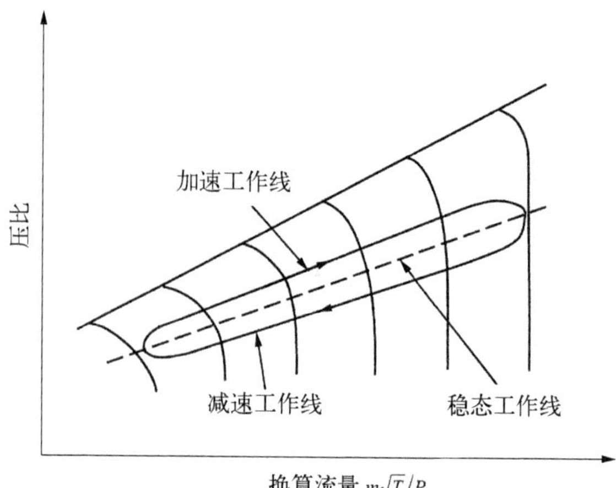


图 9.1 加减速过程共同工作线变化示意图

子剩余功率为零。过渡态工作线偏离稳态工作线越远，涡轮前总温偏离稳态值也越多，剩余功率的绝对值越大。过渡态的转子剩余功率则用于改变转子的转速，即

$$\Delta P_{\text{res}} = \left(\frac{\pi}{30}\right)^2 Jn\frac{\mathrm{d}n}{\mathrm{d}t} \tag{9.2}$$

式中，$J$ 表示转子转动惯量；$n$ 表示转速；$t$ 表示时间。显然，剩余功率越大，转子转速变化越快。在起动和加速过程，转子剩余功率为正，转速增加；在减速和熄火过程，转子剩余功率为负，转速降低。

考虑到过渡态的转子惯性，以双转子混排涡扇发动机为例，在稳态模型的基础上给出了其过渡态数学模型非线性方程组的自变量和残差设定，如表 9.1 所示。

表 9.1 双转子混排涡扇发动机过渡态数学模型的自变量和残差的设定

| 自变量 | 残差 |
|---|---|
| 低压转速 $n_{\text{L}}$ | 低压转子功率<br>$\Delta P_{\text{res, L}} - \left(\frac{\pi}{30}\right)^2 J_{\text{L}} n_{\text{L}} \frac{\mathrm{d}n_{\text{L}}}{\mathrm{d}t}$ |
| 高压转速 $n_{\text{H}}$ | 高压转子功率<br>$\Delta P_{\text{res, H}} - \left(\frac{\pi}{30}\right)^2 J_{\text{H}} n_{\text{H}} \frac{\mathrm{d}n_{\text{H}}}{\mathrm{d}t}$ |
| 风扇工作点 $\beta_{\text{F}}$ | 燃烧室出口和高压涡轮入口流量<br>$m_{\text{comb, out}} - m_{\text{HPT, in}}$ |
| 高压工作点 $\beta_{\text{c}}$ | 高压涡轮出口和低压涡轮入口流量<br>$m_{\text{HPT, out}} - m_{\text{LPT, in}}$ |

续　表

| 自　变　量 | 残　　差 |
| --- | --- |
| 高压涡轮进口换算流量 $m_{\mathrm{HPT,\,R}}$ | 混合室内外涵进口静压<br>$P_{55} - P_{25}$ |
| 低压涡轮进口换算流量 $m_{\mathrm{LPT,\,R}}$ | 尾喷管入口流量和喷管流通能力<br>$m_7 - m_{\mathrm{NOZ}}(A_8,\ \pi_{\mathrm{NOZ}})$ |

过渡态模型计算时,首先需要给定主燃烧室供油量的时间响应曲线作为已知的调节计划。在求解发动机过渡态模型时,需要设定求解的时间步长,从而将过渡态的整个连续过程转换为离散的时间点。在每个离散的时间点上求解表 9.1 设定的非线性方程组,即可获取当前时间节点的发动机过渡态性能。表 9.1 中转子功率残差中的导数项可以采用欧拉格式计算得到,即

$$\left.\frac{\mathrm{d}n}{\mathrm{d}t}\right|_t = \frac{n_t - n_{t-1}}{\Delta t} \tag{9.3}$$

$$\left.\frac{\mathrm{d}n}{\mathrm{d}t}\right|_t = \frac{n_{t-1} - n_{t-2}}{\Delta t} \tag{9.4}$$

式中,$\Delta t$ 表示时间步长;下标 $t$ 表示当前时刻。式(9.3)为隐式格式,式(9.4)为显示格式。

### 9.2.2　容积效应

部件的容积效应是指在发动机过渡态过程中,部件容腔内的质量、能量和动量的非定常变化对发动机性能的影响。图 9.2 给出了部件容积效应的简化处理模型,即激盘-容积模型。模型中的激盘没有容积且仅与外界存在能量交换;模型中的容腔具有与部件相同的体积且与外界不存在能量交换。在过渡态,气流在激盘 1－15 截面的参数变化仍然按照稳态模型计算;气流在容腔 15－2 截面的参数变化

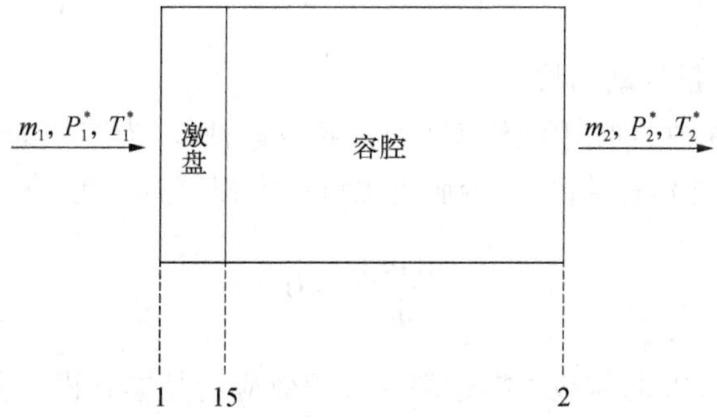


**图 9.2　部件的激盘-容积简化模型**

则按照非定常流动处理。激盘-容积模型就是通过容腔内质量和能量的非定常变化模拟部件的容积效应。

假定容腔体积为 $V$，容腔内为等熵过程。一维非定常质量守恒方程如下：

$$\frac{\partial \rho}{\partial t} + \frac{\partial m}{\partial V} = 0 \tag{9.5}$$

式中，$\rho$ 表示密度；$m$ 表示质量流量。假定容腔内部的密度变化呈均匀分布，代入气体状态方程，并采用 2 截面的总参数计算方程中的导数项，有

$$m_2 = m_{15} - V\frac{\mathrm{d}\rho}{\mathrm{d}t} = m_{15} - \frac{V}{kRT}\frac{\mathrm{d}P}{\mathrm{d}t} = m_{15} - \frac{V}{kRT_2^*}\frac{\mathrm{d}P_2^*}{\mathrm{d}t} \tag{9.6}$$

式中，$P$ 表示压力；$T$ 表示温度；$k$ 表示比热比；$R$ 表示气体常数；上标 $^*$ 表示总参数。

容腔内的一维非定常能量守恒方程如下：

$$\frac{\partial(\rho u^*)}{\partial t} + \frac{\partial(mh^*)}{\partial V} = 0 \tag{9.7}$$

式中，$u$ 表示内能；$h$ 表示焓。假定容腔内部气体的滞止内能变化呈均匀分布，有

$$m_2 h_2^* = m_{15}h_{15}^* - (m_{15} - m_2)u_2^* - \frac{VP_2^*}{RT_2^*}\frac{\mathrm{d}u_2^*}{\mathrm{d}t} \tag{9.8}$$

容腔内的一维非定常动量守恒方程如下：

$$\frac{\partial(\rho v)}{\partial t} + \frac{\partial(mv + PA)}{\partial V} = 0 \tag{9.9}$$

式中，$v$ 表示速度；$A$ 表示容腔进出口截面积。假定容腔为等截面且忽略进出口马赫数的变化，得到

$$\frac{\mathrm{d}(\rho v)}{\mathrm{d}t} = \frac{P_2^* A_2 f(\lambda_2) - P_{15}^* A_{15} f(\lambda_{15})}{V} = \frac{A_2 f(\lambda_2)(P_2^* - P_{15}^*)}{V} \tag{9.10}$$

式中，$f(\lambda)$ 表示动量气动函数。

发动机各部件中的轴向气流速度均为亚声速，所以当容腔的长径比较小的时候，可以忽略压力的传递速度，即容腔进出口压力相等。因此，有

$$\frac{\mathrm{d}(\rho v)}{\mathrm{d}t} = 0 \tag{9.11}$$

式(9.6)和式(9.8)构成了描述部件容积效应的基本方程。实际上，大部分发动机部件的容积效应对其过渡态性能影响都很小，所以在过渡态性能计算时可以

忽略部件的容积效应。只有在发动机中存在回热装置的时候,回热器的容积效应才会显著影响发动机的过渡态性能。

### 9.2.3　换热效应

过渡态的换热效应是指各部件中的气流与金属之间的热交换,其热流量 $q$ 由下面的方程给出:

$$q = MC_m \frac{\mathrm{d}T_m^*}{\mathrm{d}t} = -\alpha A(T_m^* - T_g^*) \tag{9.12}$$

式中,$M$ 表示金属部件的质量;$C_m$ 表示金属的比热容;$A$ 表示换热面积;$\alpha$ 表示换热系数;下标 m 表示金属部件;下标 g 表示气流。当气流温度与金属温度相同时,部件达到热平衡,换热量为零。

换热系数 $\alpha$ 与气体物性、换热表面的几何形状、气流流动状态及对流换热方式等因素有关。换热系数 $\alpha$ 采用下式估算:

$$\alpha = \frac{Nu\lambda}{d} \tag{9.13}$$

式中,$Nu$ 表示努塞尔数;$\lambda$ 表示气流导热系数;$d$ 表示特征长度。

定义换热过程的时间常数:

$$\tau = \frac{MC_m}{\alpha A} \tag{9.14}$$

则式(9.12)的积分形式可以表示为

$$\Delta T(t) = \Delta T_0 \mathrm{e}^{-\frac{t}{\tau}} \tag{9.15}$$

式中,$\Delta T = T_m^* - T_g^*$。

式(9.15)表明,过渡态换热效应对整机性能的影响主要表现为参数响应的滞后。相比于容积效应,换热效应对发动机过渡态性能的影响更加显著。其中,热端部件的换热效应对过渡态性能的影响相对较为明显;高压部件的换热效应相比于低压部件对过渡态性能的影响更加明显。

### 9.2.4　叶尖间隙影响

高性能的发动机一般要求足够小的叶尖间隙,以提高旋转部件效率,降低发动机的排气温度,减少发动机的燃油消耗和有害气体排放,同时扩展压气机喘振边界,改善发动机工作稳定性,延长发动机使用寿命。但从结构安全性的角度而言,叶尖间隙过小可能致使叶尖与机匣发生碰撞和摩擦,甚至损坏发动机,造成重大安全事故。图 9.3 给出了通用公司 CF6－50 发动机的间隙实测变化规律。可以看出,在加速过程中,涡轮叶尖间隙的变化对发动机的结构安全性带来了很大的影响。普惠公司从工程实践的角度,针对 PW4000 系列发动机在大功率下,将由高压压气机叶尖间隙过大引起的喘振专门定义为第三类喘振。

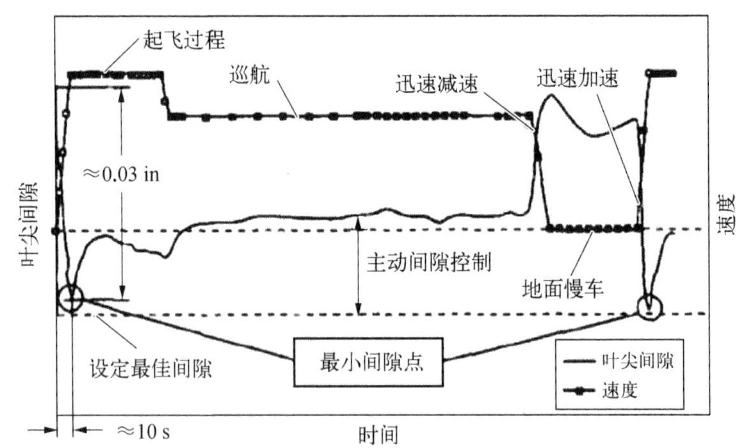


**图 9.3　CF6－50 发动机不同工况下的涡轮叶尖间隙实测规律**

叶尖间隙的大小主要由机匣、轮盘和叶片的径向位移共同决定。图 9.4 分别给出了压气机和涡轮叶尖间隙的简化几何模型。该模型将机匣、轮盘和叶片简化为规则的几何形状,以便估算压气机和涡轮在过渡态的叶尖间隙。

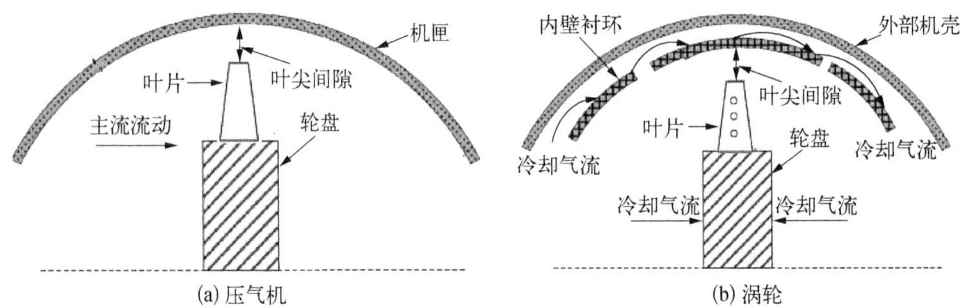


**图 9.4　叶尖间隙的简化几何模型**

根据简化的叶尖间隙分析几何模型,发动机叶尖间隙的具体计算公式可以表示为

$$\delta(t) = r_{\text{shroud}}(t) - [r_{\text{rotor}}(t) + l_{\text{blade}}(t)] \tag{9.16}$$

式中,$\delta(t)$ 表示工作间隙随时间的变化量;$r_{\text{shroud}}(t)$ 表示机匣内径随时间的变化量,$r_{\text{rotor}}(t)$ 表示轮盘外径随时间的变化量;$l_{\text{blade}}(t)$ 表示动叶长度随时间的变化量。其

中,机匣内径的变形主要由发动机工况变化造成的热变形和压差变形引起;轮盘和动叶的变形主要由转速变化造成的离心变形和热变形引起。

过渡态叶尖间隙的变化也会带来部件效率的变化。考虑间隙影响时效率损失的经验公式如下:

$$
\begin{aligned}
\Delta\eta &= \frac{0.7\gamma\psi}{\cos\beta_{\mathrm{m}}}\left(1 + 10\sqrt{\frac{\phi}{\psi}\,\frac{\gamma \mathrm{AR}}{\cos\beta_{\mathrm{m}}}}\right) \\
\gamma &= \frac{\delta}{L_{\mathrm{b}}} \\
\phi &= \frac{V_a}{U_t} \\
\psi &= \frac{2C_p\Delta T_a}{\rho U_t^2}
\end{aligned}
\tag{9.17}
$$

式中,$\Delta\eta$ 表示效率损失;$\gamma$ 表示相对叶尖间隙;$\phi$ 表示流量系数;$\psi$ 表示载荷系数;AR 表示展弦比;$\beta_{\mathrm{m}}$ 表示进出口平均气流角;$\delta$ 表示叶尖间隙变化;$L_{\mathrm{b}}$ 表示叶片高度;$V_a$ 表示轴向气流速度;$U_t$ 表示叶尖圆周速度;$\Delta T_a$ 表示流经叶片排的气流温度变化。

过渡态转子叶尖间隙的变化对整机性能的影响可以忽略,但是由叶尖间隙造成的压气机工作稳定性问题、安全性问题和结构完整性问题不容忽视。

## 9.3　起动性能设计

发动机的起动过程包括地面起动和空中起动。地面起动是指发动机从零转速加速至地面慢车转速的过程;空中起动是指空中发动机停车状态,从低于空中慢车转速(因冲压作用转子有一定自转转速),加速至空中慢车转速的过程,空中起动包括风车起动、惯性自动起动、遭遇起动、起动机辅助空中起动等。

发动机起动过程设计,就是保证发动机在规定的条件、限制和程序下完成地面、空中起动和再起动。设计过程中考虑的规定条件包括,用户指定的发动机进口环境条件、燃油和滑油牌号、飞机引气和功率提取;起动限制包括起动包线的高度和速度限制、涡轮前温度限制、喘振裕度限制、燃烧室稳定工作边界限制、富油熄火限制、"热态"和"冷态"起动的差别等。起动程序指飞行员操作、起动机投入工作并带动发动机转子运转、燃油管充油及向主燃烧室供油、燃烧室点火、点火后的自动供油、压气机起动扩稳系统工作(如果必要的话)、起动机脱开等这些动作发生的逻辑时序、时机。给定这些条件、限制和程序,在有或无起动机提供最小辅助功率的前提下,发动机根据起动系统按一定时序发出的逻辑指令,从静止或有一定转速的状态加速到慢车状态，且不对发动机造成任何伤害，不出现超温、超转、失速喘振、燃烧室熄火等不稳定状态。

起动发动机是航空发动机正常运行的前提，起动过程是发动机比较容易出问题的过渡过程，因此，起动过程的设计理论、经验和方法很重要。

起动过程设计工作应包括：根据用户对象需求，确定起动包线（包括地面起动、空中起动），确定慢车状态参数，确定或估算发动机起动扭矩特性，选用起动机，确定起动点火时序，确定起动机脱开转速，确定起动过程供油规律，规定防护的限制参数，拟定防止起动过热（超温）、叶片机失速、转速悬挂问题的措施等项目。通过以上工作，保证起动时间和起动工作过程的稳定性、安全性和可靠性满足使用需求。

### 9.3.1 用户需求分析

起动过程设计，首先应分析用户对象需求。用户需求可概括为三方面：① 起动包线；② 起动时间；③ 起动环境。起动包线对燃烧室点火贫富油边界和抗吹熄能力提出要求，因此需要确定发动机的地面和空中起动边界。起动时间是根据起动包线范围内不同位置的起动难易程度，可以提出不同的起动时间要求，起动时间是起动机选择、点火时机确定和起动供油规律设计的重要输入数据，起动时间可以根据实际情况与用户协商确定。起动环境包括自然环境和装机环境，自然环境主要指环境温度、压力、含氧量、风力和风向等，要求发动机在限定环境条件下起动性能满足需求；装机环境包括起动机的进排气条件（主要针对燃气涡轮起动机）和空中工作能力，以及起动过程中飞机对发动机燃烧室的补氧能力和从发动机提取功率的需求等，决定了是否可采用起动机辅助空中起动、补氧和是否需要进行起动过程卸载等提高起动可靠性的措施。

### 9.3.2 确定慢车状态

慢车状态对于起动过程的设计非常重要，是确定起动过程性能的主要参考点。慢车状态确定准则参见 6.4.2 节。

### 9.3.3 选择起动机

对燃气涡轮发动机来说，从静止状态达到燃烧室点火条件需用外部动力带动核心机转子运转，因此必须为发动机配备起动机。目前广泛应用的起动机有以下几种。

（1）电起动机：由机上电源或地面电源供电，优点是结构简单、尺寸小和起动准备容易；缺点是机上电源有容量限制，以及电起动机有体积限制，且短时间内再起动次数有限。主要应用于涡轮螺旋桨发动机、小型喷气发动机和辅助动力装置上。

(2) 燃气涡轮起动机：实际上是一台完整的小型涡轴发动机，其本身起动也需要有起动机，一般采用小型电起动机，优点是起动机质量和尺寸较小、功率大，可以多次起动；缺点是结构复杂。

(3) 空气涡轮起动机：由地面气源、机上辅助动力装置引气或已运转发动机引气等提供的压缩空气吹动空气涡轮旋转，再经过减速器带动发动机转子，特点是质量小、压缩空气消耗量大。主要应用于大多数商用和某些军用喷气发动机。

选择起动机的核心问题是确定起动机功率。功率确定了，起动机工作时产生合适的扭矩，辅助发动机起动时间满足要求。而起动时间与起动工作环境有关，如海拔高度、大气温度，以及发动机状态(冷态、热态)。另外，起动机功率选取还受到起动系统传动链的剪切扭矩的限制。这些条件在确定起动机功率时都要考虑。

起动机工作时产生力矩，帮助发动机高压转子加速上升。起动过程高压转子的加速力矩取决于发动机高压转子阻力矩 $M_H$、涡轮产生的扭矩 $M_T$、起动机提供扭矩 $M_{CT}$。发动机加速力矩 $M_a$ 可表示可为

$$M_a = M_{CT} + M_T - M_H \tag{9.18}$$

式中，高压转子阻力矩 $M_H$ 包含压气机阻力矩、摩擦阻力矩和附件(如燃/滑油泵组)阻力矩。

压气机阻力矩 $M_C$ 取决于空气流量和压缩功，可根据部件试验测得。

$$M_C = \frac{30}{\pi} \cdot \frac{N_{mc}}{\eta_{mc} \cdot n_{mc}^3} \cdot n^2 = \frac{30}{\pi} \cdot k \cdot n^2 \tag{9.19}$$

式中，$k = \dfrac{N_{mc}}{\eta_{mc} \cdot n_{mc}^3}$；$N_{mc}$ 为发动机慢车状态压气机功；$\eta_{mc}$ 为慢车状态压气机效率；$n_{mc}$ 为慢车状态高压转子转速。

压气机阻力矩随大气温度的变化而不同。JT-3D 发动机的起动扭矩试验表明，-40℃时发动机阻力矩是15℃时的1.27倍。

对于大、中型发动机，摩擦阻力矩和附件阻力矩为压气机阻力矩的3%~5%。

因此，高压转子阻力矩为

$$M_H \approx 1.05 M_c = a \cdot n^2 \tag{9.20}$$

$$a = 1.05 \cdot \frac{30}{\pi} \cdot k$$

完成整机地面台架试验后，可根据整机试验发动机转速上升率，评估发动机起

动过程阻力矩特性,对系数 $a$ 进行修正,获得更为准确的表达关系式 $M_{\mathrm{H}}=a'\cdot n^{2}$。

涡轮产生的扭矩取决于涡轮前燃气温度和发动机转子转速。在起动过程中,可以将涡轮扭矩近似看作线性关系,特别是在涡轮开始工作到起动机脱开的阶段中,线性表现良好。因此,涡轮扭矩可表示为

$$M_{\mathrm{T}}=c_{1}\cdot n-c_{2} \tag{9.21}$$

根据点火转速 $n_{\mathrm{ig}}$ ($M_{\mathrm{T}}=0$) 和最小平衡转速 $n_{\mathrm{p}}$ ($M_{\mathrm{T}}=M_{\mathrm{H}}$),可以求得系数 $c_1$、$c_2$。

$$c_{1}=\frac{an_{\mathrm{p}}^{2}}{n_{\mathrm{p}}-n_{\mathrm{ig}}}$$

$$c_{2}=\frac{an_{\mathrm{p}}^{2}n_{\mathrm{ig}}}{n_{\mathrm{p}}-n_{\mathrm{ig}}}$$

发动机加速力矩 $M_{\mathrm{a}}$:

$$M_{\mathrm{a}}=\frac{\pi}{30}\cdot J\cdot\frac{\mathrm{d}n}{\mathrm{d}t} \tag{9.22}$$

由公式(9.18)得起动机力矩 $M_{\mathrm{CT}}$:

$$M_{\mathrm{CT}}=M_{\mathrm{a}}+M_{\mathrm{T}}-M_{\mathrm{H}} \tag{9.23}$$

根据起动所需起动力矩可获得起动功率:

$$N_{\mathrm{CT}}=\frac{\pi}{30}\cdot M_{\mathrm{CT}}\cdot n\cdot 10^{-3} \tag{9.24}$$

按上述公式确定起动机功率后,再结合飞机条件(如是否可提供压缩气源、电源、氧气等)和发动机在飞机上安装空间选择合适的起动机。

起动机的选取原则是体积小、重量轻、功率满足需求。发动机研制过程中,计算起动所需功率准确性越高,可保证起动可靠性前提下起动机功率裕度越小,起动系统的重量和尺寸可以设计得越小。

选择起动机功率时要兼顾冷、热天和高原条件下的起动需求,也就是说要考虑高温、常温和低温下的发动机阻力矩特性,以及起动机在冷、热天和高原环境下的功率输出能力。

在选取起动机功率时注意还要考虑起动机输出轴转速和核心机转速之间的传动比(传动比=起动机输出轴转速/核心机转速)。同一起动机在额定功率时起动机输出轴转速一致,采用较低的传动比可增大脱开转速,缩短加速时间,提高起动的可靠性[1]。

### 9.3.4　起动逻辑设计

一般发动机起动逻辑是按照时间逻辑和转速逻辑构成组合控制逻辑，满足任一时序逻辑则执行与之对应操作。地面起动过程包括起动机带转、燃烧室供油、燃烧室点火燃烧、起动机脱开、加速直到慢车状态。必要时，可在压气机裕度较低的转速下启用增稳系统，如从压气机某级放气。典型的地面起动过程如图9.5所示，好的起动过程中转速上升率近似连续变化，不会出现图中所示起动机脱开时突兀的转折。地面起动时发动机转子由起动机带动，开始时燃烧室中尚未供油，发动机转子能够加速是因为起动机产生的功率大于压气机所需要的功率。达到一定的转速时，在燃烧室中喷入燃油被点火器点燃，此转速称为点火转速，点火成功后涡轮开始发出功率，从起动机工作到点火，该阶段定义为起动前段。随转速上升，涡轮功率逐渐增加，当超过压气机需求功率时起动机脱开，起动机脱开时的发动机转速称为脱开转速，从点火转速到脱开转速定义为起动中段。起动机脱开后由发动机涡轮带动发动机转子加速至慢车转速，该阶段定义为起动后段。

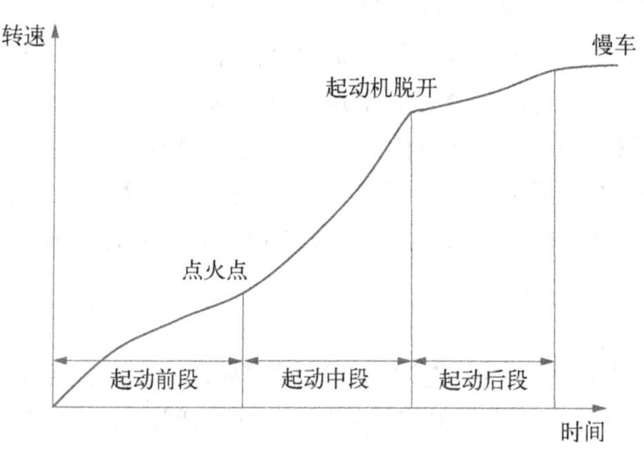


**图9.5　起动过程示意图**

空中起动几种不同的起动形式中，起动机辅助空中起动过程与地面起动类似，其他起动过程的时序仅涉及点火时序。

起动各阶段逻辑的选取，在方案设计预估阶段主要以统计和模拟计算相结合的方法为主，先对相似发动机起动过程特征参数进行统计分析，初步确定各个特征参数的选取范围，再结合起动机的选择对发动机起动过程进行模拟计算，最终迭代出合理可行的逻辑时序点。

1. 点火转速的确定

发动机点火转速选取对发动机起动过程有很大的影响，应该依据主燃烧室的点火特性进行选取，避免点火后失速、超温或点火过晚。如果点火转速过低，燃烧室富油，容易出现超温热悬挂或失速现象，导致起动失败；点火转速过高，则起动前段转速上升慢,会延长起动时间甚至起动不成功。

地面起动和起动机辅助空中起动应根据燃烧室的点火特性和压气机稳定裕度,选取适宜的点火转速。风车起动/油门杆手动起动、惯性自动起动和遭遇起动在执行起动程序时的转速即为点火转速。

发动机点火转速的确定可分以下两个步骤:

(1) 首先根据燃烧室点火包线和压气机低转速特性模型计算给出一个最小点火转速,确保在工作包线内,在此转速对应的最小空气流量下,燃烧室能够正常点火、稳定燃烧;

(2) 点火转速上限主要由起动时间决定,点火转速越高,起动第一阶段的用时越长,将点火转速向脱开转速的最大值逼近,分别计算各点火转速下的起动时间,最大起动时间所对应的点即为点火转速的上限。

在地面高原或空中条件下,由于空气稀薄,发动机点火困难,甚至燃烧室工作环境超出其点火边界,为了提高点火成功率,可以在点火的同时进行补氧程序,即通过机载氧气储存设备向燃烧室提供氧气。补氧程序一般仅在军用小涵道比涡喷、涡扇发动机上使用。补氧操作可以扩大燃烧室的点火包线,此时点火转速可以适应性的减小,这需要通过燃烧室高空点火试验获得。

点火包线同样与燃烧室进口压力和温度有关,随着进口压力和温度的降低,点火包线会缩小,根据不同飞行高度、飞行马赫数、环境温度对燃烧室点火和燃烧特性的影响,可以将点火转速设计为飞行高度、飞行马赫数和环境温度的函数。

2. 确定点火时间

当起动过程中点火时间率先达到点火时序要求,则接通点火装置并供油。可根据不同的起动环境设置不同的点火时间。点火时间的设计应综合考虑起动形式(空中起动或地面起动)、起动时间要求、起动环境、起动机功率、引气及功率提取等因素。

有起动机带转起动时,在起动时间满足要求的情况下,应尽量保证点火时序按照转速逻辑执行,这样更加接近最佳点火条件,点火成功率更高。当起动机功率过小或环境温度过低发动机摩擦阻力矩和燃油附件阻力矩过大时,达到点火转速需要的时间较长(甚至无法达到规定的点火转速),为保证发动机能够点火或缩短起动时间,此时点火时序可按照时间逻辑执行。在空中起动无起动机带转时,在执行起动程序时刻即为点火时间。

发动机点火时间的确定采用以下方法:在方案设计预估阶段可通过起动扭矩试验测定发动机起动扭矩和转速的关系,得出所选用的起动机在不同起动形式、不同起动环境条件、不同引气功率提取量下达到点火转速所需要的时间,在该时间的基础上适当延长,即得到发动机点火时间。因此点火时间可设计为起动高度和环境温度的函数。在详细设计阶段可通过起动专项试验对点火时间进行验证和完善。

为保证点火装置足够的寿命，点火装置在起动过程中并非全程工作，当发动机达到足够大的转速或点火时间足够长时，则切断点火装置。

在起动程序控制逻辑设计时，一般点火装置先于发动机燃油系统工作，以防供油过早造成点火时富油点火失败或者燃烧室余油爆燃，甚至是涡轮流道的油气燃烧。点火装置开始工作的转速及时间可设计为与点火转速及时间相似的规律。

3. 起动机脱开转速

起动机的脱开转速是发动机起动过程重要特征点，对起动供油规律、起动成功率和起动时间影响明显。脱开转速需综合考虑起动机功率、起动机工作时间、供油规律、压气机失速边界和转速悬挂边界，保证起动机脱开后起动过程不超温、不悬挂，起动时间满足要求。

脱开转速的确定可分以下几个步骤。

(1) 理论上脱开转速的下限是平衡转速，达到平衡转速即可以脱开。根据部件低转速特性，可计算低转速的压气机功和涡轮功，分别进行比较，当这两个功相等时，对应的转速即为平衡转速。但为了稳定运转，缩短起动时间、降低起动过程涡轮前温度，一般脱开转速远高于平衡转速。随着发动机性能模拟准确性的提高，这一起动脱开转速的范围，可通过性能模拟得出，同时需要通过大量的试验来验证，在首次起动时，出于安全考虑，可选取较大起动机脱开转速，在进行起动专项试验时，可逐步降低该转速直至计算得到的平衡转速。

(2) 脱开转速的上限应综合考虑起动机扭矩特性和脱开转速对起动过程涡轮前最高温度和起动时间的影响。理论上脱开转速越高，脱开后高压转子剩余功越大，发动机越容易加速至慢车状态，涡轮前温度越低，起动时间越短。但是脱开转速越高，就要求起动机功率越大，工作时间越长，相应的起动机额定功率、尺寸等要求越大，同时在脱开前较高转速下高压涡轮剩余功已经较大，起动机扭矩相对于高涡涡轮剩余扭矩占比较小，对于起动过程的作用也就越低。因此在涡轮前温度和起动时间满足条件的情况下，应综合确定起动机功率、起动过程加载（飞机功率提取）、起动机工作时间和脱开转速的一个折中方案。

4. 起动机脱开时间

当起动过程中起动时间率先达到起动机脱开时序要求，则断开起动机。在起动机额定功率和额定工作时间确定的情况下，理论上在起动机能够提供扭矩的前提下起动机工作时间越长越好，直到达到额定工作时间，因此一般以起动机额定工作时间作为起动机脱开时间。特殊情况下如环境温度过高时，为保证起动时间满足要求、起动不超温，在不影响起动机寿命及可靠性的前提下可适当延长起动机的脱开时间。

### 9.3.5 确定起动供油规律

起动供油规律由两部分组成，分别是点火供油规律和起动加速供油规律，这两部分供油规律可以采用相同的供油方式实现，也可以分别采用不同的供油方式实现。一般将开始供油到燃烧室点燃后且形成稳定火焰这段供油定义为点火供油，此阶段供油规律的设计，需考虑燃油总管填充、点火参数匹配、稳焰阶段油气匹配等因素。发动机点火成功，开始起动加速供油。

起动供油规律的设计需要经过多轮的迭代优化完成，初始设计完成后需要经过不断的“试验→设计完善→试验”的改进过程，最终形成具有良好适应性的起动供油规律。起动供油规律是很难精确给定的，根据发动机不同的设计途径可通过以下两种方法初步设计供油规律。

(1) 对于由同一系列核心机发展衍生而来的发动机，可以通过等比放大或缩小原始发动机供油曲线的方法得到初步供油曲线，以保证发动机顺利起动(可暂不考虑起动时间的要求)。同时可以应用起动瞬态仿真模型对起动过程进行模拟计算以验证初步供油曲线的可行性。

(2) 对于全新设计的核心机，需要应用起动瞬态仿真模型进行模拟计算。将起动时间分解至不同的转速范围，主要的转速范围为：从点火转速至起动机脱开转速、从起动机脱开转速至慢车转速，确定不同转速条件下的转速上升率，根据该转速上升率通过模拟计算即可得出初步的“油气比”供油曲线或“油量”供油曲线。也可以直接给定转速上升率作为起动供油设计规律，通过转速上升率的闭环控制调节起动供油量，实现发动机起动。

#### 9.3.5.1 开环控制模式下的起动加速段供油规律设计

开环控制模式下，起动加速段供油量可按照相对换算转速控制，并按照发动机进口压力和温度进行修正，其供油规律表达式为

$$(W_f/P_3)_R = K_{rqd} \times f(\bar{n}_{HR}) \tag{9.25}$$

$$(W_f/P_3)_R = (W_f/P_3) \times \sqrt{288.15/T_1} \tag{9.26}$$

式中，$W_f$ 为主燃油流量；$P_3$ 为燃烧室进口总压；$K_{rqd}$ 是地面热起动时对供油量的修正系数，非地面热起动时 $K_{rqd}=1$，地面热起动时 $K_{rqd}$ 取值小于等于1，后续根据试验结果给定。

#### 9.3.5.2 闭环控制模式下的起动加速段供油规律设计

闭环控制模式下，可选择转速上升率作为控制变量，通过调节发动机燃油流量以获得期望转速上升率。基于转速上升率的闭环控制规律的主要优点为：同一型号的发动机起动具有较好的一致性，降低制造、装配、性能退化及控制系统执行机构间差异的影响；对转子上升率进行直接控制能够更快地响应发动机起动过程出现的变化情况。

转速上升率即转速变化率，可根据起动过程力矩平衡方程获得。具体求解为

$$
\begin{cases}
\dfrac{dn}{dt} = (M_{CT} + M_T - M_H) \Big/ \left(J\dfrac{30}{\pi}\right), & n_{ig} < n_H < n_{so} \\
\dfrac{dn}{dt} = (M_T - M_H) \Big/ \left(J\dfrac{30}{\pi}\right), & n_H > n_{so}
\end{cases} \tag{9.27}
$$

式中，$M_{CT}$ 为辅助起动动力装置输出扭矩；$M_T$ 为涡轮输出扭矩；$M_H$ 为阻力矩；$J$ 为转子转动惯量；$n_{ig}$ 为点火转速；$n_{so}$ 为起动机脱开时转速。

仅利用转速上升速率作为地面起动供油的控制参数有其局限性，可能会使发动机进入失速、喘振等不稳定工作状态，因此，在起动供油规律的设计中还应设置供油量限制条件。综合考虑起动时间要求、起动机输出扭矩、涡轮扭矩、发动机阻力矩、附件载荷、转动惯量、特征转速选取等条件进行设计。对于发动机点火转速 $n_{ig}$ 至慢车转速 $n_{idle}$ 之间的任一转速件下，起动机的输出扭矩、压气机的扭矩、阻力矩、转子转动惯量均可由试验特性或计算特性获取；涡轮的输出扭矩 $M_T = f(W_f)$，主燃烧室供油量 $W_f$ 在考虑涡轮前温度上升量和压气机的稳定裕度的限制的基础上确定得出，由此则可得到在地面起动过程的转速上升速率设计规律。

在给定转速上升率($N_{dot}$)要求的条件下，可以适应性调整主燃烧室供油量，满足发动机实际转速上升率与给定要求一致，实现起动供油的闭环控制。原理图见图 9.6。

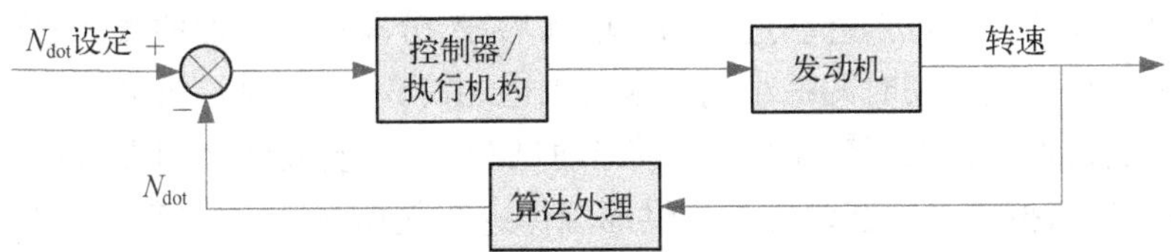


**图 9.6　转速上升率闭环起动控制原理**

实际转速上升率根据一定时间周期内转速变化量通过算法处理得出，时间周期选择较短，系统响应快速，但得出的实际转速上升率波动较大，不利于控制；时间周期选择较长，存在较大的滞后环节使系统响应迟缓，因此时间周期需要在合适的范围选取。

#### 9.3.5.3　起动供油规律优化

设计起动供油规律时应对发动机悬挂边界和失速边界有详细的评估。在压气机特性图低转速段上，悬挂边界和失速边界构成起动过程中压气机工作点的“移动通道”，如图 9.7 所示。这个“通道”的宽窄，决定了起动供油可调整范围，“通道”的宽窄还受到大气温度和发动机热浸透状态的影响，如冷天或发动机冷态(未热透)时失速边界下移、悬挂边界上移。另外，起动机功率衰减对悬挂边界影响明显，

尤其是燃气涡轮起动机在高原环境下。因此，对悬挂边界和失速边界的仔细研究，有助于设计出具有较宽适应范围的供油规律，保证发动机在各种条件下都具有较好的起动性能。

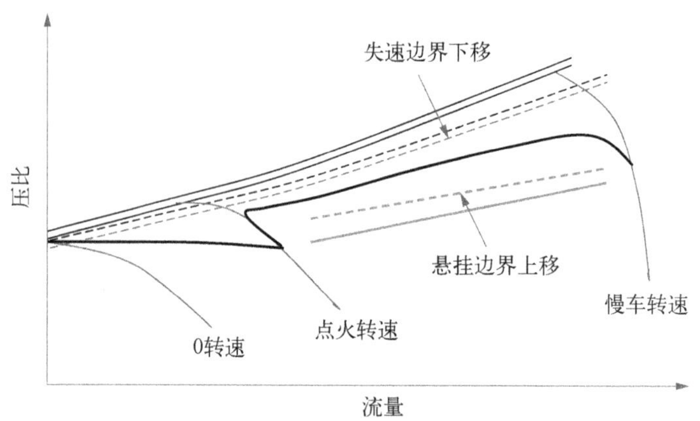


**图 9.7 起动过程压气机工作点变化以及失速和悬挂边界示意图**

在发动机成功起动后，可以基于初始供油曲线通过地面台架起动试验、高原起动试验、高空模拟试验和空中起动试验对供油规律进行优化设计。包含如下几项工作：

(1) 通常初始起动供油曲线偏低，起动时间偏长，可能已经超出要求的起动时间，为缩短起动时间，可按起动过程的中段和后段，分段调整供油曲线，最终得到一个起动供油规律使起动时间缩小到要求范围内，并留有一定供油裕度；

(2) 通过地面台架起动试验、高原起动试验、高空模拟试验和飞行试验，在起动包线范围内，按照不同起动类型对供油规律进行起动高度 $H$、飞行马赫数 $Ma$、环境温度 $T$ 修正；

(3) 发动机的起动性能会受到天气及冷热起动状态的影响，因此，起动供油规律的设计应分别考虑冷天、标准天、热天和冷热态起动对起动性能的影响；

(4) 考虑飞机功率提取(起动过程加载)和起动机功率衰减，尤其在高原环境下对起动过程的影响；

(5) 结合可调几何参数(VSV 角度、放气活门等)调整，优化起动供油规律。

### 9.3.6 起动边界的确定

燃烧室燃烧特性对于发动机起动边界的确定是至关重要的，燃烧室可靠稳定的工作是发动机起动的前提。燃烧室应进行考虑地面、高原、空中不同环境压力、温度及进口马赫数条件下的点火特性试验和总压恢复特性试验，摸索出燃烧室各条件下贫、富油熄火边界，以便进行发动机点火边界匹配、起动边界匹配等。空中状态下，燃烧室进口气流速度较大而温度和压力较低，使可点燃的混合气油气比的范围显著减小，特别是高空起动时可点燃的范围非常狭窄。在给定的飞行马赫数和高度条件下，可以计算出风车状态时燃烧室气流参数，结合燃烧室油气比可点燃范围的试验特性估算出空中可起动的范围，空中可起动范围如图 9.8 所示。

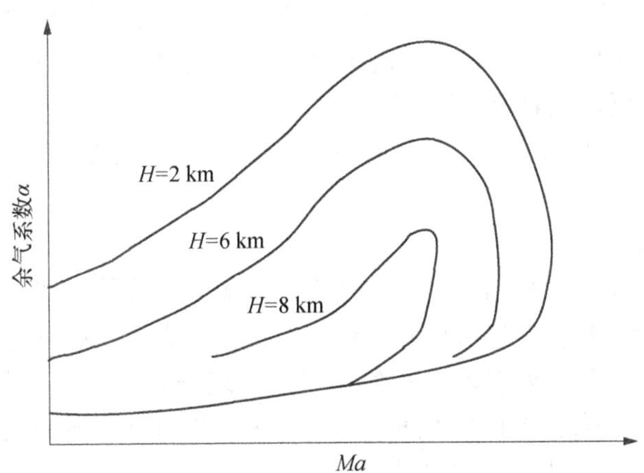


**图 9.8　空中可起动范围示意图**

燃烧室的点火燃烧是一个十分复杂的过程，很难通过仿真手段来准确地刻画燃烧边界特性，发动机的起动边界，最终还需要依靠高空模拟试验或飞行试验来确定出可靠的空中起动边界。图 9.9 所示为发动机起动边界示意图。

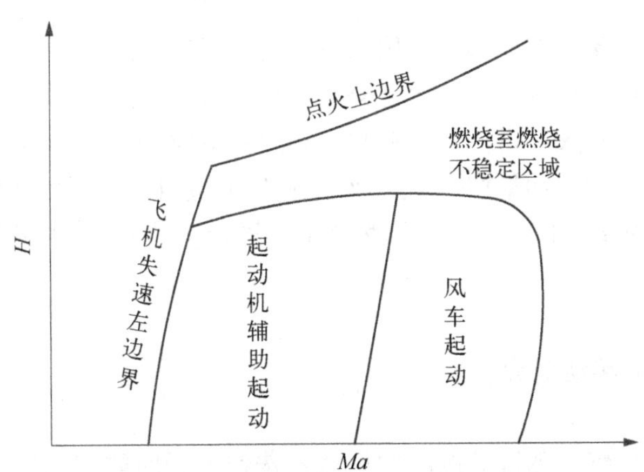


**图 9.9　发动机空中起动边界示意图**

### 9.3.7　起动过程异常处置及保护逻辑设计

发动机起动过程中需要对发动机的工作状态进行一定的监测，对于异常情况应能够作出判断和处置，对于危害发动机健康的因素应能够进行保护限制。一般需要作出判断和处理的包括如下几个方面。

#### 9.3.7.1　供油量的保护设计

发动机起动过程中，存在转速上升率突变或供油量突变导致发动机工作不稳定，出现超温、失速、喘振、悬挂、熄火等现象的可能，所以应设计供油量保护措施。保护措施主要有：对转速变化率 $N_{dot}$ 的偏差进行限制，对闭环计算出的输出油量进行限制，对计算出的油量相对上周期输出供油的变化量进行限制。

#### 9.3.7.2　异常状态判断及处置

根据涡扇发动机工作特性，起动过程易出现的异常状态主要包括超温、喘振、失速(热悬挂)等。

1. 判断条件

因为超温、喘振异常状态不只存在于发动机的起动阶段，一般发动机均设置有相应的传感器或设计一定的判断逻辑，起动阶段可适应性调整判断条件。

失速是指在较低转速范围内，压气机气流出现分离导致工作失稳。处于失速状态的发动机主要表现转速下降、排气温度上升(也可能上升率变化不明显)，在起动机带转条件下，可能出现热悬挂，即排气温度上升，转速变化缓慢。基于以上失速的两种表现，可以使用以下判断条件进行综合判定：

(1) 转速上升率为负(或减小至某一阈值)且温度上升率不为负；

(2) 排气温度上升率与转速上升率的比值大于设定阈值(该阈值需要试验获得)。

2. 处置逻辑

以上定义的异常状态可参考采用以下逻辑进行处置：

(1) 先短暂(取 0.5~2 s)大幅减少燃烧室供油，使发动机退出异常状态；

(2) 重新执行点火和供油(如满足补氧条件，则需同步补氧)；

(3) 点火及起动供油量按一定规律下调，以避免再次进入异常状态；

(4) 当在规定时间内以上处置逻辑无法退出异常状态时，发动机自动终止起动。

### 9.3.8　空中起动简介

1. 遭遇起动

在空战中或训练中飞行员按压发射武器按钮的同时防喘系统开始工作，除采用关小压缩部件进口可调叶片角度，相应放大喷口等增稳控制外，在按压发射武器按钮的同时接通点火系统和补氧系统，在燃烧室出现熄火时，自动起动加速到油门杆所在位置对应的工作状态。

2. 风车起动

风车起动是指在空中发动机停车后发动机转子在迎面气流的吹动下进入稳定

的自转状态，即在无起动机辅助的情况下起动发动机的过程，某些发动机在风车状态下无法成功起动，往往需要飞机通过俯冲加速来提高核心机转速，此时发动机转子未降到稳定的自转状态，称为油门杆手动起动。对于不同发动机，风车特性各有差别，可以通过试验和计算获得。风车起动点火时的发动机转速、涡轮后排气温度、供油量一般需通过试验确定边界范围，可在高空模拟试验台进行摸索、验证。

3. 惯性自动起动

当发动机空中停车时，为减少飞行员负担，可设定一种在转速下降到某一阈值时触发再起动逻辑，发动机自动点火并恢复到油门杆位置对应工作状态。惯性自动起动也有其对应的可靠工作包线，应通过高空台和试飞验证其包线，对包线内、外惯性起动效果和影响进行评估，决定是否采用此种起动方式。

4. 起动机辅助空中起动

当停车出现在风车起动包线外时，除了飞机在俯冲时，用降低高度换取较高飞行表速，进而达到较高的起动稳定工作转速外，最有效的办法就是采用起动机辅助发动机空中起动，可获得更大的起动边界(图9.10)。

民用发动机一般使用空气涡轮起动机，从工作的其他发动机上引出压缩空气可以实现借助起动机的空中起动。

军用发动机也有采用此种起动方式。起动机辅助起动边界不仅要考虑发动机的起动能力，也要考虑起动机的工作能力，一般通过试验确定。

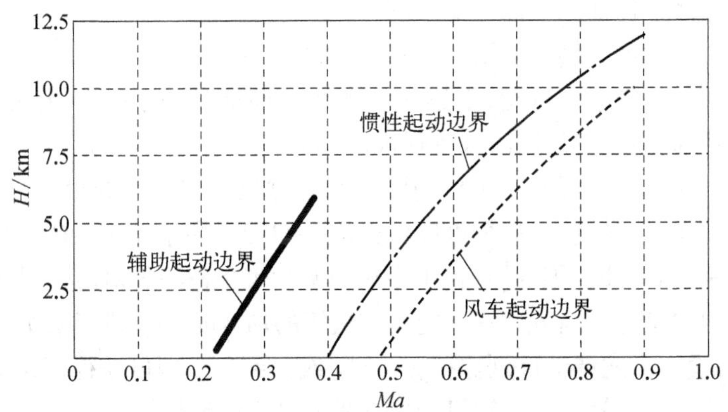


**图9.10 涡扇发动机起动包线的扩展**[2]

## 9.4 加减速性能设计

发动机加速性的好坏直接影响飞行器的复飞性能，而加速时间是衡量发动机加速性的重要指标。设计人员想要获得最短的加速时间，需要合理地规划发动机加速过程的调节计划。

加速过程的调节计划可以分成单变量调节计划和双变量调节计划两种。通常，运输类飞行器的动力装置均采用燃油作为单一的控制变量，其加速过程的燃油调节计划设计则属于单变量优化问题；而作战类飞行器的动力装置可以采用燃油和尾喷管喉部面积作为双控制变量，其加速过程的调节计划设计属于双变量优化问题。下面针对这两类问题分别加以介绍。

### 9.4.1 单变量调节计划设计

以燃油作为唯一控制变量的发动机加减速过程的调节计划设计问题是一个单目标多约束的优化问题，其优化目标是加减速的时间最短，其约束条件的一般形式表示为

$$g \geqslant g_{\min} \quad \text{或} \quad g \leqslant g_{\max} \tag{9.28}$$

对于加速过程，可能遇到的约束条件包括：

(1) 高压压气机喘振裕度限制　$\Delta SM_c \geqslant \Delta SM_{c,\min}$；

(2) 主燃烧室出口最高总温限制　$T_4^* \leqslant T_{4,\max}^*$；

(3) 主燃烧室富油熄火油气比限制　$f \leqslant f_{\max}$；

(4) 主燃油泵最大供油量限制　$m_f \leqslant m_{f,\max}$。

对于减速过程，可能遇到的约束条件包括：

(1) 主燃烧室贫油熄火油气比限制　$f \geqslant f_{\min}$；

(2) 主燃油泵最小供油量限制　$m_f \geqslant m_{f,\min}$。

无论是加速还是减速过程，上述所有限制条件都是“逻辑与”的关系，即在任一时刻，这些限制条件必须同时得到保证。

以加速过程为例分析上述优化问题的求解过程。在满足约束条件的限制下，最大限度地增加主燃烧室供油量可以获得最大的转子剩余功率 $\Delta P_{res}$，从而获得最大的转子加速率 $dn/dt$。因此，理论上沿着所有约束条件边界对应的最大主燃烧室供油量制定的加速燃油调节计划一定具有最短的加速时间。即当某个约束条件的限制生效时，设定加速调节计划保持 $g = g_{\max}$ 或 $g = g_{\min}$，即可获得理论上最短的加速时间。由此可以计算得到发动机加速过程的最优调节计划。

以双转子涡扇发动机为例。已知调节计划可以直接设定为目标转速的供油量。当遇到加减速过程约束条件限制时，将该限制条件作为已知的调节计划替换标准模型中的主燃油流量，即保持约束条件 $g = g_{\max}$ 或 $g = g_{\min}$，而此时主燃油量则成为未知量，通过求解过渡态模型计算得到。表 9.2 给出了优化加减速过程主燃油流量时，在不同限制条件下过渡态模型的已知调节计划和非线性方程组自变量的设定。注意区分优化模型的自变量与标准过渡态模型自变量的差异。上述

加减速调节计划优化设计模型不仅适用于双轴混排涡扇发动机，其构造不同调节计划并设定不同自变量的基本思想同样适用于不同构型的航空燃气涡轮发动机。

**表 9.2　加减速过程调节计划优化算法中的变量设定**

| 约 束 条 件 | 已知调节计划 | 自 变 量 |
|---|---|---|
| 无（标准过渡态模型） | $W_f = F(t)$ | $\beta_F, \beta_c, W_{HPT, R}, W_{LPT, R}, n_H, n_L$ |
| $\Delta SM_c \geqslant \Delta SM_{c, min}$ | $\beta_c = \beta_c(\Delta SM_{c, min})$ | $\beta_F, T_4^*, W_{HPT, R}, W_{LPT, R}, n_H, n_L$ |
| $T_4^* \leqslant T_{4, max}^*$ | $T_4^* = T_{4, max}^*$ | $\beta_F, \beta_c, W_{HPT, R}, W_{LPT, R}, n_H, n_L$ |
| $f \leqslant f_{max}$ 或 $f \geqslant f_{min}$ | $f = f_{max}$ 或 $f = f_{min}$ | $\beta_F, \beta_c, W_{HPT, R}, W_{LPT, R}, n_H, n_L$ |

下面以某型双轴混排涡扇发动机为算例，介绍发动机加减速过程的主燃油调节计划的优化方法及其优化结果。

已知某型双轴混排涡扇发动机地面（$H = 0$ km, $Ma = 0$）加速过程的约束条件为：发动机高压喘振裕度限制 $\Delta SM_{c, min} = 10\%$；主燃烧室出口总温限制 $T_{4, max}^* = 1\,480$ K；主燃烧室富油熄火的油气比限制 $f_{max} = 0.025\,5$。算例给出的约束条件是精心设置的，它保证发动机在加速过程中能够遇到所有约束条件的限制。采用上面介绍的加速调节计划优化方法对算例发动机由地面慢车转速（$n_H = 75\%$）到额定转速（$n_H = 98.5\%$）的加速过程的调节计划进行了优化，得到了满足上述限制条件的主燃油调节计划，如图 9.11(a) 所示。将优化得到的主燃油调节计划代入发动机过渡态模型，得到该发动机在加速过程中各约束条件和转速的响应结果，如图 9.11(b) ~ (f) 所示。计算结果显示，发动机在加速过程中，依次经历了高压喘振裕度、主燃烧室油气比和主燃烧室出口总温三个约束条件的限制。在整个加速过程中，高压喘振裕度最小值始终稳定在 10%[图 9.11(b)]，主燃烧室油气比最大值始终稳定在 0.025 5[图 9.11(c)]，最高涡轮前温度始终稳定在 1 480 K[图 9.11(d)]。显然，算例设定的三个约束条件在加速过程中都得到了很好的保证，由此可以确定图 9.11(a) 给出的加速过程主燃油调节计划的优化结果是最优的，而且是合理的。图 9.11(e) 给出的转速时间响应结果和图 9.11(f) 给出的高压转速加速率随高压转速的变化关系则对应着最快的转速加速过程。图 9.11(a) 的结果可以作为主燃油调节计划提供给控制系统作为地面加速过程的设计输入，图 9.11(f) 的结果也可以作为反馈参数变化规律提供给控制系统作为设计参考。

已知该型双轴混排涡扇发动机地面（$H = 0$ km, $Ma = 0$）减速过程的约束条件为主燃烧室贫油熄火的油气比限制 $f_{min} = 0.008$。仍然采用上面给出的优化方法对算例发动机由地面额定转速（$n_H = 98.5\%$）到地面慢车转速（$n_H = 75\%$）的减速过程的调节计划进行了优化，得到了减速过程的主燃油调节计划，如图 9.12(a) 所

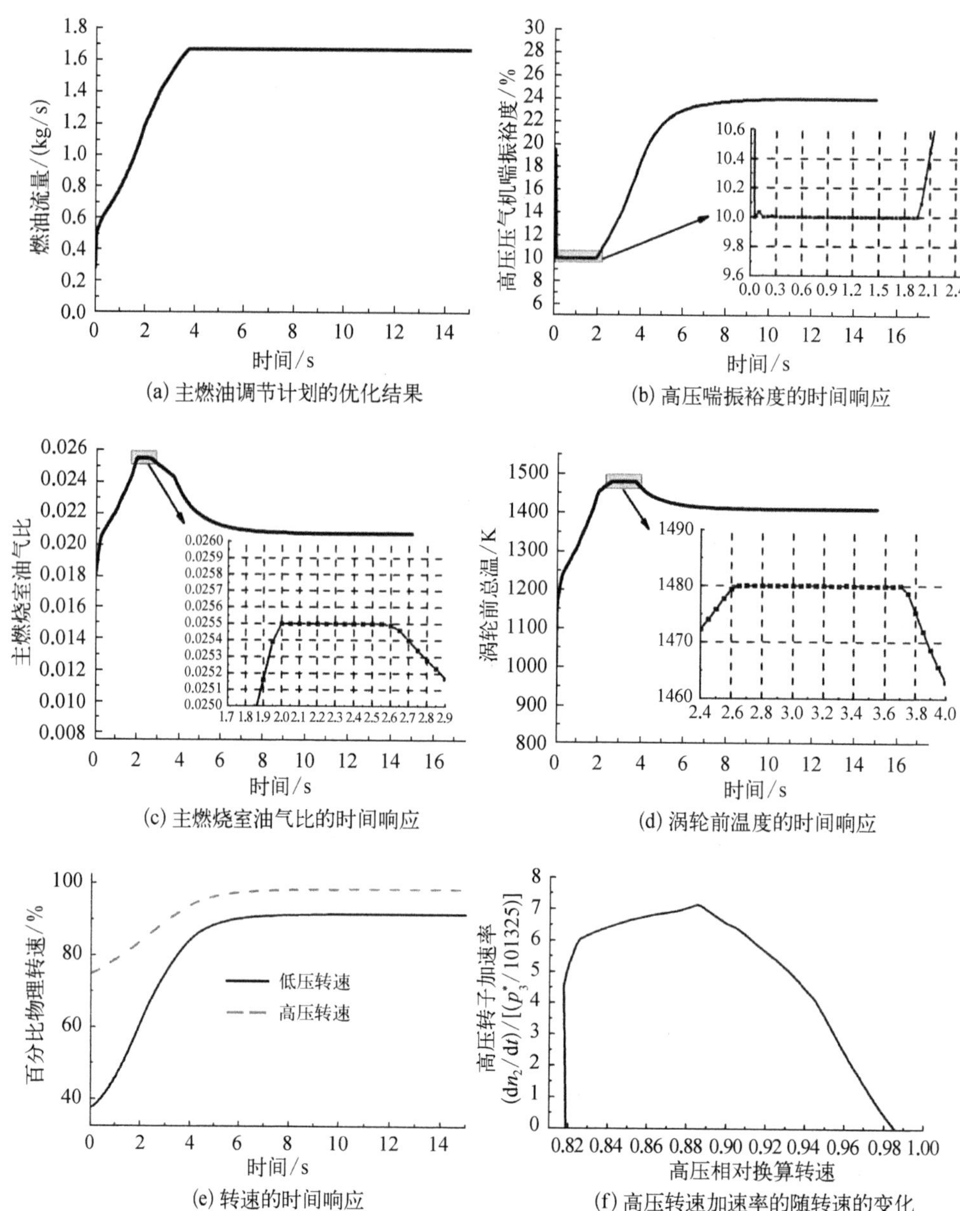


**图 9.11 加速过程主燃油调节计划的优化结果及主要性能参数的时间响应**

示。将优化得到的主燃油调节计划代入发动机过渡态模型,得到该发动机在减速过程中各约束条件和转速的响应结果,如图 9.12(b)~(d)所示。计算结果显示,发动机在减速过程中,首先遇到了主燃烧室贫油熄火油气比限制,此时主燃烧室供油量按照约束条件 $f_{min}=0.008$ 变化;随着高压转速继续下降,该约束条件不再发生作用,主燃烧室油气比逐渐升高[图 9.12(b)]。图 9.12(c)给出的转速时间响应结果和图 9.12(d)给出的高压转速减速率随高压转速的变化关系一定对应着最快的转速减速过程。

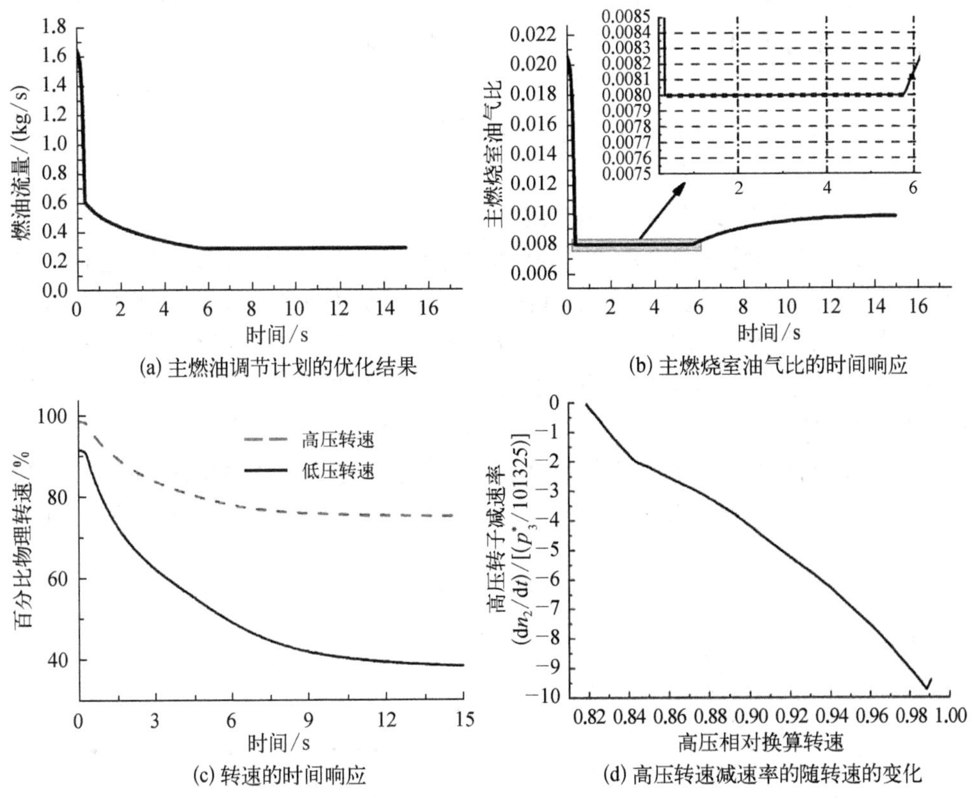


(a) 主燃油调节计划的优化结果

(b) 主燃烧室油气比的时间响应

(c) 转速的时间响应

(d) 高压转速减速率的随转速的变化

**图 9.12　减速过程主燃油调节计划的优化结果及主要性能参数的时间响应**

### 9.4.2　双变量调节计划设计

作战类飞行器尤其是舰载机在复飞情况下,由于跑道长度限制,不仅对发动机加速时间提出了较高的要求,同时对发动机的推力增长率也提出了要求。考虑到燃油泵的最大流量限制,此时通常采用燃油和尾喷管喉部面积作为双控制变量实现发动机的加速。这一类加速过程的调节计划设计问题属于双目标双变量多约束的优化问题。

首先考察一种常见的优化目标。即优化目标在加速的时间最短的基础上,增加了推力增长率最大的要求。

上述两个优化目标同样是“逻辑与”的关系,即需要同时得到满足。优化问题的约束与上面的单变量问题相同,不再重复。

由于是双变量优化问题,采用优化算法求解得到的每个时间点的燃油流量和尾喷管喉部面积可能是不连续的，但是考虑到实际发动机加速过程中尾喷管喉部面积和燃油流量调节的连续性，此类问题的求解可以通过下面的处理方法得到简化。即在给定最小尾喷管喉部面积的条件下，将双目标双变量优化问题简化为以加速时间最短为单目标、以燃油流量为单变量的优化问题。

# 9.5 加力通断性能设计

## 9.5.1 发动机接通、切断加力过程

加力式航空涡轮发动机接通、切断加力过程是一个特定的推力瞬变过程。加力过渡过程有几个关键动作：燃油管注油（在接通加力时燃油充满燃油总管流入加力燃烧室），喷口面积按预定的规律收放，按预定规律向加力燃烧室供油、断油和点火。在工作包线内，应完成用户满意的接通和切断加力，无不稳定工作、失速、喘振、熄火等现象。

点火瞬间，加力燃气参数突然地变化与喷口面积控制响应之间存在短时不匹配问题，导致空气流量和喷口面积变化不匹配的动态响应（图 9.13），与发动机中

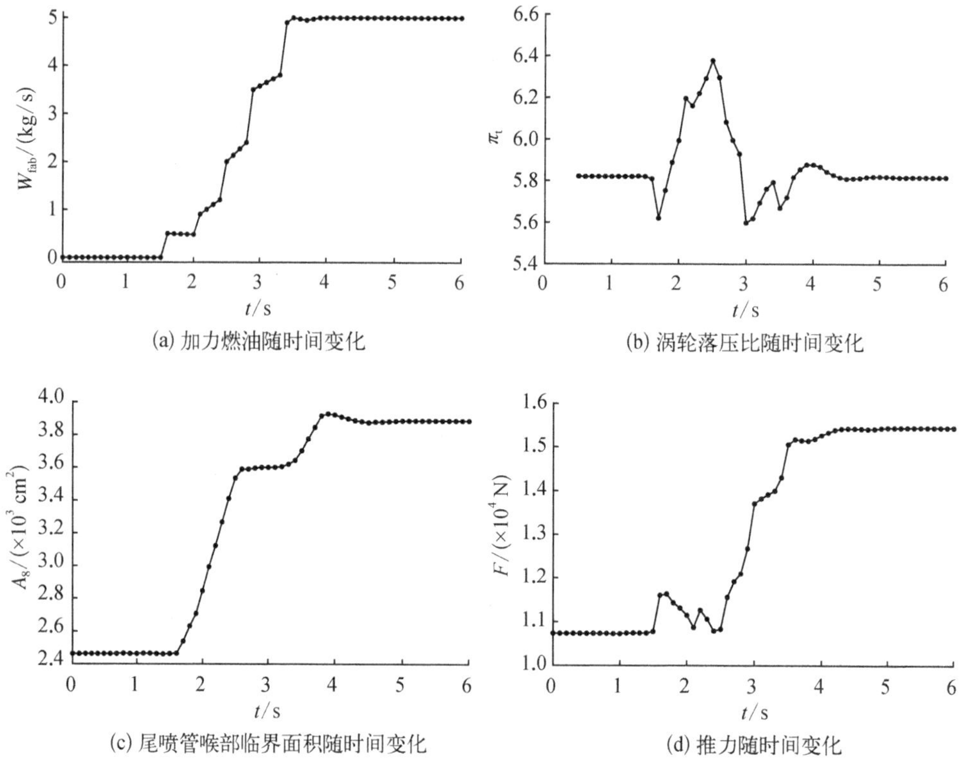

(a) 加力燃油随时间变化

(b) 涡轮落压比随时间变化

(c) 尾喷管喉部临界面积随时间变化

(d) 推力随时间变化

图 9.13 发动机加力接通过程数值仿真结果

间状态稳态参数比较,会在核心机出口(涡扇发动机还包括风扇的出口)燃气流参数出现偏离,在这个动态过程完成之后进入稳定的加力状态。

在加力过渡过程中,为了减少对主机的影响,应对加力燃烧室的设计和加力控制系统及喷口控制系统的设计提出合理的要求。

加力接通和切断加力的过程,是在加力控制器、喷口控制器同转速控制器的相互作用的情况下进行的,会引起转速的摆动,在过渡态过程中,当转速变化很大时,加速调节器投入工作,发动机工作状态参数偏离大小与加速调节器工作品质有关,这些情况都会对加力燃烧稳定性产生影响,因此要求发动机的主控制器、加力控制器及喷口控制器共同协调控制发动机正常工作。过渡过程的性能与发动机的种类和特性、稳态和瞬态的发动机控制规律及各控制器特性有关。加力控制器在加力燃烧室燃烧点火信号出现前应实现向加力总管充注燃油的程序,并且燃油流量的增加不得超过额定值。在接通加力的过程中喷口控制器建立的程序应能保证按加力点火需要的喷口面积值预先打开喷口,并且在燃烧点火信号出现前喷口面积保持预开的额定值不变,同时加力控制器向加力燃烧室供入加力点火燃油,在加力燃烧室点燃时火焰检测器发出点焰信号,加力燃油控制器和喷口控制器按预先给定的时间程序进行开环粗调,当达到油门杆所处的位置时稳态加力控制器介入,按加力控制计划对供入加力燃烧室的燃油流量进行精调,最终完成向加力燃烧室供油,与此同时喷口控制器按闭环控制喷口面积。这一过程须在 2 s 或 3 s 的时间内完成。

对于涡轮喷气发动机加力控制器的设计比较简单,一般是按 $\pi_T = \text{const}$ (常数)的计划实现对加力燃烧室供油,在油门杆置于加力域之内主通道控制计划使高压转子转速稍有偏离中间状态的转速,喷口面积是开式调节,按油门杆所在的位置保持不变。在接通加力和断开加力的过程中,加力燃油和喷口面积的控制计划是按时间程序进行控制,这将引起转速的波动,涡轮出口燃气流参数出现较大的偏差。接通加力和断开加力的过程需 4~5 s。

在接通加力和断开加力的过程中,由于发动机的推力发生变化使得飞机的轴向力也随之变化。使用不同类型的发动机在接通加力和断开加力的过程中,飞机的机动性能也受到影响。因此,推力由中间状态增加到最大加力状态的时间内,飞行马赫数改变量 $\Delta Ma$,航程变化量 $\Delta L$ 和飞行高度变化量 $\Delta H$ 都受到不同程度的影响。如在给定的速度 $\Delta Ma$ 范围内,其涡轮风扇发动机的加速时间和加速时飞机飞过的航程 $\Delta L$ 都将得到改善。

### 9.5.2　发动机临界喷口面积的控制计划

对于涡轮风扇发动机喷口面积的控制计划较为复杂,常采用的控制计划有如下方式:

(1) 发动机加力临界喷口面积 $A_8=f(\mathrm{PLA})$，在加力加、减速过程中的开式控制计划；

(2) 发动机加力临界喷口面积 $A_8=f(T_1,\ \pi_T)$ 闭式控制计划；

(3) 矢量喷口控制计划，偏转角度 $\alpha_9=f(\alpha_{slcz})$。

其中，PLA 为油门杆角度(°)；$T_1$ 为发动机进口温度(K)；$\pi_T$ 为发动机涡轮总膨胀比；$\alpha_{slcz}$ 为矢量喷口油门杆角度(°)。

对于涡喷发动机一般采用开式不可调喷口面积。

### 9.5.3 确定保护的限制参数值

为保证加力工作时发动机的稳定性和可靠性，一般根据以下限制需求，确定采取相应的措施：

(1) 风扇或压气机的喘振或不稳定工作边界；

(2) 加力燃烧室熄火边界；

(3) 发动机低压转子转速超转(上限和下限)喷口面积保护限制。

### 9.5.4 确定加力瞬态(接通、切断)过程的程序

以涡扇发动机为例，油门杆从任何一个状态位置以任何速度向加力域移动时计划的瞬态过程(图 9.14)。

#### 9.5.4.1 从中间状态到加力状态

油门杆从中间状态移动到加力域(接通加力-最大状态)开始→加力总管充油→喷口预开→加力控制器控制供油(点火油量)，同时加力点火器开始点火→加力火焰探测器发出点焰信号(以上时间 $\Delta t=0.5$ s；如果无点焰信号不能接通加力)→按加力计划的分区分压顺序先内涵后外涵进行瞬态供油(开式)，同时喷口面积按瞬态控制计划(开式)控制→达到油门杆所在的位置按稳态加力供油计划进行控制供油，同时喷口面积按加力稳态控制计划进行闭环控制(整个时间 $\Delta t=3.0$ s)。切断加力为上述的逆过程。

#### 9.5.4.2 从慢车状态到加力状态

油门杆从慢车状态移动到加力域(接通加力-最大状态)开始→发动机加速→喷口按高压转速控制计划收小→当 $n_H=85\%$ 时加力总管充油→喷口预开→加力控制器控制供油(点火油量)，同时加力点火器开始点火→加力火焰探测器发出点焰信号→按加力计划的分区分压顺序先内涵后外涵进行瞬态供油(开式)，同时喷口面积按瞬态控制计划(开式)控制开大→达到油门杆所在的位置按稳态加力供油计划进行控制供油，同时喷口面积按加力稳态控制计划进行控制(整个时间 $\Delta t=6.0$ s)。切断加力为上述的逆过程。

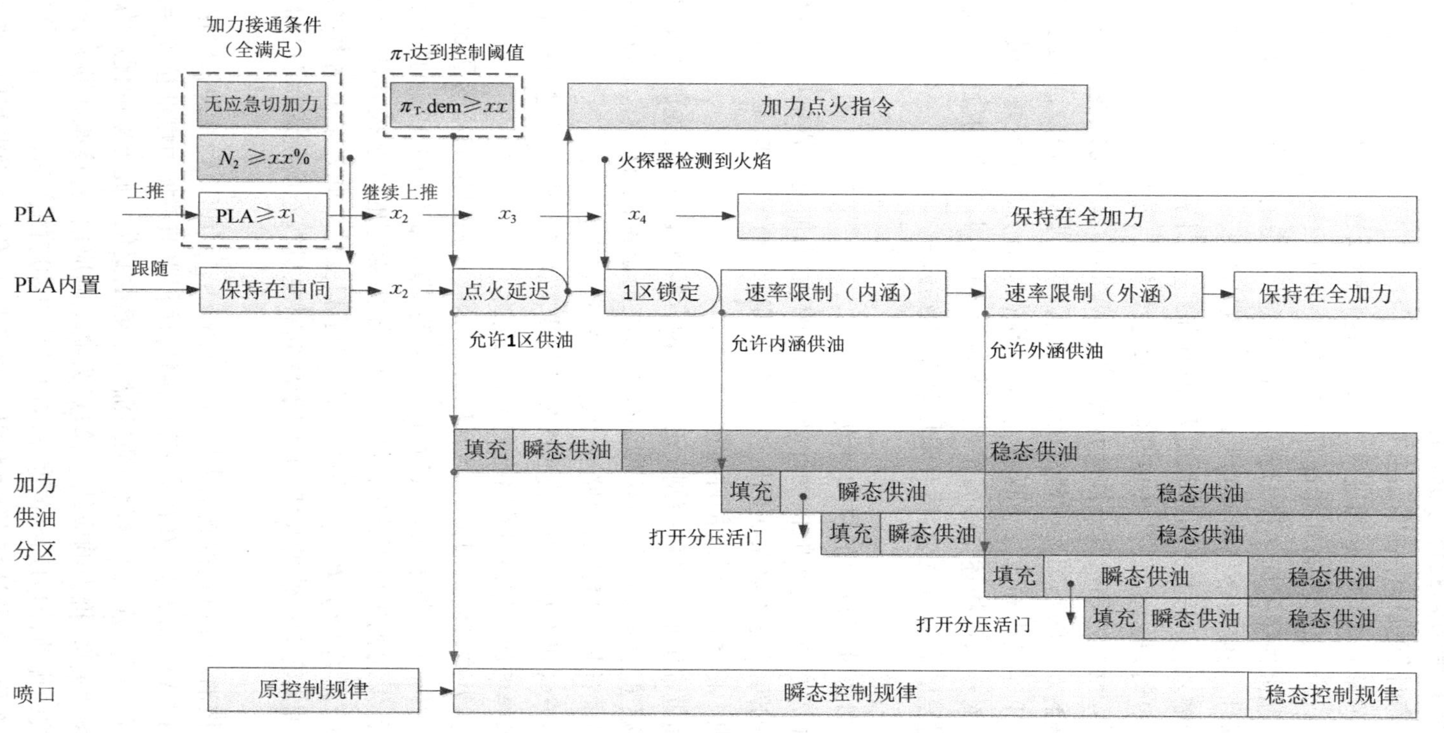


图 9.14　发动机加力接通程序

### 9.5.5 编制推力瞬变计算机程序

在编制瞬态计算机程序中实际上有三条计算程序路线：① 设计点计算，无论做什么计算这项基础工作是必须进行的；② 转速特性及在飞行包线内高度速度特性计算，即偏离设计点的稳态性能计算，在方案设计阶段可进行一般计算，到了技术设计阶段计算机程序须加上控制器进行计算；③ 瞬态的性能计算，在进行加力接通瞬态计算时，需使用带控制器的发动机数学模型进行，这样主燃油控制和加力燃油控制分开输入，实现主机加速和加力加速同时进行计算。

在进行计算时，每个部件都必须遵循流量连续方程、能量平衡方程、功率平衡方程、静压平衡方程，发动机瞬态性能计算实际上就是计算发动机各主要性能参数在满足以上基本方程的基础上所建立的微分方程组对时间的积分，或者是求解描述发动机瞬态工作过程的微分方程组，发动机瞬态微分方程组变量及误差的选取与稳态相同。对于求解描述像多转子燃气涡轮发动机这样复杂的机械和气动热力学瞬态工作过程的微分方程组，适合采用改进的欧拉法。

### 9.5.6 加力瞬变过程的供油计划

发动机在加力加速过程的供油计划是开式的，加力加速过程的喷口控制也是开式的，两者的匹配关系须保证低压压气机（风扇）的稳定工作，如果匹配不好在加力加速过程中将会造成风扇部件喘振。

加力减速过程供油与喷口控制为开式的，两者匹配是加力加速的逆过程。

加力加、减速过程结束的终点，即油门杆所在的位置，在这一点上按发动机稳态加力控制供油计划和喷口面积控制计划进行控制（或称重调）。

涡轮风扇发动机对加力瞬态过程控制计划要求比较严格。经过分析比较有以下几种可供选择的加力过渡过程控制计划的方案。

第一种，操纵喷口面积即按 $A_8=f(\mathrm{PLA})$ 初调，按喷口按涡轮落压比精调，即 $A_8=P_6-P_3\cdot f(\pi_c)$。燃油流量按喷口面积初调，即 $W_{fa}=f(\mathrm{PLA})$，而后燃油流量按油门杆位置、发动机进口温度和压气机出口压力确定的稳态控制计划精调，即 $W_{fa}=f(\mathrm{PLA})\cdot f(T_1)\cdot f(P_3)$。燃油应滞后于喷口变化。此方案采用燃油匹配喷口的方式，燃油具有响应快的特点，有利于降低对主机状态的扰动，缩短加力接通时间。

第二种，按油门杆位置控制加力燃油量，即按 $W_{fa}=f(\mathrm{PLA})$ 初调，按稳态控制计划 $W_{fa}=f(\mathrm{PLA})\cdot f(T_1)\cdot f(P_3)$ 精调。喷口面积跟随着加力燃油按 $A_8=f(W_{fa})$ 初调，按 $A_8=P_6-P_3\cdot f(\pi_c)$ 精调。喷口滞后于燃油变化。此方案的优点为加力供油与油门呈线性关系，推力响应线性，缺点为喷口响应偏慢，接通和断开过程易造成对主机参数的扰动，加力通断的速率取决于喷口响应的速率。

第三种，按稳态控制计划 $W_{fa}=f(\mathrm{PLA})\cdot f(T_1)\cdot f(P_3)$ 操纵和控制加力燃油，

喷口面积跟随着加力燃油按 $A_8 = P_6 - P_3 \cdot f(\pi_c)$ 控制。喷口滞后于燃油变化。此方案缺少加力初调阶段，即加力接通初始过程需在较小的燃油下工作，以确保点燃瞬间产生的扰动不影响主机工作，同时喷口响应偏慢，接通和断开过程易造成对主机的扰动，加力通断的速率取决于喷口响应的速率。

第四种，按油门杆位置控制加力燃油和喷口面积同时动作，即按 $W_{fa} = f(\mathrm{PLA})$ 初调加力燃油，并且按 $A_8 = f(\mathrm{PLA})$ 初调喷口面积。再按稳态控制计划 $W_{fa} = f(\mathrm{PLA}) \cdot f(T_1) \cdot f(P_3)$ 控制加力燃油，跟随着加力燃油按 $\pi_T = f(T_1)$ 控制喷口面积。此方案在加力推力响应及对主机扰动方面均有较好表现，但技术难度较高，加力接通过程中需考虑外部工作环境(如引气、功率提取、进气损失、非标大气)等对控制规律的影响。

对于瞬态过程加力燃油控制计划与稳态的相同，即按加力燃烧室内、外涵最佳油气比计算给出内、外涵供油计划：

(1) 加力内涵供油计划方程式：$W_{fan} = f_n(\mathrm{PLA}) \cdot f_n(T_1) \cdot f_n(P_3)$；

(2) 加力外涵供油计划方程式：$W_{faW} = f_W(\mathrm{PLA}) \cdot f_W(T_1) \cdot f_W(P_3)$。

涡轮喷气发动机加力过渡过程控制计划是：$W_{fa} = f(\pi_T, \tau)$；$A_{8a} = f(\mathrm{PLA}, \tau)$。在接通加力时，加力燃油按 $\pi_T$ 调节器闭环进行控制，再加上时间延迟。点火和喷口控制按时间程序控制，在台架调试完成之后整个飞行范围内都将维持不变。

### 9.5.7　评定加力接通和切断过程的稳定性

评定发动机加力接通和切断过程的稳定性主要是通过地面台架试车、高空台试验和试飞进行的，通过试验测定加力接通边界、稳定燃烧边界和切断边界。在规定的加力工作边界内，如果出现接通失败、加力熄火、不稳定燃烧(推力存在脉动等)、接通或切断过程转速上升和下降量超标等不稳定性现象，需要考虑重新调整，并进行试验验证，直到排除为止。

1. 加力接通失败

在高空左边界工作时，加力燃烧室进口工作环境相对恶劣，加力燃烧室可靠点火油气比收窄，发出加力接通指令后，在一定的点火时间内，加力部分的油气比超出加力燃烧室可靠点火区间，导致加力接通失败。在可能的供油精度范围内，对加力 I 区供油进行优化调整，可提升加力接通可靠性。

2. 不稳定燃烧

在部分加力工作时，加力各区均存在稳定燃烧达到能力极限的状态，此时加力燃烧室某区的供油量偏低，不能保持稳定燃烧工作，喷口呈现忽大忽小的变化趋势，发动机推力随之产生一定脉动。通过对加力各区的最小燃油流量进行限制，使其始终工作在可靠燃烧区间内，可规避这一问题。

## 参考文献

[1] 边家亮,王军,隋岩峰,等. 航空发动机起动性能改善措施试验研究[J]. 航空发动机,2015,41(4):62-66.
[2] 张绍基,邴连喜. 涡扇发动机起动机辅助空中起动方案设计和试验[J]. 航空发动机,2009,24(11):2584-2588.

# 第 10 章
# 外廓和安装接口

## 10.1 概　　述

航空发动机外廓和安装接口属于总体结构设计的一部分，起到承上启下的作用，承接飞机对发动机的外形、接口、维护等要求，转化为对发动机机匣、维护点、成附件等技术设计要求，开展与飞机的外廓和接口设计协调，包含发动机外部成附件布局及外部系统管路连接、发动机外部轮廓设计、接口设计、维护性设计等。发动机的外廓和安装接口对于装配飞机来说十分重要，是总体外部设计的重要内容，而发动机外部结构特点和成附件布局直接影响其外廓和接口，结构设计时应充分考虑。

### 10.1.1　外部结构特点

航空发动机外部成附件数量多、管路和电缆连接关系复杂、固定形式多样，研制过程中应充分考虑成附件的布局位置、成附件可靠固定、管路可靠密封、发动机外廓尺寸控制、外部结构测试性和维护性等。

以美国的 F100 发动机为例，如图 10.1 所示，从装机维护性考虑，成附件主要布置在发动机下方，便于发动机装机后维护。外部成附件从前向后依次布置在进气机匣至加力燃烧室机匣上，成附件之间的距离适中，可有效避免成附件之间距离

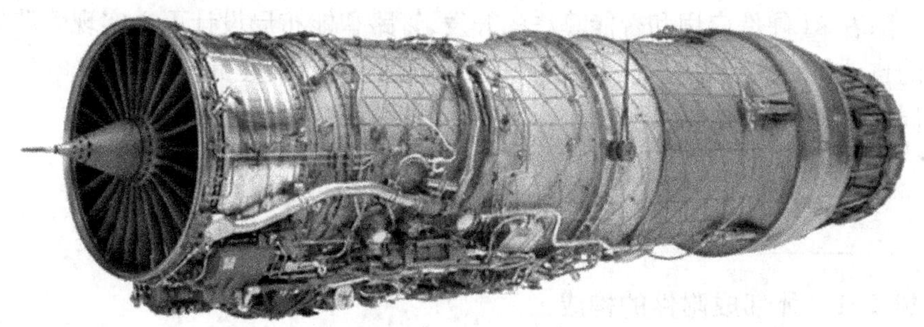

**图 10.1　F100 发动机**

太远，导致空间浪费、管路/线缆路径太长的问题，同时避免了成附件之间距离太近，导致管路/线缆布置密集而带来装配性维护性差的问题。

### 10.1.2 数字化设计协调手段

航空发动机二代机、三代机研制年代较早，外部结构设计手段比较原始，采用金属样机，用于外部管路现场取样，通过金属样机试装飞机进行飞发机械接口的准确性检查，检查内容包括发动机与飞机相容性问题、装机维护性问题等，基于金属样机的机械接口协调工作耗时较长，效率较低。

近年来，航空发动机外部设计手段不断演变。如今三维数字化设计手段已广泛应用在航空发动机外部设计过程中，外部结构已经实现数字化样机设计，如图10.2所示，包括外部管路的敷设、外部成附件的装配仿真、外部管路的生产数据、飞机与发动机的协调等，极大地提高了设计效率和设计准确性。

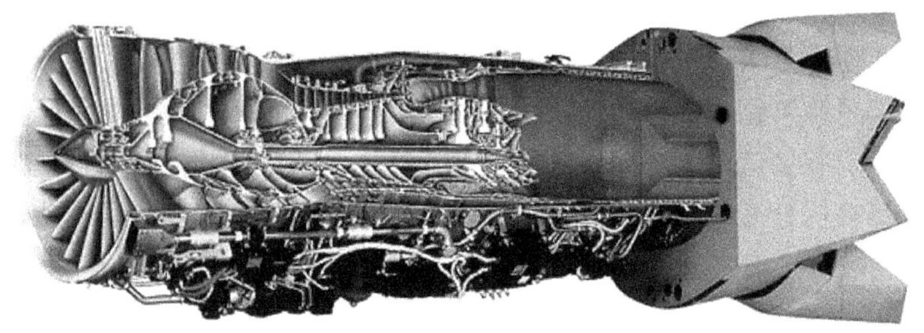

图10.2 外部数字样机

航空发动机管路布局设计主要依靠经验丰富的技术人员或专家通过计算机辅助的方式完成。由于航空发动机管路数量庞大，约束规则繁多且布局空间复杂，在实践中数字化设计方法越来越难以满足装备制造业不断发展的需求[1]。随着虚拟现实技术的完善和应用，在未来一段时间内外部设计技术会进一步发展，设计人员会从办公桌前完全解放出来，在虚拟环境下采用虚拟现实眼镜、虚拟手套从事发动机外部管路的敷设、装配仿真、维护性仿真等工作，设计效率和设计准确性进一步提高。随着AI硬件应用和智能算法的开发，管路智能布局设计可以实现管路布局设计的自动化和优化，提高设计效率和质量，减轻设计人员负担，缩短航空发动机设计周期，降低制造成本。

## 10.2 外部成附件布局

### 10.2.1 外部成附件的构成

外部成附件是指航空发动机主机机匣以外的成附件，主要包括燃油系统附件、滑油系统附件等。燃油系统附件主要有燃油增压泵、主燃油泵、喷口控制装置和加力控制装置等;滑油系统附件主要有滑油箱、滑油泵等。

### 10.2.2　主要现役航空发动机外部成附件布局介绍

通过发动机整体布局、附件机匣位置、成附件集成等方面分析,对发动机外部布局特点进行总结。俄罗斯、美国和欧洲现役发动机外貌如图10.3所示,发动机外部布局特点如表10.1所示。

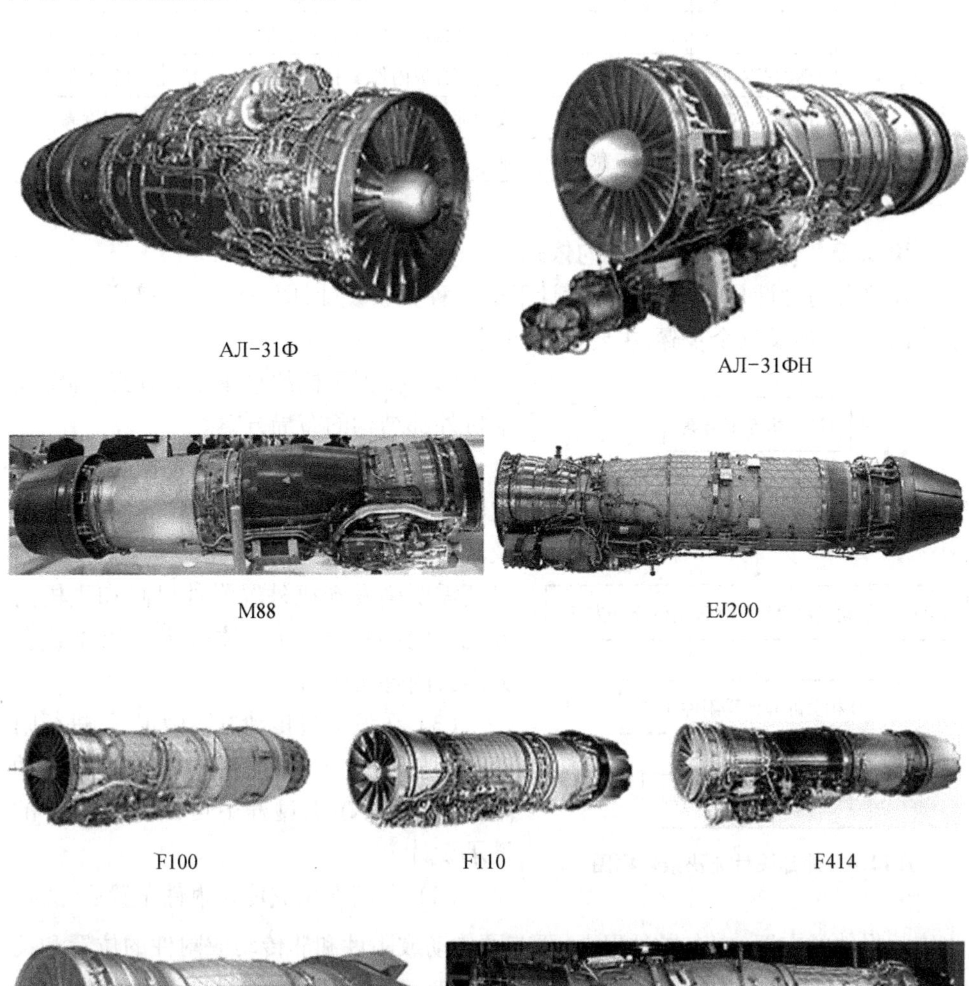


图10.3　各国主要战斗机现役发动机

表 10.1　发动机外部特点

| 国家和地区 | 发动机 | 附件机匣布置 | 整体布局 | 成附件集成 |
|---|---|---|---|---|
| 俄罗斯 | АЛ－31Ф | 上置 | 大部分成附件集中在发动机上半部 | 集成度低 |
| | АЛ－31ФН | 下置 | 大部分成附件集中在发动机下半部 | 集成度低 |
| 欧　洲 | M88 | 下置 | 成附件全部集中在发动机下半部 | 集成度高 |
| | EJ200 | 下置 | 绝大部分成附件集中在发动机下半部 | 集成度高 |
| 美　国 | F100 | 下置 | 绝大部分成附件集中在发动机下半部 | 进行了集成 |
| | F110 | 下置 | 绝大部分成附件集中在发动机下半部 | 进行了集成 |
| | F404/F414 | 下置 | 绝大部分成附件集中在发动机下半部 | 进行了集成 |
| | F119 | 下置 | 成附件全部集中在发动机下半部 | 集成度高 |
| | F135 | 下置 | 绝大部分成附件集中在发动机下半部 | 集成度高 |

### 10.2.3　外部成附件布局的依据

外部布局设计是发动机总体设计下的一种关联设计，图 10.4 为外部设计先决条件框图[2]，涉及五个步骤，主要关系如下。

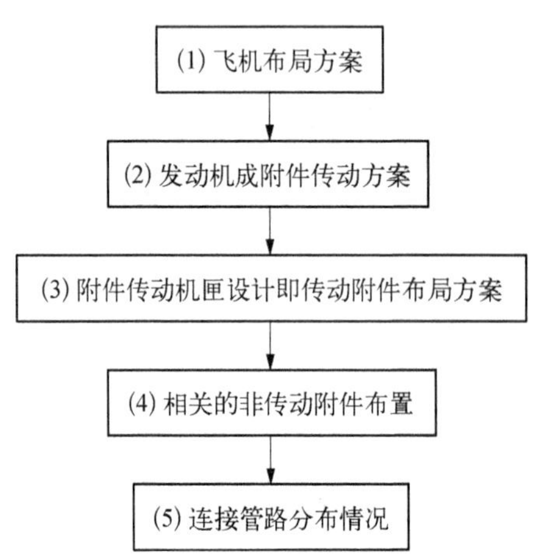


图 10.4　外部设计先决条件框图

（1）依据飞机的整体布局方案，确定发动机外部结构的布局方案。

（2）根据飞机对发动机维护要求，确定发动机外置附件机匣的上/下布置方案，以及其他相关传动成附件布置位置要求，同时还需明确发动机外置附件机匣和飞机附件机匣的结构关系（一体式附件机匣或者分离式附件机匣）。

（3）在发动机传动方案确定后，进行附件传动机匣设计，根据传动方案确定传动附件的位置，在该过程中可以考虑附件的继承设计。

（4）在基本完成传动附件布置后，进行非传动附件的布置，在布局过程中，要兼顾传动成附件和非传动成附件的位置和关系，处理好附件之间的相关性。

（5）成附件完成布局后，开展相关连接管路和线缆的敷设工作。

### 10.2.4　外部成附件布局的考虑因素

发动机外部成附件在布局过程中，应考虑诸多因素，主要包括飞机要求、成附件优选论证、外廓控制线要求、迎风面积要求、维护性要求等。

1. 飞机要求

目前世界上主流的发动机成附件布局形式一般有两种：上置布局或下置布局。根据飞机自身的结构特点，结合发动机舱的位置和结构，直接确定发动机外部成附件上/下置布局形式。

当飞机发动机舱采用下机身结构，发动机舱下方空间小，维护口盖位于发动机舱上蒙皮时，发动机采用成附件上置布局结构，发动机附件机匣采用上置结构，典型的发动机有 АЛ－31Ф 发动机、RD33 发动机。

以 АЛ－31Ф 发动机为例，如图 10.5 所示，俄罗斯四代机 T－50 飞机和发动机同样继承此结构。

**图 10.5　Su－30 飞机（装配 АЛ－31Ф 发动机）**

欧美发动机主要采用下置布局，该布局特点是欧美飞机的一贯风格，飞机双发间距较小，翼身融合后发动机深埋机身内，飞机发动机舱下方空间相对充裕，便于发动机下置成附件布局和维护（图 10.6）。

2. 成附件优选论证

发动机成附件种类较多，在各系统中相关的配套做法也不尽相同。在选择相关成附件时，既要满足系统的工作要求，又要满足发动机外部布局要求，应经过充分论证。

选择成附件应满足：

（1）成附件结构效率较高，由于发动机外轮廓要求严格，成附件要在尽可能小

图 10.6 F15 飞机(装配 F100 发动机)

的空间实现其功能,重量越小越好,结构效率高;

(2) 成附件与主机协调性好,除了性能满足发动机要求外,成附件外廓和接口可修改性好;

(3) 成附件的配套协调性好,保证协调过程的高效和畅通;

(4) 成附件的可布置性好,尽量满足发动机各主机机匣的布置要求。

成附件的选用,事关发动机总体设计全局性的成败,一定要按发动机的技术特点,进行严格充分论证。具体工作中可以借用现有的成熟结构,并进行适应性修改,但切勿生搬硬套某种现成的结构。

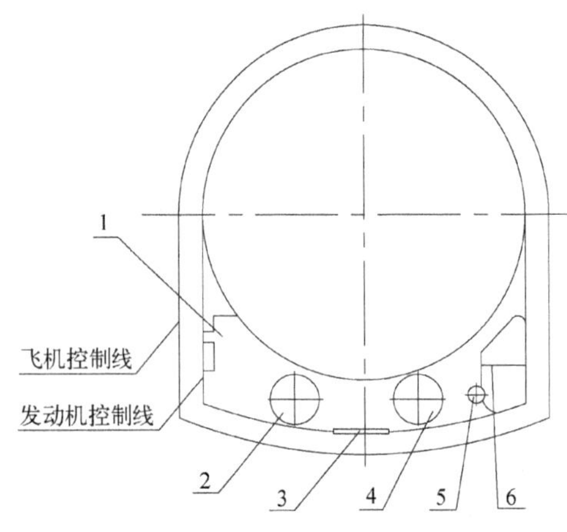


图 10.7 发动机外廓控制线

1 -附件机匣;2 -主燃油泵调节器;3 -漏油箱;4 -燃油泵;5 -滑油泵;6 -滑油箱最低油面

3. 外廓控制线要求

发动机外轮廓控制线要求是根据飞机上的发动机舱的结构限制,由飞机方和发动机方共同确定的,具体的协调和设计方法在 10.3 节中介绍。

成附件在布置时,应在发动机外廓控制线以内。如图 10.7 所示[2],该发动机外部附件采用下置状态布局,发动机外廓内、主机机匣外,空间狭小,需要布置下多型成附件。在具体设计中,附件机匣的外轮廓根据发动机外廓控制线沿形设计,并距离外廓控制线留有一定的距离,具体距离根据不同发动机的外廓要求进行确定,但也不应越大越好。如距离外廓控制线太近,考虑到成附件外轮廓的尺寸误差、成附件的装配误差、发动机装机误差等因素,余量尺寸有可能不够,发动机在配装飞机过程中,存在干涉风险;如果预留尺寸较大,留给成附件的安装空间变小,成附件的结构设计难度增加,进而影响成附件的研制成本和周期。

在完成附件机匣的初步设计后,对其传动附件进行布置,其成附件也应满足外轮廓控制线要求。图 10.7 中,在具体设计中采用修改成附件外形的方式,来满足外廓控制线要求。

4. 迎风面积考虑

成附件布局时,应尽量减少发动机的迎风面积,发动机附件机匣一般为发动机外部结构的最高点,其他成附件在布局中,应尽量不超过附件机匣的投影面。国外的发动机都遵循该条原则,如图 10.8 中 EJ200 发动机。

**图 10.8　EJ200 发动机附件机匣最高突出点**

5. 维护性要求

成附件的布局位置,应考虑飞机维护窗口位置,以便满足成附件的调整、维护的可视性和可达性,需要更换的附件,则应留出附件装拆空间。如美国的 F35 飞机装配现场(图 10.9),位于飞机的后下方存在有大的安装维护区域,用于发动机的安装和维护,在飞机机身的上方设置有维护窗口,用于发动机的维护和调整。

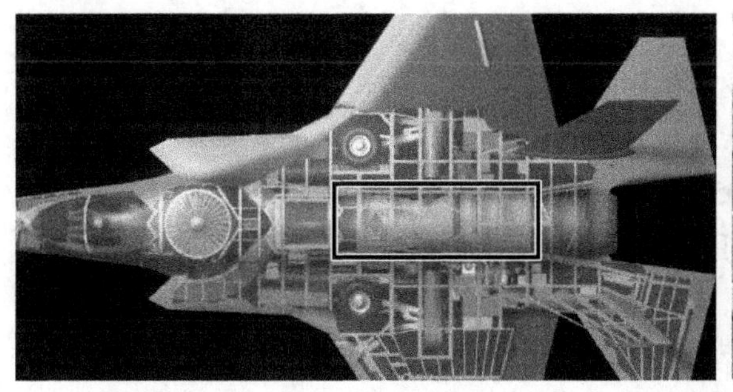

**图 10.9　F35 飞机下方维护区域**

### 10.2.5　外部成附件布局设计

在确定外部成附件布局方案后，开展外部成附件的布局设计。

1. 飞机附件机匣与发动机的关系

飞机附件机匣主要用于安装飞机的成附件，主要包括液压泵、电机、起动机等。针对俄罗斯的发动机（图 10.10），其飞机附件机匣位置位于发动机舱，飞机附件机匣位置占用风扇机匣外部空间，使得发动机上其他成附件布局结构件整体靠后，外部设计可用空间相对较小。欧美发动机飞机附件机匣基本上位于发动机外侧，风扇机匣外部空间可用于外部设计使用，使得发动机外部布局整体靠前，外部设计可用空间相对较大。

图 10.10　АЛ－31Ф 飞机附件机匣

飞机附件机匣采用传动轴与发动机附件机匣连接，传动轴采用刚性轴设计或柔性轴设计，具体依据飞机附件机匣的安装形式确定。当飞机附件机匣安装在飞机上时，采用柔性轴连接结构，可有效补偿飞机飞行过载过程中飞机附件机匣与发动机附件机匣之间的位移；当飞机附件机匣安装在发动机上时，飞机过载过程时，飞机附件机匣与发动机附件机匣之间几乎没有位移，此时采用刚性轴连接结构。严格意义上说，飞机附件机匣和发动机附件机匣采用分体式结构，是飞机方的设计要求。

目前美国最新的四代机 F－35 战斗机和其配装的 F135 发动机（图 10.11），飞机附件机匣和发动机附件机匣采用一体化设计，附件机匣整体变大并继承原飞机附件机匣起动、发电、伺服等功能，与民用大涵道比发动机非常相似，这也是未来的发展趋势。该方案可有效节省发动机舱的设计空间，为其飞机和发动机附件提供有利的设计条件。

图 10.11　一体化设计附件机匣

2. 主机机匣对发动机附件机匣的设计影响

发动机附件机匣形状较大,占用的外部空间较大,应布置在发动机轴向上主机截面最小的位置。目前世界上主流现役三代军用发动机中,中介机匣的迎风面积最小,同时考虑到发动机中央传动和附件机匣之间的结构效率,缩短中央传动的传力路径,将发动机附件机匣布置在中介机匣处(图 10.12)。

图 10.12　发动机附件机匣位置(EJ200)

3. 成附件集成要求

在发动机各系统中,受限于外部空间的狭小,通常在某一成附件上集成不同的结构,一般具备 2~5 种主要功能,来提高发动机外部空间的利用率。成附件集成的好处是:外部成附件数量减少,管理和协调的工作量减少,外部结构得到进一步的优化和简化,空间利用率得到提高,发动机外部的整体重量得到降低,发动机维护性进一步得到改善。成附件集成也对成附件的结构设计提出了更高的要求,随着不同功能在成附件结构上的集成,结构更加复杂,各种功能组合到一起,相互之间存在关联耦合,设计难度也进一步增加。所以应该根据实际能力进行成附件的集成,切忌好高骛远,提出成附件的集成要求与设计能力不匹配,导致新的设计难题,使研制周期增长、成本增加。此外成附件的组合集成要适度、合理,避免外廓尺寸过大,无法装机。从系统设计角度看,采用集成化附件和单功能附件相比,工作效果一致,而从外部设计布局来看,收益非常明显。

滑油箱是发动机上比较大型的附件,自身占用了大量的外部设计空间,在法国的 M88 发动机中(图 10.13),滑油箱与附件机匣采用一体化集成结构,一起固定在发动机上。该种结构节省了外部布局的空间,增加了其他附件布局设计自由度和可能性,同时取消了滑油箱与附件机匣连接的管路,发动机整体管路数量减少,外部结构更加简洁。

**图 10.13　M88 发动机的滑油箱与附件机匣的集成组合**

在成附件集成技术不成熟和有所欠缺时,可以采用折中的做法,例如 АЛ－31Ф 发动机(图 10.14),将附件机匣和燃油滤安装在一起,降低了集成研制难度,节省了外部布局的空间。

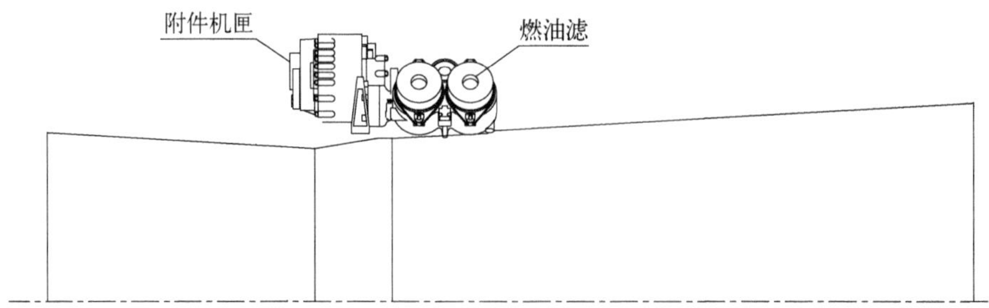


**图 10.14　АЛ－31Ф 发动机燃油滤安装**

4. *发动机舱温对附件布局的设计考虑*

飞机上发动机舱内温度存在差异,附件布局时要充分考虑环境温度对附件的影响，一般来说附件应布置在发动机舱内温度相对较低的位置。

如附件无法避免布置在环境温度较高的位置，需对附件进行冷却。常用的方法是对附件结构进行油冷或者风冷，如冷却油来源于发动机油路，需要重新协调油路系统；冷却气既可来源于发动机主机，也可来源于飞机，如果冷却气来源于发动机，需要与发动机主机机匣进行协调，如果冷却气来源于飞机，需要与飞机方就接口和引气量进行协调。

5. 传动附件布置

附件机匣上的传动附件布置，常用的方法为传动功率对称分布，大功率附件置于传动链短的位置上，小功率附件置于机匣的外侧[2]。传动附件在附件机匣上确定安装位置后，传动附件布置时还应该注意：

(1) 传动附件的布置应确保各传动附件之间留有一定的间隙；

(2) 传动附件布置位置在发动机外廓尺寸控制范围内，并留有足够的间隙，对间隙小的位置提出极限间隙要求；

(3) 布置时，要考虑传动附件上的维护点位置和调整点位置；

(4) 传动附件具体机械接口与其他附件连接的位置，要注意该位置的可达性、可操作性和可连接性；

(5) 应确保管路、电缆实现连接的可行性和合理性；

(6) 应使管路路径尽量合理化、简洁化。

6. 非传动附件布置

非传动附件布置时，布置位置在发动机外廓尺寸控制范围内，并留有足够的间隙；遵循先布置外形较大的附件，后布置外形较小的附件，如果发动机外廓要求苛刻，外部设计空间较小时，则将较大型的附件布置在发动机的蜂腰处。如发动机外廓要求不苛刻时，优先考虑环境温度和机匣振动，将附件布置在直径稍大的主机机匣上。非传动附件布置时还应该注意：

(1) 附件的布置应确保各附件之间留有一定的间隙；

(2) 附件布置位置应确保避开运动机构并留有一定间隙；

(3) 附件不宜布置在发动机高温区和振动大的部位，如无法避免，应采取隔热和减振措施；

(4) 附件布置位置应确保管路、电缆、反馈钢索实现连接的可行性和合理性；

(5) 附件布置位置应使管路路径尽量简化，应考虑外部管路的走向，给管路留够排布空间；

(6) 附件布置应考虑附件支架设计的可行性和合理性。

电气附件布置还应考虑：

(1) 应避开管路装拆时油液可能滴落到电子元件上的部位；

(2) 电气附件应提供自身可承受的振动环境要求,电气附件布置应满足附件振动环境要求;

(3) 满足与电气附件连接电插头的拆装限制要求;

(4) 满足连接电缆的路径合理性和固定可靠性。

从美国的 F414 发动机、F119 发动机、F135 发动机外部布局看,数字控制器均布置在外涵机匣下方,与控制器连接的电缆布置在外层,控制器附近油路较少,可有效避免油液对控制器的污染。

发动机上传感器数量较多,在布置过程中,一些特殊的要求也要考虑:

(1) 对安装受感部的管路进行强度校核计算;

(2) 考虑受感部连接的管路、电缆安装可靠性和路径合理性,必要时可调整受感部安装位置和朝向角度。

7. 成附件外形、接口协调

外部设计空间狭小,为保证成附件布局的合理性,需要对成附件外形、接口协调设计,满足发动机外廓、管路连接关系合理等要求。

8. 系统要求

成附件在布置过程,要充分考虑发动机的系统要求,例如:

(1) 滑油系统的防虹吸对成附件的液面要求;

(2) 发动机装机状态下成附件布置考虑;

(3) 成附件放油和漏油位置的布置;

(4) 成附件放气点、气滤位置的布置;

(5) 成附件散热冷却要求的布置考虑;

(6) 成附件布置距离对管路的流阻分析;

(7) 流量计和油滤布置位置的考虑。

9. 非传动附件的固定安装

非传动附件在布置过程中,应考虑附件的固定安装形式,从国外发动机成附件的安装结构分析,常见的安装固定结构有以下几种:

(1) 附件通过支架转接固定安装;

(2) 附件直接安装在机匣上;

(3) 附件采用箍紧式安装在机匣上;

(4) 附件安装在其他附件上。

附件通过支架转接安装,固定可靠,结构紧密。如 F110 发动机滑油箱通过支架转接固定在风扇机匣上(图 10.15),通过支架的合理设计,滑油箱紧贴风扇机匣壁面,合理利用发动机的外部空间。滑油箱等这种大型的附件,如采用薄壁钣金结构,还可采用箍带压紧的安装结构,例如 АЛ－31Ф 发动机和 F100 发动机(图 10.16)。两型发动机滑油箱均为薄壁结构箱体,АЛ－31Ф 发动机的滑油箱固定在

图 10.15 F110 发动机滑油箱的固定安装

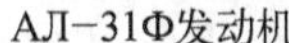

АЛ-31Ф发动机

F100发动机

图 10.16 滑油箱箍带固定安装结构

外涵机匣上的右上方(顺航向),滑油箱外形根据机匣和发动机外廓要求,采用随形设计,箍带采用沿发动机周向的纵向拉紧安装结构;F100 发动机的滑油箱固定在风扇机匣上的右下方,滑油箱外形根据风扇机匣和发动机外廓要求,采用随形设计,箍带采用沿发动机轴向的横向拉紧安装结构。在具体滑油箱支撑结构设计中,箍带安装方向根据滑油箱的安装位置、结构形式、机匣振动方向进行确定,具体情况要做细致的计算分析。

附件通过机匣安装座直接安装在机匣的结构比较多,这种结构最大限度地简化了附件支撑固定,同时节省了外部设计空间。如图 10.17 所示,在 EJ200 发动机上,由于发动机外涵道机匣采用了化学铣的结构形式,在机匣加强筋位置设计有一体结构的安装座,机匣上顺航向左侧可视的较大形附件均直接固定在发动机机匣上。大量采用该种附件安装结构后,EJ200 发动机的外部布局外观上比较简洁、美观。此外附件在布局过程中,要充分考虑机匣加强筋的位置,布局尽量适应机匣结构,附件的固定点尽量设计在机匣加强筋的结合处,避免机匣加强结构出现大的改动。

**图 10.17　机匣安装座结构**

### 10.2.6　附件布局对外部管路、电缆的设计影响

附件布局过程中,除了要考虑上述因素外,对管路敷设路径、电缆敷设路径也要做必要的考虑。主要的原则如下:

(1) 附件的布置过程中,开始策划附件相关管路、电缆的敷设路径,包括管路路径的合理性、装配性、维护性和美观性等;

(2) 相连接的附件或多型相邻附件在布置时,要考虑相连接管路、电缆的设计;

(3) 附件的布置,要尽量减小相关管路和电缆的长度,但管路和电缆长度也不能片面追求越短越好,还要考虑管路、电缆的装配性和可制造性;

(4) 附件的接口位置应根据管路和电缆走向进行调整,附件上的管路和电缆接口形式应与管路进行协调匹配;

(5) 如附件布置位置存在特定性和局限性,管路敷设困难时,可以尝试采用软管连接,但软管必须进行相关的试验;

(6) 在附件布局中,发动机上存在直径较粗的管路时,为保证发动机外部结构的协调性和合理性,必要时其他小型附件为其让出通道。

以上只是部分管路电缆敷设路径下的附件布置考虑，具体问题还应具体分析，需要设计人员在实际的设计中不断地总结和积累。

## 10.3　接　口

本节所述的发动机接口是指发动机与飞机的机械接口和发动机外轮廓限制尺寸。

### 10.3.1　发动机在飞机上的装机方式

发动机舱的结构和尺寸直接确定了发动机在飞机上的安装过程。主流发动机在飞机上的装机方式有两种，一种是采用钻山洞方式装机，另外一种是采用吊挂装机方式装机。

俄罗斯和美国的发动机主要采用第一种装机方式，其中 АЛ－31Ф 发动机配装的飞机下方承力框封闭，发动机采用悬臂钻山洞方式装机，如图 10.18 所示，在悬臂钻山洞装机方式装机过程中，为适应飞机的位置，需要通过悬臂式架车不断地调整发动机的角度、高度、偏摆姿态，装机时长和精度受装配工人的影响。美国的 F135 发动机配装的飞机下方承力框封闭，发动机采用滑轨钻山洞方式装机，图 10.19 中在发动机舱内的上方设计有滑轨，发动机沿滑轨进行装机，装机过程规

图 10.18　Su－30 飞机发动机舱

图 10.19 F35 飞机发动机舱

范,装机用时短,效率高。

欧洲的发动机多采用吊挂装机方式装机,如法国的 M88 发动机(图 10.20),其发动机配装的飞机下方为大开口结构,而 M88 发动机尺寸适中,更适合采用吊挂的安装结构。该种装机方式结构简单,装机用时短,效率高,适用于中小型发动机。

图 10.20 阵风飞机发动机舱

### 10.3.2 发动机外部限制轮廓设计与协调

1. 发动机外部限制轮廓定义

发动机外部限制轮廓控制线是根据飞机上的发动机舱的结构限制，由飞机方和发动机方共同确定，附件布局和管路结构依据发动机外轮廓限制要求进行设计。发动机外部限制轮廓是指进气端至尾喷前端之间发动机所有零组件装配及工作时所允许不超出的最大空间区域形状的边界或外形线，如图10.21所示，主要包含发动机总长、进口尺寸、喷口尺寸、附件外廓尺寸、突起点尺寸、大喷管和小喷管状态外廓等信息。

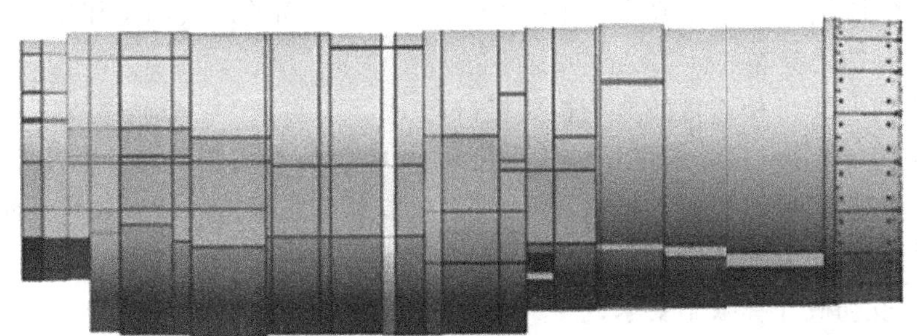

图10.21 发动机外部限制轮廓模型

2. 外部限制轮廓的作用

发动机外廓图的作用有两个：① 用于与飞机的协调，确保发动机设计状态的装机正确性，为了确保后期发动机实物配装飞机的准确性，针对发动机外廓要与飞机方协调和迭代多轮；② 用于发动机的出厂验收，确保发动机实物外部状态的一致性。外廓协调过程中，前期要着重关注发动机外廓或者数字样机在模型中的虚拟装机，检查虚拟装机/拆卸过程中与飞机发动机舱模型的间隙情况。

3. 外部限制轮廓设计

发动机限制轮廓图样是以发动机的外部详细设计结构绘制最终版的轮廓二维图样，用作发动机交付时外部轮廓检查依据，并作为飞发接口落实在发动机接口文件中。随着数字化设计的不断应用，也可采用三维数字样机确定的发动机限制轮廓三维模型作为发动机的外廓检查要求，并作为发动机交付时外轮廓检查依据。

4. 发动机外部轮廓的测量

发动机实物完成装配后，为确保其实物状态符合设计要求，在交付飞机方前进行外部轮廓的测量检查。发动机外廓检查方法一般有两种：① 采用发动机过样板的检查方法；② 三维测量发动机的检查方法。

发动机过样板的检查方法是工厂依据发动机外部限制轮廓图纸制造外廓样板，发动机安装后，在轴向不同分区上采用对应的样板对发动机外廓进行检查，确定发动机外廓是否满足设计要求。发动机三维尺寸测量方法是发动机定位后，采用激光或影像对发动机外廓进行测量，之后与三维数字模型进行拟合，检查发动机外廓是否满足设计要求。与传统的过样板检查方法相比，三维尺寸测量的检查方法具有检查精度高、用时短、操作人员少、操作简单、检查效率高等优点。

### 10.3.3 机械接口

在发动机设计阶段，发动机方与飞机方就连接接口进行协调，在进行机械接口协调时，需要注意接口尺寸定义时的工作状态，一般采用发动机装配后形成的冷态尺寸进行协调。同时需要考虑发动机主安装节平面最大径向变形量；发动机进口、喷管出口轴向热膨胀量；发动机在喷管搭接平面、辅助安装平面的最大轴向和径向膨胀量；发动机总制造公差等。

发动机与飞机相连接的典型机械接口：

（1）发动机进口、喷管搭接结构和尺寸、大喷管和小喷管状态外廓及尺寸；

（2）发动机吊点位置和接口尺寸、发动机安装架车固定点位置和接口尺寸；

（3）飞机安装和环境要求；

（4）发动机外廓限制要求；

（5）发动机配套性要求；

（6）功率提取和飞机引气要求；

（7）机动过载要求；

（8）飞机防火要求；

（9）油门信号要求；

（10）飞机发动机舱可开口盖的级别和位置，维护项目相关要求；

（11）发动机其他管路（如燃油进口、飞机引气、漏油等）接口、载荷要求、热膨胀量；

（12）电气系统接口和形式。

## 10.4 维护性设计

航空发动机维护性设计一直是发动机外部成附件布局和管路设计的重点，军用航空发动机外场维护性好坏影响战机的完好率，直接影响战机的出动频次。下面就发动机成附件的布局维护性设计、维护空间设计、外部管路电缆维护性设计进行介绍。

### 10.4.1 对开机匣设计和对外部设计过程中的考虑

欧美发动机采用主机对开机匣结构，可有效提高发动机的维护性，在不完全分解主机的情况下，对发动机内部零件进行维修，提高了发动机的外场维护性。可采用对开结构的机匣有风扇机匣、外涵机匣、核心机机匣。

F119 发动机(图 10.22)的风扇机匣、外涵机匣均采用对开机匣,发动机外部设计简洁,附件、管路、电缆均布置在发动机下侧,风扇机匣、外涵机匣上侧没有附件和管路,可在不分解主机的前提下,分解风扇机匣上半结构和外涵机匣上半结构对主机进行维修。

图 10.22　F119 发动机

欧美发动机对开机匣的应用,得益于其成熟的成附件集成能力。在发动机外部实际设计中,如发动机采用对开机匣结构,外部成附件布置和管路布置时,应避开在对开机匣需维护的一侧;如无法避免,针对连接该附件的管路,在机匣纵向安装边附近应尽可能将管路断开。

### 10.4.2　维护空间和维护通道考虑

维护空间和维护通道是指在发动机上对有维护需求的成附件、调整点、维护点进行操作时,所需要的空间。在发动机外部维护性设计中应考虑维护空间是否合适,根据飞机的维护窗口分布情况,确定发动机装机状态能够使用的维护空间,考虑维护路径和发动机结构及与飞机结构的干涉问题;根据附件的维护要求与维护级别,合理分配维护空间。设计时要考虑各调整点、维护点可视、可达和可操作;个别调整点用专用工具可视、可达;地面保障设备与发动机连接可视、可达和可操作;发动机在飞机上所有调整点接口可操作,如安装拆卸成附件的操作空间、拆换管路的操作空间、维护点的操作空间等、孔探接口位置向外的维护通道、维护工具扳拧尺寸和操作空间等。

如图 10.23 所示,附件或管路在沿发动机外机匣周向布置时,有意避开孔探维护通道;如附件布置过程中,无法避开现有的孔探维护通道,可以将孔探的周向角度进行调整。在沿发动机轴向布置附件和管路时,同样要有意避开孔探维护通道。

发动机装机后的维护空间主要考虑飞机发动机舱上的维护窗口,在装机状态进行更换发动机上的零部件应便于装、拆,并满足维护性要求。图 10.24 为俄罗斯

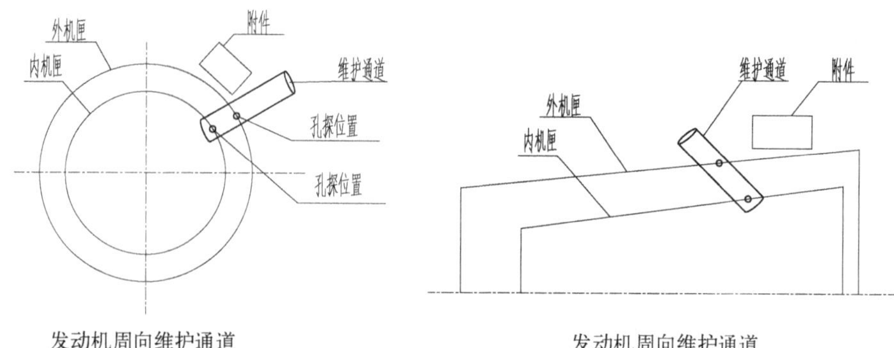


图 10.23　发动机维护通道

的 Su－30 飞机安装发动机现场图片，飞机机身上方有两处大的维护窗口，主要的成附件（如飞机附件机匣、起动机、电机、燃油泵、滑油箱等成附件）均布置在维护口盖内，方便这些成附件的调整和维护。故障率高的成附件发生故障时，可以在发动机不脱发的状态下，通过维护窗口进行更换维修。在飞机机身后方还存在多处小的维护窗口，可以对一些小型附件和调整点进行操作。

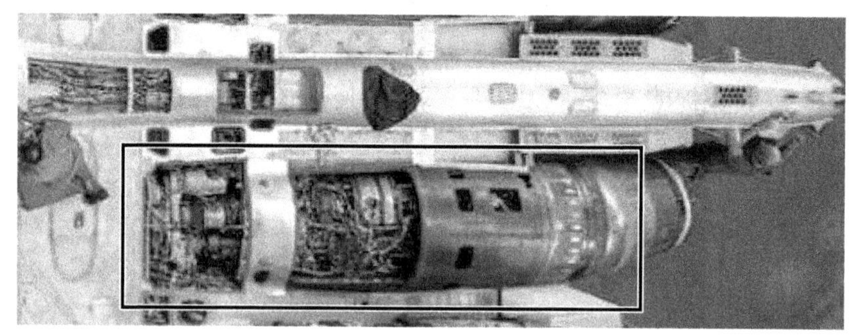

图 10.24　Su－30 飞机上方维护区域

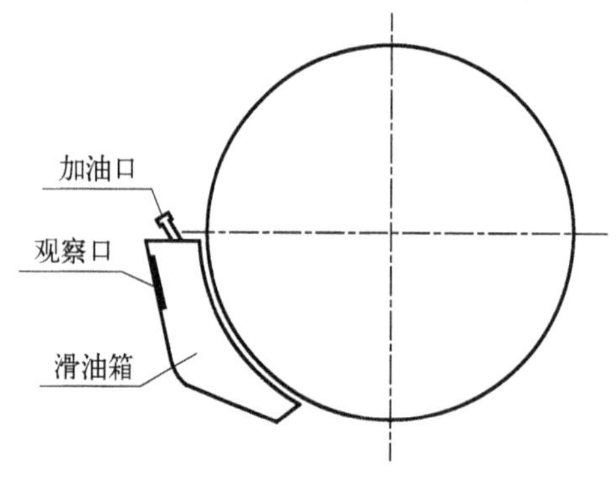


图 10.25　滑油箱维护点设置

### 10.4.3　成附件维护性设计

成附件维护性设计时，除考虑飞机上维护窗口对成附件的布局影响外，还需考虑发动机定期维护时需要进行维护的附件，例如：燃油滤、滑油滤需要进行滤芯清洗；考虑发动机需要进行标定的附件位置；成附件上的维护点和调整点要外露，不应遮挡，保证方便操作等。

如图 10.25 所示，滑油箱安装在机匣的左下方，加油口布置在滑油箱的上侧,与壁面存在一定的倾斜角度,方便维护期间向滑油箱注油,在滑油箱的外壁面的明显位置设置有观察窗,方便查看。

对于质量较重的成附件,应设计托举、起吊等辅助安装结构;结合成附件具体结构特点,设置辅助拆装结构,如图 10.26 中 F135 发动机的控制器采用搬运把手的设计;对于小型成附件,可结合成附件结构特点(如采用旁开豁孔)快卸结构,如图 10.27 所示。

**图 10.26　F135 发动机控制器采用搬运把手**

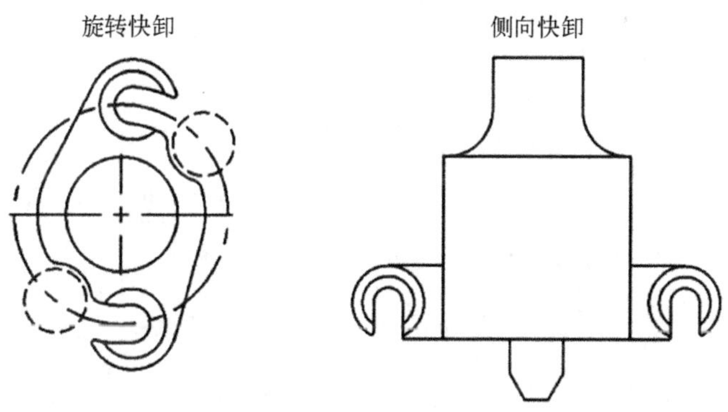


**图 10.27　快卸结构**

成附件上维护点和调整点的堵头、堵盖要结合成附件具体结构特点,设置拴线连接结构,防止维护操作时掉落;维护点和调整点尽可能采用快卸结构,方便拆卸;成附件上连接管路、电缆等接口工艺堵盖要规定颜色识别要求;附件如存在辐射、高压电击、防止踩踏等要求,需在发动机上进行警示标识。

### 10.4.4 管路维护性设计

管路敷设位置和结构在设计过程中，应考虑以下维护性内容：

(1) 必须在装机状态进行更换的零部件，应便于装、拆，并满足维护性要求；

(2) 不阻挡有维护要求附件的维护空间；

(3) 不允许遮挡孔探仪维护口等维护空间；

(4) 不阻挡附件的调整点，并预留足够的调整空间；

(5) 装机状态下，管路上的启封、油封、放油、放气及需要进行测量的测量点可达；

(6) 管路接头位置应方便渗漏油排故；

(7) 应避开振动测量仪器所需的安装位置及安装空间；

(8) 管路上维护位置应保证不遮挡、可操作，置于飞机维护口盖之下，应可视、可达，防盲装；

(9) 管路上的维护点、查看点等建议视情采用颜色区分；

(10) 维护点、排气点、排液点等统一规划进行标识；

(11) 尽量采用标准化、通用化和成熟的维护结构，堵盖尽量采用快卸结构，以减少维护工具数量，提高维护效率。

## 参考文献

[1] 白晓兰. 航空发动机管路布局智能设计方法研究[D]. 沈阳：东北大学，2013.

[2] 《航空发动机设计手册》总编委会. 航空发动机设计手册 第5册：涡喷及涡扇发动机总体[M]. 北京：航空工业出版社，2001：237-239.

# 第 11 章
# 总体对各部件设计要求

## 11.1 概　　述

一般来说，航空发动机都是与配装的飞机匹配设计的，因此，发动机的设计技术指标是按飞机的技术要求确定的。作为飞机的动力，其性能水平对飞机的飞行性能具有决定性的影响。通常根据飞机对发动机的使用需求，初步确定发动机技术要求，作为发动机总体设计的基本依据，发动机研制部门应认真研究用户提出的使用需求，并贯彻到研发全过程。

根据用户需求，发动机研制部门开展总体方案设计，其目的就是将需求转换为技术要求，并分配到结构单元。需求没能被分配到更低层次或未能在更低层次的部件/系统实现，将导致设计不能够满足目标而成为无效设计。反过来，低层次需求不能被上层需求追溯将导致无法证明的超标设计。

总体指标可分为性能指标、功能指标、结构、寿命及可靠性指标。

## 11.2 指　　标

### 11.2.1 性能指标

整机的主要性能指标包括推力、单位推力、耗油率及推重比，相关指标的术语定义已在第 2 章阐述，这里对指标的意义做简要表述。

1. 推力

推力是指涡喷发动机和涡扇发动机燃气发生器的可用功，用于增加流过发动机气流的动能并产生反作用力。推力是涡喷或涡扇发动机的一个主要性能参数，当飞机的空气动力特性相同时，发动机推力越大，飞机平飞速度越大，机动性也越好。

2. 单位推力

单位推力是评定发动机性能优劣的指标，同等推力下，单位推力越大，所需空气流量越小，发动机外廓尺寸越小，质量越轻。发动机单位推力增加，涡轮前温度也增加，对热端部件的承温能力要求提高。

3. 耗油率

耗油率是决定飞机航程和续航时间的重要参数,是评定发动机经济性的重要指标。

4. 推重比

同等推力下,推重比越大,发动机越轻。推重比指标反应发动机的整机设计水平。发动机推重比对飞机的性能有直接的影响,特别是军用歼击机要求高机动性能,飞机具备能够迅速地加速和转弯等能力,需要尽可能高的发动机推重比。严格意义上讲,推重比并不算性能指标,它是衡量发动机整体技术水平的参数,相同推力级别,推重比越小代表设计、材料、制造水平越高。

现役典型三代军用飞机选用发动机均为小涵道比涡扇发动机,因为该型发动机具备高空高速性能好和巡航油耗低的优势,从主要性能参数来看,小涵道比涡扇发动机单位推力与涵道比相关联,涵道比越小,单位推力越大,后文还会介绍到涵道比与风扇压比也是一一对应的,这是损失最小原则决定的。另外,耗油率与涵道比和总增压比相关。因此,整机性能指标与部件性能直接关联:

(1) 满足飞机迎风尺寸要求,风扇/低压压气机流量尽可能最大化,这样可以以较低的单位推力实现物理推力需求;

(2) 一旦单位推力确定后,对于涡扇发动机而言,单位推力、风扇压比、涵道比之间一一对应,相当于确定了风扇部件的主要性能参数;

(3) 耗油率的指标是涵道比、单位推力和风扇压比参数优化的约束条件;

(4) 涡轮前温度又是单位推力能否进一步提高的约束条件。

### 11.2.2 功能指标

性能指标是描述发动机极限能力的参数,功能指标是指具备某一使用特性,例如起动能力、加减速能力、加载和引气能力、矢量偏转能力、隐身能力等。

1. 起动能力

起动是指在规定时间内把发动机转子由静止或风车状态加速到慢车状态的动态过程,发动机应能在规定的高度、速度、姿态、温度、引气和功率分出极限内,满意地起动。

2. 加减速性

发动机的加减速性能是指在任何状态(慢车以上)、以任何顺序和速率移动油门杆时,发动机应能在规定的时间内达到预定状态,并且不出现超转、超温、燃烧室熄火等非正常工作状态。一般情况下,在标准大气条件下,无飞机引气、功率提取及发动机防冰引气,但有其他发动机系统放气和引气(如加速放气、冷却引气等)的条件下,油门杆以不大于0.5~1.0 s 的时间移动时,到达推力变化 95%所需的时间,定义为两个状态之间的加速时间。

3. 功率提取及引气能力

飞机根据任务需求,对发动机提出功率提取和引气的要求,发动机应规定通过飞机附件机匣的最大加载量和飞机引气口的最大引气量,其中加载载荷应明确作用在发动机的全部载荷极限,并应单独地对每一附件和对它们整个可能的组合载荷极限给予规定。

4. 隐身能力

隐身能力是指通过降低飞机或者发动机的雷达、红外特征,使敌方的各种探测设备难以探测和跟踪。发动机是飞机主要的红外辐射源,另外,进气道和尾喷管也会带来一定的雷达散射面,对飞机的生存能力造成不利影响。

5. 矢量控制能力

矢量控制是指飞机将发动机平行方向推力引向其他方向,以获得额外的机动力。推力矢量能够实现飞机垂直起降或短距起降,还能在空战中实现超机动。

6. 噪声控制能力

发动机噪声是发动机工作时,直接从发动机机体及其主要附件向空间传出的声音。发动机噪声强度一般较大,对于飞行员、地面维护人员,噪声对身体健康产生不利影响。

7. 燃气排放控制能力

燃气排放控制是指采取适当的技术措施,确保发动机排放的气体能够符合相关要求。

一般的规定如下:当使用规定的主燃油时,发动机在整个环境条件和工作包线内任意功率状态下,应不排出可见烟;同时,应规定发动机在最大、中间、连续/巡航和慢车状态下,燃烧 1 kg 的燃油所允许排出的碳氢化合物、一氧化碳和氮的氧化物的克数。

### 11.2.3 结构、寿命与可靠性指标

结构最主要的指标是重量,寿命与可靠性指标是在性能、功能指标实现的前提下,所能达到的最大使用次数或者时间。

1. 重量

为保证发动机性能指标所需要的发动机全部结构件和发动机工作所必需的系统、附件的总重量,不包括各种不能排出的液体和发动机上的飞机附件重量。这里讲的重量一般均指发动机干质量(净重量),相对发动机交付重量,后者为发动机承制方在发动机交付出厂时的实称重量。

2. 发动机寿命与工作循环

发动机在规定的使用条件下应该达到的累计工作时间或工作次数,是发动机耐久性与质量的重要指标,通常以工作时间或循环次数表示,又称工作寿命。

3. 发动机平均故障间隔时间 MTBF

平均故障间隔时间是指对可修复产品,两个相邻故障间的工作时间的平均值,是发动机可靠性的主要指标之一,即在规定的时间内,发动机能够保证性能功能的能力。其他可靠性指标还包括空中停车率及提前换发率等。

4. 空中停车率

空中停车率指在发动机每千飞行小时中,由于发动机故障造成空中停车的次数,一般情况下不大于 0.6 每千飞行小时,民机要求更高,一般不大于 4 次每百万飞行小时。

## 11.3 部件设计要求

### 11.3.1 整机指标的分解

#### 11.3.1.1 简述

整机的指标参数是指在产品指标分析论证的基础上形成的热力循环参数,如涡轮前温度、进气流量、总压比、涵道比、风扇压比、加力温度等,用来进行热力点(设计点)计算。在完成设计点的基础上,初步给定控制规律进行高度速度特性计算,以验证典型飞行状态点推力、耗油率等特性与研制要求的符合性,如不满足,还需要与飞机部门进行迭代计算设计点和非设计点。总体最终确定的热力点参数、节流或巡航特性、慢车特性及高度速度特性可作为部件设计的依据和要求。指标的分解工作是研制总要求指标向整机指标转化,最终向部件指标转化的过程。

#### 11.3.1.2 设计参数的选择

1. 涵道比和风扇压比

在确定的核心机参数(总压比、涡轮前温度、部件效率)和飞行状态下,涵道比和风扇压比是对应的。对于一定的涵道比总有一个风扇压比是最佳的,即内外涵能量分配最佳,此时产生最大的单位推力和最小的耗油率(图 11.1)。对于双转子混合排气加力涡扇发动机而言,混合器入口要保持内外涵气流静压平衡的约束条件,使风扇压比与涵道比唯一相关,前者越大,后者越小。通常要控制混合器入口处的外涵气流总压与内涵气流总压之比值,既要保证内外涵气流掺混损失最小,又要避免飞行速度较大,外涵出口形成临界。

对于以亚声速巡航和长时间空中巡逻、短时间截击的战斗机或攻击机的发动机,应选取较低的风扇压比和较大的涵道比。对于以加力状态工作占较大比例和要求作不加力超声速巡航的空中优势战斗机的发动机,则应选取较高的风扇压比和较低的涵道比。在役的第四代战斗机发动机普遍采用较小的涵道比(0.2~0.4);3 级风扇,压比为 3.8~4.5;相应的核心机压气机压比为 6~6.5。最小涵道比的选取要兼顾加力燃烧室和尾喷管的冷却需求。

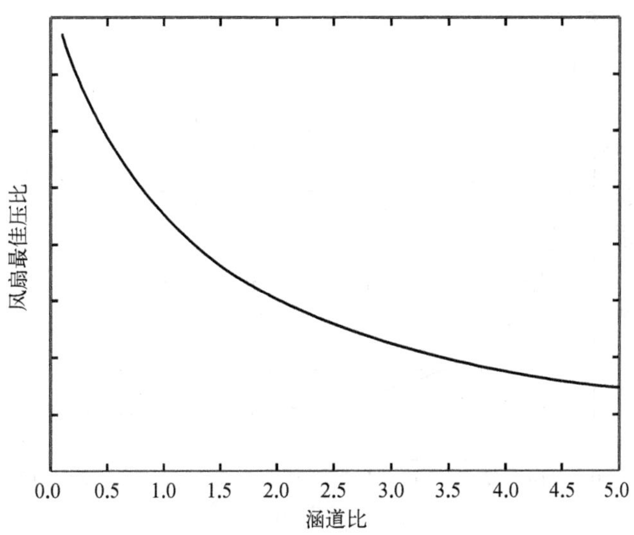


**图 11.1　涵道比与风扇最佳压比的对应关系示意图**

2. 总增压比

根据发动机热力循环特性，存在一个最佳增压比，使得发动机单位推力最大，同时存在一个最经济增压比使得发动机耗油率最低或者热效率最高（图 11.2 和图 11.3）。现役战斗机发动机的总压比为 25～35。随着未来材料耐热能力的进一步提高，总压比可以相应增高。对于民用发动机更注重降低耗油率，总压比可选取更高些。当然，发动机参数选择并一定会选择在油耗最低点或者热效率最高点，这取决于飞机对于推力和耗油率的需求。

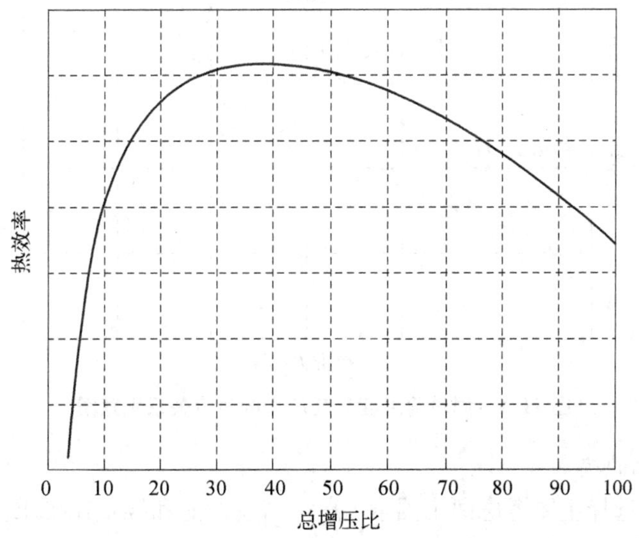


**图 11.2　总增压比与热效率的对应关系示意图**

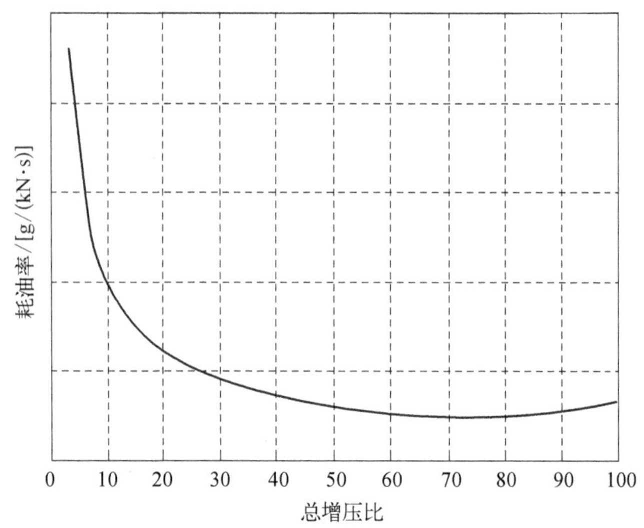


**图 11.3　总增压比与耗油率的对应关系示意图**

3. 涡轮前温度

涡轮前温度越高,发动机循环有效功越大,单位推力越大,耗油率越高,见图 11.4。在选取地面设计状态的涡轮前温度时就要考虑高速时温度的增加量,同时还要为补偿寿命期内的性能衰减留有一定的温度储备,还要考虑设计与制造的差别留有温度调整空间,包线内最高温度将低于材料和冷却技术所允许的最高温度。

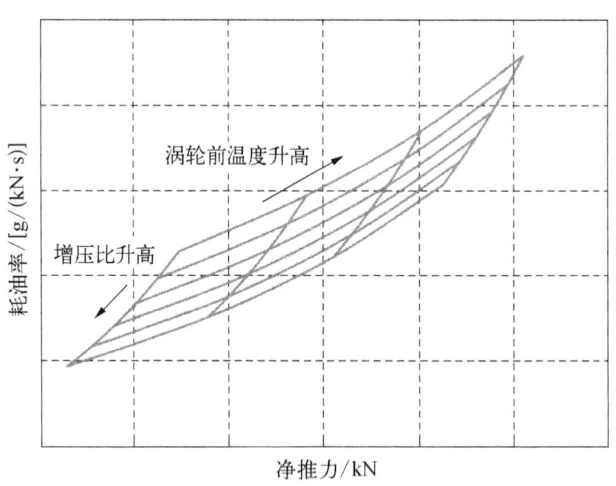


**图 11.4　涡轮前温度与耗油率的对应关系示意图**

4. 节流比的确定

节流比的选择主要考虑两个因素：高空高速性能和推重比要求。对于不同任务的飞机,应合理选择节流比。对于主要工作于高空低速的侦察机,应选较低的节流比;对于空中优势战斗机,以及低空突防(加速)的攻击机,应选用较高的节流比。要注意根据飞机的具体战术技术要求在高速性能和设计推重比之间进行合理的折衷。节流比的选取方法,已在第 5 章详细阐述,这里不再赘述。

5. 加力温度

关于加力温度的选择，按推重比和高速性能的要求，在材料与燃烧技术允许条件下，希望能达到化学当量比相应的温度。

6. 冷却空气系数

冷却空气系数与循环温度、热端部件材料的耐热能力和冷却效果相关。随着技术进步，发动机热端部件材料耐热能力的提高，达到一定冷却效果所需的空气量应当逐渐减少。

#### 11.3.1.3　热力设计

1. 确定设计点热力循环参数

根据设计输入,确定设计点参数,主要如下:

(1) 涡轮前温度;

(2) 节流比;

(3) 总增压比;

(4) 涵道比;

(5) 压缩部件设计点参数;

(6) 主燃烧室设计点参数;

(7) 涡轮部件设计点参数;

(8) 加力燃烧效率、加力温度(对于带加力燃烧室的发动机);

(9) 尾喷管总压恢复系数;

(10) 冷却空气系数;

(11) 流道参数(外涵道、中介机匣等)。

确定发动机整机匹配参数,主要考虑下述几个方面的因素。

(1) 进气道最大允许流量: 根据装机对象进气道允许的最大流量,确定发动机最大换算流量并考虑发动机分散度、控制容差等带来的流量偏离。

(2) 材料强度及耐温极限: 根据目前的设计和材料应用水平,确定涡轮前温度最高耐温能力,否则材料及关键技术研制的周期会加长,关键技术必须满足一定的技术成熟度,才能缩短研制周期,过高的涡轮前温度会带来不确定性,延长研制周期。

(3) 考虑以前完成相关型号的设计经验或者预研基础。

(4) 核心机限制: 主要是针对派生型发动机而言,涵道比和内涵流量的变化会受到现有核心机的限制,进而对风扇压比的选取产生影响。

(5) 推重比要求: 高的推重比需要高的循环温度和合理的参数匹配,通过提高单位推力来提高推重比。另外,需采用先进的气动力设计技术,通过减少压气机和涡轮的级数,使发动机更紧凑来减轻发动机重量,提高推重比。高的循环温度和先进的气动力设计技术,都需要先进的结构设计和工艺技术支持,需要高比强度和耐高温材料或涂层的支持。

2. 设计点热力计算

以初步确定的热力循环参数为基础,对发动机进行设计点热力计算。热力参数确定的原则包括:

(1) 发动机推力和耗油率指标;

(2) 主燃烧室的总温温升比 $T_4/T_3$ 不大于 2.2。

对于混合排气的加力涡扇发动机,内外涵混合器总压混合比一般为 0.95~1.05;加力状态发动机的总余气系数不小于 1.15。

在进行热力参数分析前,首先要确定部件效率、流路损失系数和引气系数,在上述前提下分析循环参数对单位推力的影响。

其次,确定进口空气流量。在未有装机对象的前提下,一般应尽可能保证发动机进气流量不增加的条件下提高风扇压比,以获得更大的单位推力和较小的发动机迎风面积,进气流量和风扇压比需要经过部件协调和迭代。在已有装机对象的前提下,为保证装机后进气道与发动机相容性,发动机最大换算流量应比进气道允许最大换算流量降低 5%~10%,为生产及过渡态留有一定余量。

推力和耗油量是衡量发动机性能的主要指标,在进行发动机热力匹配时,这两项指标也是主要考虑的因素。一般情况下,设计状态偏于理想,为保证实际发动机状态能够达标,应在任务书确定的指标基础上考虑一定余量,如推力应大于 2%,耗油率应比指标值低 2%。通过参数化研究指标的可行域,在流路损失、部件效率和空气系统初步确定的前提下,分析风扇压比、高压压比、涡轮前温度及涵道比对总体参数的影响,最终确定指标的可行域。

3. 非设计点性能初步计算

以最终确定的热力循环参数为基础,采用试验得到的或计算出的部件特性和初步确定的调节规律,对发动机进行非设计点性能计算,主要包括高度速度特性、巡航特性等。

当选定了循环参数完成设计点性能计算后,下一步就要对各部件性能提出初步要求,选取或计算部件特性,确定各部件台架工作点的位置,以便计算和分析发动机的共同工作特性。此时要考虑以下方面。

(1) 风扇工作点要留有足够的喘振裕度,并对抗进气流场畸变能力提出明确要求。再者,要注意风扇特性图上高效率区的位置,对高速性能要求高的发动机,风扇的台架起飞工作点不宜在高效率区,而将高效率置于与飞行包线内的高速区相对应的位置(即低换算转速)。

(2) 高压压气机台架工作点在特性图上的位置,首先要保证足够的喘振裕度,同时保证台架工作及高速工作时均处于高效率区。

(3) 外涵道进口的最大马赫数应有一定限制,以保证全包线范围内不出现阻塞或过大的外涵损失。

### 11.3.2　各部件设计要求

#### 11.3.2.1　风扇/低压压气机

风扇设计要求主要包括如下方面。

(1) 风扇级数:风扇/压气机依据总体给定的压气机进口总温、总压比及效率,求得所需的功;按照风扇功与风扇级数、平均直径处切线速度及载荷参数之间的关系,选定载荷系数即可求出风扇级数。

(2) 设计物理转速:由总体、风扇/压气机、涡轮部件协调确定,由于风扇/压气机是一个扩压流动,气体容易分离,不稳定,设计难度较大,所以一般转速都由风扇/压气机先提出。风扇/压气机一般只要强度允许,都希望有较高的转速以获得高的切线速度,提高做功能力。涡轮主要受高温的约束、转速受到限制,只要强度允许,都可满足压气机的需要。如果强度不允许,只好由风扇/压气机折中考虑,适当降低转速,直到双方满意。

(3) 风扇工作点参数(流量、压比、效率、喘振裕度)由总体依据发动机热力计算给出:

a) 进口空气流量关系到风扇/压气机流道尺寸的大小、风扇/压气机功率的大小;

b) 压比关系到风扇/压气机功率的大小;

c) 效率和稳定工作裕度受很多因素影响,如进口单位迎风面积、进口轮毂比、压气机长度、叶片展弦比、出口轮毂比、进口轴向马赫数、出口马赫数、平均稠度、进口转子预旋及叶片排之间的轴向间隙等。

(4) 抗畸变能力和畸变衰减要求:在给定进气畸变指数 $\bar{W}$ 时,依据风扇/压气机工作需要,总体提出风扇/压气机喘振裕度损失或稳定工作裕度要求。

(5) 中介机匣流路要求:在气动设计上,为满足与相邻部件匹配需要,内、外涵流路不应出现气流分离,其出口气流方向应为轴向,径向压力不均匀度应不大于 5%。

(6) 雷达隐身设计要求(适用于隐身型发动机)。

(7) 引气/放气要求(引气位置和引气量)。

a) 风扇/压气机上用于发动机内腔冷却和气封的引气位置和引气量,总体依据发动机内腔冷却和气封的需求与各部件协商给出引气参数(流量、总温、总压),再由风扇/压气机部件给出引气位置;

b) 飞机引气在风扇/压气机上的引气位置和引气量,总体依据飞机需求与飞机部门协商给出引气参数(流量、总温、总压),再由风扇/压气机部件给出引气位置。

(8) 防冰要求。

(9) 防外物打伤能力要求。

(10) 强度、重量、寿命、可靠性、测试性、维护性等要求。

#### 11.3.2.2 高压压气机

高压压气机设计要求主要包括以下方面。

(1) 压气机级数。

(2) 设计物理转速。

(3) 压气机设计状态参数要求: 应给出高压压气机设计点的进口温度、进口压力、进气流量(包括换算流量)、压比、效率、换算转速等参数。

(4) 压气机非设计状态参数要求:

a) 应明确提出"高压压气机特性在保证稳定裕度时具有较高效率及宽的高效率区范围";

b) 给出高压压气机工作线上的性能参数(表 11.1)和给出高压压气机部件的共同工作线和喘振裕度要求。设计点高压压气机的喘振裕度不小 20%。

**表 11.1 高压压气机工作线上的压比、流量要求**

| 参　数 | 符 号 | 数　　值 | | | |
|---|---|---|---|---|---|
| 压气机换算转速 | $\bar{n}_{2.5R}$ | …… | 1.0 | …… | 0.8 |
| 压比 | $\bar{\pi}_c$ | | | | |
| 压气机换算流量 | $\bar{W}_{2.5R}$ | | | | |
| 效率 | $\eta_c$ | | | | |
| 裕度 | $SM_c$/% | | | | |

(5) 稳定性要求: 除喘振裕度要求外,对压气机的抗畸变能力提出定性要求。对压气机稳定性的定性要求,可考虑提出以下方面:

a) 高压压气机进口流场与中介机匣出口流场匹配;

b) 在部件试验器上进行模拟进口流场畸变条件下的压气机性能试验,检验抗畸变能力。应保证高压压气机、压气机在发动机加、减速过程匹配良好,工作稳定。

(6) 引气/放气要求(引气位置和引气量): 压气机引气具体引气量、引气位置由内流、压气机和总体等专业协商确定。具体要求可参照以下方式给出: 在设计状态,总引气量不大于高压压气机进口截面空气流量的(　　)%,引气位置及相对高压压气机进口截面空气流量的引气量如下: 压气机引气: (　　)%。

部分发动机为提高起动和加速过程中的整机稳定性,要求具有放气功能。可

根据发动机具体需要,对压气机提放气要求:

a）压气机放气位置和最大放气量要求;

b）压气机的放气调节规律要求。

(7）强度、重量、寿命、可靠性、测试性、维护性等要求。

#### 11.3.2.3　燃烧室

燃烧室设计要求主要包括以下方面。

(1）燃烧室的类型,由主燃烧室设计部门依据总体给定的燃烧室进口参数和初步确定的几何尺寸,用半分析半经验方法配合有关数据库,进行可行性分析,确定燃烧室类型。

(2）燃烧室主要工作状态下参数(进出口总温、进出口总压、燃烧室空气流量、燃油流量)。

a）主要工作状态:燃烧室设计需选定某一工况作为基准设计点,而其他工况作为非设计点兼顾考虑。一般选择地面起飞状态为设计点,其他状态(如慢车、巡航等)作为验算点。但在进行冷却设计计算和壁温估算时,应考虑最大热负荷状态和最大气动负荷状态。在进行高空再起动性能估算时,应考虑高空风车状态,此时燃烧室进口温度、压力很低,气流流速高,燃烧室点火困难。在评估燃烧室出口温度场时,还应考虑最高温度工况。

b）进口空气流量:从压气机进入燃烧室的总空气流量,对燃烧室总体尺寸安排、截面大小、燃烧效率及压力损失等主要性能都有影响。

c）进口总压:对燃烧室性能有很大的影响。对压力损失、燃烧效率、流通截面尺寸、轴向长度、容热强度、混气、生碳发烟、火焰筒壁面热负荷等都有影响。

d）进口总温:影响燃烧效率、燃烧室热负荷及空气流量的分配。

e）燃气流量:取决于燃烧室进、出口温度、燃烧效率、燃油的热值及计算的基准温度。在飞行包线范围内最大供油量和最小供油量应由总体热力计算给出,供燃油系统作为设计依据。

f）出口总温 $T_{t4}$:主要依赖于高温合金允许的工作温度和涡轮冷却技术的发展 $T_{t4}$ 的提高给燃烧室带来更大的热负荷,这就需要对火焰筒进行更有效的冷却保护。$T_{t4}$ 的提高还意味着参加燃烧的空气量增加,可用于冷却的空气量减小。因此,随着 $T_{t4}$ 的提高,冷却、掺混与参加燃烧的空气流量分配的矛盾就更加的突出。

g）出口总压:为满足相邻部件匹配需要。

(3）燃烧室性能要求(包括燃烧效率、总压恢复系数、出口周向温度分布系数 OTDF、出口径向温度分布系数 RTDF 等)。

a）燃烧效率:用于衡量燃料的化学能转变成热能的完全程度和燃烧室壁面对外界环境的相对散热损失。

b）总压恢复系数:对发动机的单位油耗有直接影响。

c）出口周向温度分布系数 OTDF、出口径向温度分布系数 RTDF：是评定燃烧室出口温度分布品质的指标，一般应在台架最大状态或低空高转速平飞状态下确定，因为这时的燃烧室负荷最大，出口平均温度也最高，关系到涡轮导向叶片选材和冷却方案的选定。

（4）起动点火要求：给出在不同高度下发动机主燃烧室可靠点火边界。一般地面起动应保证进口温度在−50℃～50℃条件下成功，以适应我国具体情况。高空点火高度取决于所选择的点火器类型（直接或间接点火）、是否补氧、点火能量及点火器位置等。

（5）稳定性要求：全飞行包线内，在各种飞行状态下稳态和瞬态工作及发射武器时，均应燃烧稳定，不熄火。所谓燃烧稳定是指燃烧过程中，火焰峰能驻定在燃烧室内的预定区域，既不会被气流吹熄，也无明显的脉动。在燃气轮机燃烧室中，利用专门的火焰稳定装置在火焰筒内建立回流区，依靠高温燃烧产物的回流将新鲜混气加热到着火温度，形成所谓“自动连续点火源”。如果回流的流量太小，或回流的温度太低，以致新鲜混气团接收的热量不足时，着火点将向下移动，并可能最终导致熄火。

（6）排气污染的要求：排气发散（烟、一氧化碳、未燃碳氢化合物、氧化氮）符合污染标准，可参考 GJB 241A－2010 中的排气污染要求。

（7）强度、重量、寿命、可靠性、测试性、维护性等要求。

#### 11.3.2.4 涡轮

涡轮设计要求主要包括以下方面。

（1）涡轮级数：依据总体给定的涡轮功确定，级数决定着涡轮轴向长度尺寸。

（2）涡轮主要性能参数（膨胀比、效率、功率）和进出口参数。

a）主要工作状态：设计点、最大热负荷和最大气动负荷状态。

b）进口燃气流量：关系到涡轮流道尺寸的大小、涡轮功率的大小，$P_T = hLTW_g$。

c）进口总压：总压高在相同流量和转速下可降低涡轮 $An^2$ 值，有利于叶片强度设计。

d）进口总温：涡轮进口温度的不均匀性及峰值关系到涡轮导向叶片选材和冷却方案的选定。

e）功率：涡轮的单位功是决定涡轮气动负荷大小的重要参数。

f）效率：很多因素影响涡轮效率，如叶型损失、二次流损失、激波损失、冷气掺混损失、各种漏气损失等，因此，气流流动总会有损失、叶型设计能否符合流动规律，使损失最小；结构设计的是否巧妙、间隙设计是否合理都直接影响涡轮效率。

g）出口参数（流量、总温、总压）：需满足与相邻部件匹配需要。

（3）涡轮导向器面积：在发动机方案设计阶段为调整发动机性能，涡轮导向器面积可设置几组不同面积组别，一般要求加工三组不同面积的涡轮第一级导向器，其中中间组为设计面积。

(4) 涡轮后机匣设计要求，满足与相邻部件匹配需要：

a) 后机匣出口气流角保证后机匣出口流场均匀，对加力燃烧有利；

b) 后机匣总压恢复系数；

c) 若涡轮后接有平行进气式加力燃烧室，后机匣出口气流马赫数为 0.3±0.1，以保证内外涵气流混合后到加力燃烧室扩压器出口马赫数≤0.23，这是加力燃烧室稳定燃烧所需要的条件之一。

(5) 冷却空气分配：涡轮冷却空气流量及分配原则，大部分从涡轮不同截面流入主流道，参加后几级的涡轮继续做功，少部分冷却空气经封严环通过导管排入外涵或大气，不参加涡轮功。因此在涡轮性能设计时，要把冷气量的掺混按不同截面分配好，计算出掺混后的各特征截面燃气量，以及由于掺混带来的对主燃气的降温影响，由总体与涡轮部件协商确定。

(6) 红外隐身设计要求(适用于隐身型发动机)。

(7) 雷达隐身设计要求(适用于隐身型发动机)。

(8) 强度、重量、寿命、可靠性、测试性、维护性等要求。

#### 11.3.2.5　加力燃烧室

加力燃烧室设计要求主要包括以下方面。

(1) 加力燃烧室性能(加力比、加力温度、总压恢复系数和燃烧效率)、进出口参数及主要工作状态：

a) 加力温度：受冷却空气量等影响；

b) 总压恢复系数：受加力燃烧室筒体直径等影响；

c) 燃烧效率：受冷却空气量、燃烧段长度、内涵气流的总温总压等影响；

d) 混合器外内涵进口总温、进口总压、进口空气流量、主燃烧室的供油量、加力燃烧室出口总余气系数是加力燃烧室设计的原始数据，进行确定加力燃烧室流道尺寸、计算加力燃烧效率、计算火焰稳定器熄火边界、加力燃烧温度和加力供油量(或加力油气比)及计算从加力燃烧室进口到出口的沿程流体损失计算；

e) 主要工作状态：取飞行包线内加力燃烧室进口气流压力最低的状态作为火焰稳定器的设计点，对火焰稳定器进行设计和吹熄边界的计算；取飞行包线内涵道比最大的状态作为混合器的设计点，用此设计点进行混合器设计计算，确定混合器的几何尺寸，计算混合器的混合损失和混合效率；加力燃烧室性能设计点不一定与发动机总体设计点一致，但对设计结果的要求却是一致，如果飞机对加力燃烧室的要求中没有提出对关键参数的要求，则可以拿火焰稳定器的设计点或地面台架点作为加力性能设计点。

（2）稳定性要求：

a）加力点火油气比要求，在设计涡扇发动机加力燃烧室时，一般要求在很小的点火油气比下点燃加力燃烧室而不产生过大的压力突升，这称为加力燃烧室的“软点火”；涡扇发动机存在外涵道，当涡扇发动机加力燃烧室接通、切断加力，或改变加力比时所产生的压力脉动，就会从外涵道逆流向前传到风扇，并影响压气机，较大的压力脉动会激起风扇和压气机的失速、喘振、危机发动机安全；

b）加力工作过程中压力脉动要求，加力接通、加力供油分区转换和切断加力时应确保不产生大的压力脉动，压力脉动一般不超过6%；

c）在飞行包线内加力稳定，加力工作时不熄火，不出现振荡燃烧。在加力燃烧室中出现的周期性压力脉动和放热脉动现象称为振荡燃烧。振荡燃烧可引起加力燃烧室和主机强烈的机械振动和过热造成局部烧蚀或破坏，危害发动机和加力燃烧室的正常工作，这是不允许的，必须设法排除。

（3）加力点火要求：给出在不同高度下发动机加力燃烧室可靠点火边界和切断边界。

（4）红外隐身设计要求（适用于隐身型发动机）。

（5）雷达隐身设计要求（适用于隐身型发动机）。

（6）强度、重量、寿命、可靠性、测试性、维护性等要求。

#### 11.3.2.6　外涵道

外涵道设计要求主要包括以下方面。

（1）性能要求：包括总压恢复系数、进口马赫数、出口内外涵静压平衡等。

（2）主要设计参数：

a）设计点工作参数（外涵道进口空气流量、总温、总压，外涵道总压恢复系数），是进行外涵道气动设计的输入条件；

b）全包线范围的最高工作总压状态点参数（外涵道进口空气流量、总温、总压），是外涵道强度设计的输入条件；

c）全包线范围的最高工作总温状态点参数（外涵道进口空气流量、总温、总压），是外涵道强度设计和选材的输入条件。

（3）流场均匀性要求，主要包括堵塞比要求等。

（4）强度、重量、寿命、可靠性、测试性、维护性等要求。

#### 11.3.2.7　尾喷管

尾喷管设计要求主要包括以下方面。

（1）选取尾喷管类型。

（2）喷管膨胀比变化范围。

（3）喷管出口面积与喉部面积之间的关系：喷管喉部面积变化范围要求，是进行排气系统流路设计、运动机构设计、作动系统设计的输入条件。

(4) 气动性能要求(如推力系数、总压恢复系数、流量系数等): 性能要求是进行排气系统的流路设计的输入条件。

(5) 推力矢量要求(适用于推力矢量发动机)。

(6) 红外隐身设计要求(适用于隐身型发动机)。

(7) 雷达隐身设计要求(适用于隐身型发动机)。

(8) 强度、重量、寿命、可靠性、测试性、维护性等要求。

### 11.3.3　设计经验

以往在进行部件设计时,提供给部件设计部门主要考虑的是标准大气条件下稳定状态,非标准大气、过渡态、引气、加载、雷诺数等外部环境因素考虑较少,这样带来的主要问题是发动机设计状态能够满足指标要求,而非设计状态或者动态过程问题较多,例如因不考虑过渡过程参数变化,慢车接通加力过程会出现接不通或者延迟的问题。再例如,发动机在高空小表速飞行条件下,高空气压较低,雷诺数的影响不能忽视,容易出现稳定裕度不足的问题,这一要求也应该体现在总体对部件的技术要求中。

## 11.4　系统的指标分解和设计要求

### 11.4.1　简介

为实现发动机性能功能及可靠性要求,需要配套系统配合整机工作,主要系统包括控制系统、燃油系统、滑油系统、空气系统、传动系统、电气系统、测试系统、起动系统、防冰系统、反推力系统、喷水系统、冲洗系统等。

### 11.4.2　各系统设计要求

在总体技术设计阶段,应根据规范确定的发动机系统特性及本型号发动机系统的特点,对各系统提出设计技术要求。本节主要通用系统的设计要点进行说明。

#### 11.4.2.1　防冰系统

1. 一般要求

发动机在规定的结冰条件下工作时,防冰系统应防止在发动机任何零件上结冰,同时要求性能损失不大于规定值;另外,需明确非结冰环境中防冰系统工作对发动机的影响。

2. 设计要点

防冰系统一般可分为气动防冰和电动防冰两种类型。防冰系统的接通可以是自动的或手动的,设计时应考虑接通系统的监控要求,应设置指示信号。如果结冰探测器是与发动机分开安装的,则要求采用自动接通防冰系统;如果防冰系统是自动接通的,则还应在飞机上提供备用手动操作开关,具备地面非结冰状态检查发动机防冰系统工作状态的能力。

当防冰系统发生故障,系统应停留在或恢复到防冰状态。在整个工作包线范围内,防冰系统的连续工作,不应造成发动机损坏。对于电防冰系统,防冰系统和所有其他的电气系统应能同时工作。

#### 11.4.2.2 空气系统

1. 一般要求

本章所介绍的空气系统即二次流系统,不包括飞机引气,功能是冷却发动机热端部件、轴承腔的封严、卸荷腔的均压、转子轴向力的平衡及转子叶尖径向间隙控制等。

空气系统设计应能满足规范规定的飞行包线内各高度、马赫数及大气温度下发动机满意工作,由于所用的冷却空气均引自发动机主流道,总是会带来推力(或功率)的损失及燃油消耗率的提高,甚至热端部件寿命的降低,因而空气系统的设计一个重要准则就是以最小的空气消耗量保证发动机冷却和封严的需要。

2. 设计要点

1) 引气源的选择

空气系统的流动是由压差驱动的。要保证在飞行包线内所有工作点都能正常流动,必须根据工作要求选择发动机的引气源,一般尽可能选择温度和压力较低的引气源,从结构上引气口与引气通路应当方便,易于在发动机构件上实现,尽量不从发动机外部增加引气管路;同时引气源尽量集中,以最少的开孔达到要求,以避免增加重量和占用空间。

作为引气源提供的空气其气动参数应当均匀稳定,同时又不对主流道带来较大的畸变,因此在可能条件下最好设置一个集气腔。

2) 引气路的设计

为有效利用有限的冷却空气,应精细设计冷却空气气路,腔道层次尽量少而简单,气路上的紧固件或突缘尽量加以屏蔽,以减少气路上的流阻、扩散、搅拌等损失。进入涡轮转子的冷却空气,通常先流过静子机匣上的预旋喷嘴,使之以较小的损失进入涡轮转子。

气路上的开孔,应在结构强度允许前提下尽量开大一些的孔以减少流阻损失。

轴承腔的封严应在空气系统和滑油系统间协调计算,选择好轴承的通风方式,封严条件比较苛刻时,可考虑在增压引气路中设置转换活门,以适应不同工作状态的引气来源。对于轴承腔压力比较高的设计,最好采用轴心通风方案,以免排入大气的空气损失增加。

#### 11.4.2.3　控制系统

1. 一般要求

发动机控制系统应能自动控制发动机工作，实现发动机主燃油、加力燃油、可调几何面积、消喘、防喘、叶尖间隙等控制，并应具有冗余度和容错能力。发动机控制系统应能在整个工作范围内使油门杆位置与被控制的发动机变量之间保持正确的关系。

发动机控制系统一般包括燃油控制、转速控制、压力控制、温度控制、防喘消喘控制、进气导流叶片控制、压气机放气或变几何角度控制、间隙控制、常规喷管或矢量喷管控制、加力控制等装置。需要时，还包括发动机的备份控制系统。发动机控制系统应对发动机提供全套自动控制，并应有完全自给电源。配装单发飞机的发动机应有备份控制系统。

2. 设计要点

对主燃油控制系统应提出不少于以下各项要求：

（1）主燃油控制计划；

（2）手动控制和自动控制的范围；

（3）最大转速值及其可调范围；

（4）转速调节的精度，稳态工作时转速摆动量，调节过程的时间，超调量和振荡次数的限制值；

（5）加、减和起动过程的时间值，瞬间过程中参数瞬变极限值；

（6）油门杆操纵力矩值、停车域、慢车域、最大转速等所对应的油门杆角度值；

（7）换算转速限制值及可调范围（按需）。

对加力燃油控制系统应提出不少于以下各项要求：

（1）加力燃油控制计划；

（2）加力燃油控制器的精度，控制过程的时间、超调量和振荡次数的要求；

（3）油门杆的小加力域、全加力域和它们所对应的油门杆转角值；

（4）接通和切断加力及改变加力比的时间、油门杆位置、油门杆移动速度及参数瞬变极限值；

（5）加力联锁要求（对于双发）；

（6）加力供油分区规律，分区数量、每区供油量，以及它们在发动机工作包线内的变化值；

（7）加力供油各区分压规律及分压阈值。

对喷口系统应提出不少于以下各项要求：

（1）喷口的控制规律，主要包括喷口面积随油门杆角度变化曲线，或喷口面积随发动机某一气动参数变化曲线；

（2）喷口控制允许的静差、稳定性要求、控制过程的时间、超调量和振荡次数及滞后时间的允许值；

(3) 喷口自动控制的范围，包括加力与非加力状态控制范围；

(4) 收、放喷口操纵的要求值；

(5) 接通和切断加力、改变加力比对喷口变化及加力联锁等要求值；

(6) 如装有矢量喷管，矢量控制应包含矢量喷管的偏转速率、偏转路径等，以及应急回中等功能。

对温度控制系统应提出不少于以下各项要求：

(1) 温度传感器感受温度的范围，主要包括发动机工作状态与温度控制关系曲线；

(2) 温度控制的精度、过渡过程时间、超调量和振荡次数等；

(3) 最高温度、最低温度的限制值。

对压气机可转叶片控制系统应提出不少于以下各项要求：

(1) 叶片控制器感受的参数，主要包括发动机进口温度，压气机转速或压气机进口马赫数及可调叶片角度与这些参数的关系曲线；

(2) 感受参数的变化范围及操纵机构的输出量；

(3) 控制精度、过渡过程时间、超调量和振荡次数；

(4) 最大和最小换算转速限制值。

对防喘系统应提出不少于以下各项要求：

(1) 防喘控制器感受的参数，主要包括喘振信号，飞行马赫数或绝对压力以及与此有关的飞机武器发射管理系统的信号；

(2) 防喘系统操纵机构的输出量，主要包括压气机放气带(门)的打开量，可调叶片的角度关小量、燃油急降量及急降速率等。

对叶尖径向主动控制系统应提出不少于以下各项要求：

(1) 间隙控制系统感受的参数，主要包括发动机转速、主燃油控制器输出的燃油压力等信号；

(2) 间隙系统控制规律，即随发动机工作状态的变化，间隙控制系统所需用的引气量。

对全功能数字电子控制系统，除包括上述各子系统项目外，还应强调以下几点要求：

(1) 数字电子控制系统所采用的电子产品应适应发动机舱高温和振动的环境，始终保持其良好的工作状态；

(2) 数字电子控制系统应设计成双通道；

(3) 每个通道应采用余度控制技术，例如，一个传感器失效，用另一个传感器代替(即输入、输出双余度)；来自飞机的大气数据丢失，用发动机传感器的数据代替；主要控制模式有故障，用备份控制模式，发动机电源有故障，自动切换到飞机电源等；

（4）数字电子控制系统自身应设置故障检测和容错逻辑等线路和装置；

（5）根据用户需求，数字电子控制系统可增加机械液压备份控制系统，当数字电子控制系统故障情况下，能够确保发动机基本控制功能。

#### 11.4.2.4　燃油系统

1. 一般要求

提出燃油系统在发动机飞行包线内的最大和最小燃油流量，以及发动机燃油进口压力和温度等要求。

2. 设计要点

按发动机设计要求应提出整个工作包线内发动机最小和最大燃油流量，其中应包括但不限于下列各项：

（1）主燃油泵供油量，包括最小值、最大值，超调量及允许的调整范围值；

（2）加力燃油泵供油量，包括最小值、最大值、超调量及允许的调整范围值；

（3）不开加力时加力燃油泵循环油量值；

（4）各个燃油附件的有关部位所允许的漏油量值。

根据飞机燃油系统有无辅助增压装置的情况，燃油进口压力的要求应满足如下条件：

（1）有辅助增压装置时，燃油进口的最低压力值应大于燃油真空蒸汽压力；

（2）无辅助增压装置时，不规定燃油进口压力的最高值和最低值，但应根据发动机在下列工作条件下所需的燃油流量来确定具体值：

a）发动机工作包线内大表速和大马赫数状态对应的中间及加力燃油流量；

b）大气温度为标准大气条件；

c）燃油进口接头处的燃油温度；

d）燃油进口接头处的燃油气液比；

（3）燃油进口增压泵应有自吸能力；

（4）燃油进口压力变化范围。

从飞机油箱来油的最低温度应与大气环境条件最低极值相一致，而最高温度应与飞机机体气动力加热、飞机燃油系统冷却、散热情况、飞机-发动机工作剖面及发动机最长的连续工作时间等综合因素相一致。如果在特定条件下，燃油进口温度超过限制值时，则应限制飞行时间和发动机连续工作时间。

#### 11.4.2.5　润滑系统

1. 一般要求

当滑油箱内油量高于规定的“不可用”油量时，润滑系统应在发动机整个工作包线内，在规定的机动飞行载荷和发动机姿态下满意地工作。滑油温度、滑油压力和滑油消耗量不超过相关规定。

2. 设计要点

应给出滑油系统的性能及有关的冷却装置与冷却要求，其中包括典型状态的润滑系统热平衡实例计算。还应给出依据发动机附件极限温度确定的滑油流量、散热量及通风流量。当使用空气滑油散热器时，应规定在有关空速、高度和外界温度下所需的空气流量和压力降。当使用燃油滑油散热器时，热平衡计算应在发动机燃油进口接头处为15℃、海平面热天最高大气温度和最高燃油温度，以及发动机具有最佳耗油率的每种工作状态下的最低燃油流量为根据。

润滑系统泄漏在发动机内部的润滑油，不应影响润滑油加油量的测定；不应造成引气污染；不应造成发动机内残留润滑油的燃烧和沉积物。当发动机停车后再次起动时，不需要从发动机向外放滑油。

为了保障进入润滑部位的滑油清洁无杂物，因在供油路或者回油路设置滑油滤，也可在供油路、回油路均设置。供油滤通常设置于滑油增压泵出口处，滤网面积保证正常供油量而不产生过大的压力损失。油滤应是易拆卸元件，油滤必须有为拆卸而设置的放油装置，其位置应保证放出的滑油不污染其他构件。

在不向滑油泵进口供油的情况下，发动机具备中间状态短时工作能力，在此滑油中断期间及以后的工作期间，对发动机无有害影响。并能在无润滑油情况下，在30%中间推力状态附加工作一段时间，而没有抱轴现象。

滑油系统应设置油滤元件两端压差、供油路压力、回油温度等监控测试参数。

#### 11.4.2.6 附件传动系统

1. 一般要求

传动系统除提供飞机所需要的功率外，还必须驱动传动发动机附件，以满足发动机正常工作的需求。传动系统与一般的齿轮传动系统主要差别在于要求占有最小的空间和具有最低的重量，同时要保证整个飞行包线和寿命期内的工作可靠性。为此，附件齿轮机匣设计中应选用优质的材料，采用高的齿轮线速度，传递大功率，充分利用发动机所能提供的空间，设计出高效率的传动系统。

2. 设计要点

齿轮系的排布应紧凑、简单，齿轮尽量小型化，但所传递的扭矩应有足够的过负载能力，通常，除起动机安装座传动装置外，所有安装座传动装置应按规定恒定扭矩的150%设计。起动机与主发动机轴之间的传动轴，在起始转速和脱开转速时，因能承受规定的恒定扭矩250%的扭矩，以保证在最恶劣条件下发动机的可靠起动。

所传动的附件或装置应具有较好的维护性，任何附件或装置的功能与调整操作不应受到其他附件或装置调整或拆除的影响。为改善附件传动系统的维修性，尽量将各传动轴设计为插装结构。

传动系统内应对所有齿轮副和轴承有良好的润滑和冷却措施,并且保证所供滑油的清洁度,用过的滑油应能有效地泵回,以防脏油损坏齿轮和轴承。

中央传动齿轮机匣中固定在发动机主轴的伞齿轮应具有良好的平衡精度,在调整锥齿轮啮合间隙时,可以设置调整垫,但应考虑不得因调整垫更换对发动机转子位置带来的不利影响。

除滑油泵和燃油泵传动外,每一个传动系统应设计一个构成薄弱环节的套管轴或其他经过批准的扭矩限制装置,以防止过大的扭矩通过齿轮系传到传动装置上,对发动机及附件起保护作用。

为方便检查发动机转子转动灵活性,通常应设计有手动工具插入的接口。

对于与发动机分离的飞机附件机匣,通常设计一柔性输出轴,用挠性联轴器适应传动轴的微小不对中。

#### 11.4.2.7　点火系统

1. *一般要求*

提出对点火系统电源的要求,明确点火系统连续点火工作的条件(如起飞、着陆、复杂环境、巡航等)。

2. *设计要点*

对点火系统应提出以下各项要求。

(1) 点火电源应是自给的,它不应受发动机电源和飞机电源的限制,但与飞机的界面应设有电源外部接通和断开装置。

(2) 主点火系统和加力点火系统各自均应由两个分开的点火器和两套独立的点火电嘴和点火线圈构成(即复式点火电路)。只要一套点火系统工作正常,发动机就应满意地工作。另一套既可正常使用(提高点火成功率),也可当作备用(应急或一套有故障时)。

(3) 点火系统应能在起飞、着陆、恶劣天气、巡航等情况下具有连续点火工作的能力。连续点火,即迅速再次点火,它对于解决发动机遇到下述瞬间条件所造成的富油燃烧熄火是有用的:

a) 机炮或火箭发射时排气的吸入;

b) 飞机机动飞行进气畸变;

c) 进气道内脱落冰块的吸入等。

(4) 对连续工作的点火系统,如果设计需要,应能在发动机熄火后,自动再点火。

(5) 点火系统应能在发动机工作的各种环境条件下,无故障地工作。即在最高和最低的环境温度下(包括湿度、雨淋、结冰、沙漠),保证提供足够的点火能量。

(6) 采用复式点火系统时,在结构上应设计成无须从发动机拆下就可以单独地检查每一个点火器,以检查各点火器的工作性能。

#### 11.4.2.8 起动系统

1. 一般要求

分别提出用于发动机地面起动、空中起动设计的起动条件、限制和起动程序等要求。

2. 设计要点

规定起动机扭矩和转速的要求。计算扭矩应考虑发动机阻力和飞机附件传动机匣阻力;还应当考虑标准大气和热天最高与冷天最低的环境温度、从海平面到用起动机进行空中起动时的最高高度、代用燃油等单一的和综合的影响。也应示出下述每一种情况下的影响:

(1) 无飞机系统引气,无飞机系统功率提取;

(2) 有最大允许飞机系统引气,无飞机系统功率提取;

(3) 无飞机系统引气,有按型号规范规定的飞机系统功率提取;

(4) 有最大允许飞机系统引气和按型号规范规定的飞机系统功率提取。

应规定由起动机驱动的发动机旋转件的最大有效质量惯性矩($N \cdot m^2$),以及起动机联轴节与被驱动转子系统之间的转速比。

发动机地面停转和再次起动之间的最短允许时间应满足要求。使用规定的起动程序,发动机应能在规定的包线、高度、速度、姿态、温度、引气和功率分出极限内,满意地起动。满意地起动是指把发动机转子由静止或风车状态加速到慢车状态,并符合下述条件:

(1) 发动机在工作极限内;

(2) 在无冲压情况下,从海平面到最大起动高度进行起动的总时间满足要求;

(3) 空中起动的总起动时间应满足要求;

(4) 由燃气涡轮起动机或空气涡轮起动机提供型号规范规定的最小辅助扭矩。

发动机的起动程序应当简单,起动操作不需要严格规定时序。对正常起动,将油门杆置于慢车位置,起动程序开始后,燃油控制系统应实施地面和空中起动的调节,顺利地加速到稳定的慢车工作状态。当油门杆置于慢车或慢车以上位置时,起动程序开始后,发动机应能起动,并直接加速到任意选择的工作状态。起动应在规定的发动机工作极限值内完成,并对发动机的耐久性和结构完整性无不利影响。在整个起动过程中,不需要同时手动扳动开关及油门杆,或它们的综合装置。发动机如果需要加力,只需将油门杆推到加力域的任意位置,即可自动地完成加力。

#### 11.4.2.9 测试系统

1. 一般要求

提出用于发动机状态监视的参数项目(主要包括状态指示参数、状态监视参数、安全可靠运转参数、寿命记录参数)、测量数目及精度、记录等要求。

2. 设计要点

一般情况下,对测试系统应提出测试参数的配置,如表 11.3 所示。

**表 11.3　发动机测试参数配置**

| 项　　目 | 状态指示参数 | 状态监视参数 | 安全可靠运转参数 | 寿命记录飞行试验参数 |
|---|---|---|---|---|
| 推力 | √ | | | |
| 空气流量 | √ | | | √ |
| 转子转速 | √ | √ | √ | √ |
| 燃气或金属温度 | √ | √ | √ | √ |
| 喷口位置/面积 | √ | √ | √ | √ |
| 燃油流量 | √ | √ | | √ |
| 增压泵进口压力 | √ | | √ | |
| 滑油压力 | √ | √ | √ | √ |
| 滑油温度 | √ | √ | √ | √ |
| 空气系统腔温、腔压 | √ | | √ | |
| 振动 | √ | √ | | |
| 控制系统通道系数 | √ | | | √ |
| 压气机进口和出口压力 | | √ | | |
| 燃烧室出口压力 | | √ | | |
| 涡轮出口压力 | | √ | | |
| 压气机进气和排气温度 | | √ | | |
| 油门杆角度 | √ | √ | √ | √ |
| 燃油总管压力 | | √ | √ | |
| 燃油滤压差 | | | √ | |
| 滑油箱出口压力 | | | √ | |
| 滑油滤压差 | | | √ | |
| 滑油系统内磁性铁屑 | | | √ | |
| 探测仪指示值 | | | | |
| 可变静子叶片角度 | √ | | √ | |
| 红外线讯号 | | | √ | |
| 高能点火输出电流 | | | √ | |
| 高能点火输出电压 | | | √ | |
| 飞行高度 | | | | √ |

续 表

| 项　　目 | 状态指示参数 | 状态监视参数 | 安全可靠运转参数 | 寿命记录飞行试验参数 |
|---|---|---|---|---|
| 飞行马赫数 | | | | √ |
| 进气道激波参数 | | | | √ |
| 进气道出口总静压 | | | | √ |
| 飞机机尾罩处静压 | | | | √ |
| 飞机三坐标的角速度和角加速度 | | | | √ |
| 飞机过载 | | | | √ |

# 第12章 发动机整机试验、测试及监控规划

## 12.1 概　述

航空发动机的工作过程涉及气动热力循环、结构和强度、数字电子控制、测试和状态监视等多学科，气体在内部的流动特性十分复杂，迄今仍然无法完全利用仿真的手段，对发动机工作特性进行详尽而准确的描述，必须依靠发动机试验来获得。国外航空发动机研制的历史经验表明，航空发动试验是发动机研制的关键环节，必须要有足够的重视[1]。

实际上，航空发动机研制与使用是一个“不断排除故障，不断进行改进，逐渐走向成熟”的过程。国外为了提高新研发动机可靠性，在批量装备使用前，都要进行大量的试验验证。如美国 F100 - PW - 100 发动机配装 F15 飞机验证试飞了 5 750 小时，而在改进型 F100 - PW - 200 发动机装备使用时，其基本型 F100 - PW - 100 发动机已经在 F15 飞机上累计使用超过 130 000 小时；АЛ - 31Ф 发动机配装苏 27 飞机验证试飞了 6 275 小时，此外还进行了 100 000 小时以上的零部件试验和成附件试验、16 000 多小时的整机试车。研制经验表明，试验所耗费的时间占型号总研制时间的 70%以上[2,3]。

在发动机试验过程中，测试工作是十分必要的，它是获取试验有效信息必不可少的技术手段，也是保证试验运行安全的重要支撑性技术。通过对试验测试中获取的参数进行深入分析，可以更深入地了解发动机工作机理，为发动机设计改进提供技术支持。因此，测试技术的发展推动着航空发动机试验的发展。先进的测试技术，催生了大量先进的、高水平的航空发动机技术产品。

几十年来，在测试技术、计算机技术、发动机气动和结构分析技术的发展下，发动机监控技术也已迅速壮大起来，以便满足用户不断增长的需求。发展至今，监控技术通过运用现代科学手段把多学科信息融合在一起，已发展成为具有判断和预测的综合性技术。实际上，故障诊断与状态监控技术之间的区别，已日益变得不太明显。因此，通常情况下我们把航空发动机故障诊断与状态监控技术统称为发动机监控技术。通过运用该技术实现对航空发动机的有效监控，实施以可靠性为中心的视情维修与状态监控维修。

## 12.2 整机试验

航空发动机试验是指利用专门的试验和测试设备检验发动机的性能、可靠性和耐久性等,也称发动机试车。在航空发动机研制过程中,整机试验考核是重要研究内容,先进的试验技术是发展航空动力必不可少的支撑和保障条件。随着试验设备能力的建设,目前已能开展越来越多的发动机整机试验项目,模拟发动机使用过程遇到的各类情景,为产品验证提供保障。

下面重点介绍几项经常开展的整机试验。

### 12.2.1 超温试验

为了考验发动机结构完整性,通常都要进行超温试验。这是一项技术难度大、试验风险高的试验。国外对该试验的相关描述很少,国内也很少做这方面的整机试验。

#### 12.2.1.1 试验目的

超温试验是发动机结构完整性试验的内容之一,主要目的是在高温条件下考验发动机热端部件转子(主要是高压涡轮转子)的结构完整性,要求在规定的最高转速及比最高燃气温度高至少 42℃条件下稳定工作 5 min,发动机零件应在允许的范围内,没有破坏的迹象。

#### 12.2.1.2 试验要求

超温要求的最高燃气温度应超过发动机最高允许测量温度 42℃以上。此处的最高允许测量温度,是指涡轮进口的燃气温度,且该温度应是发动机在全飞行包线内的最高温度,通常该温度值比设计状态的温度值还要高,这也就意味着超温试验的温度水平远远高于设计状态。

超温试验的另一项重要条款是,发动机高、低压转子转速应不低于在全飞行包线使用中遇到的最大允许稳态工作转速。该转速值通常比设计状态的转速值高。

从试验要求看,与设计状态相比,超温试验的温度负荷、离心负荷比设计工作状态高得多,无论是气动负荷、离心负荷、热负荷均比发动机正常使用时的负荷高得多。对发动机的结构强度无疑是一个极大的考验,有很大的风险性,有烧坏涡轮或叶片断裂的可能。

#### 12.2.1.3 试验注意事项及验收准则

在试验开始前应评估涡轮组件的强度裕度,包括涡轮转子、静子、盘、轴、机匣等强度、寿命计算分析。应进行高压涡轮组件温度场计算、应力分析,并开展温度测量试验等。对于第一级非冷却涡轮叶片也应引起重视,开展相应的评估工作。

试验应在规定的转速和涡轮前温度的组合状态下进行,当转速或温度不在发动机正常工作范围时,需要通过性能分析,以明确如何调整发动机,确保试验能够达到所需要的试验转速与温度组合。

发动机性能调整的主要技术措施包括高压导向叶片喉道面积、低压涡轮导向器喉道面积、喷管喉部面积、压气机可调导叶规律等。当进行性能调整时，需进行综合风险分析，以确认因发动机匹配调整带来的潜在风险，例如：压气机引气对于燃烧室温度分布的影响；导向叶片喉道面积变化对于环面静压和涡轮盘边缘密封的影响，以及对压缩部件的稳定裕度的影响；调整压气机可调导叶规律对叶片振动和喘振裕度的影响等。

试验后发动机分解检查涡轮组件，包括叶片、盘、轮毂、隔圈、轴、密封装置、静子、喷管及支撑结构必须在可使用限制之内。

当发动机正常完成试验任务，且分解检查符合标准时，才能认定发动机通过整机试验考核。

### 12.2.2　吞鸟试验

飞机发动机因吞鸟导致的安全事故时有发生。根据飞行事故统计，每万次飞行中就有 6~8 次鸟撞击飞机的事故发生，其中 37%是由鸟撞入发动机造成的。GE 公司的数据表明，CF6－50 发动机每万次飞行遇到 2.8 次鸟撞击。据美国空军统计，美国空军每年因鸟撞造成的经济损失就达千万美元之多，因鸟撞击造成的一等事故也时有发生。可见，鸟撞击对飞机飞行安全的危害极大(图 12.1)。发动机承受鸟撞击的能力，是保证飞机安全飞行的一个重要条件，因此对航空发动机有吞鸟试验要求。

图 12.1　航空发动机遭遇鸟撞

#### 12.2.2.1　试验目的

整机吞鸟试验的目的，一是用于特性诊断，以确定在承受鸟撞击时发动机的特性和评估叶片设计的特性,并应用诊断得到的数据改进分析鸟撞击计算工具的精度和可靠性;二是用于发动机取证,在结构方面考核鸟撞击引起的发动机损伤情况,包括发动机进气帽罩、风扇叶片、高压压气机叶片等;三是考核发动机吞鸟后推力损失、恢复情况及发动机稳定工作情况。

#### 12.2.2.2 试验设备

《航空发动机适航标准》要求航空涡轮风扇发动机整机试验需快速吸入单只大鸟或多只中鸟及小鸟,吸入速度高。吞鸟试验设施具有较好的可移动性及可调换性,可以满足适航标准对发动机进行大、中、小鸟的吞鸟试验要求。吞鸟试验设备一般包括投鸟设备(压缩空气炮)、测速装置、高速摄像系统、照明系统及其他相关设施。

#### 12.2.2.3 试验要求

目前,世界民航发动机领域内两大权威通用规范,美国联邦航空局(FAA)的联邦航空条例(FAR)33 部和欧洲航空安全局(EASA)的发动机合格证规范(CS-E)都对发动机吞鸟有着严格的规定,规范中规定了发动机吞入大鸟、中鸟、小鸟的质量、数量,鸟应撞击的发动机部位,发动机的功率状态及吞鸟后发动机如何响应才符合规范要求。

在最新版的欧洲航空安全局的发动机合格证规范中关于吞鸟试验的规定如表 12.1 所示。

**表 12.1 吞鸟试验规定**

| 鸟的类型 | 鸟的质量/kg | 鸟的数量 | 撞击速度 | 发动机功率(不低于) | 撞击位置 | 验收标准 |
|---|---|---|---|---|---|---|
| 大鸟 | 1.85~3.65 | 1 | 200 节 | 100% 起飞功率 | 第一级转子叶片上暴露的最危险部位 | 不应发生导致飞机损坏的故障 |
| 多羽毛大鸟 | 1.85~2.5 | 1 | 200 节 | 90%额定起飞功率 | 第一级暴露的转子叶片不小于 50% 叶身高度的位置 | 按要求完成试验程序,不应发生导致飞机损坏的故障 |
| 中鸟 | 0.35~1.15 | 1~6 | 根据常规飞行使用的空速范围内最危险的条件而定 | 100% 起飞功率 | 核心机主流道,第一级转子叶片暴露的最危险部位及整个发动机迎面面积 | 不引起超过 25% 的持续功率或推力损失 |
| 小鸟 | 0.085 | 最多16 只 | 同上 | 同上 | 第一级转子叶片任何危险的暴露位置,及发动机迎面面积 | 不引起超过 5%的持续功率或推力损失 |

试验用鸟应是试验前刚捕杀的新鲜鸟,因为僵硬的鸟在试验时可能会对发动机产生附加破坏而造成发动机更严重的破坏。但是,鸟撞击试验用的大多数鸟是受到保护的,并且很难找到数量足够且符合重量要求的活鸟。因而,试验用鸟多采用特殊塑料胶材料制作的模拟鸟。

#### 12.2.2.4　试验程序设计

吞鸟试验一般在整台发动机上进行。试验时,发动机安装在周围有防护设施的地面露天试车台上,投鸟设备安装在发动机正前方。试验前,先确定鸟的质量、鸟的速度、吞鸟数量、鸟的分布、吞鸟时间和发动机工作状态等试验参数。进入试验状态后,由投鸟设备把要求质量的鸟按预定的速度投进发动机进气口。

美国 GE 公司在位于 Peeple 试验中心的侧风/逆风设备上进行吞鸟试验。试验时,发动机面向试验设备的风扇,以模拟逆风状态。通过向安装有飞机进气道的发动机供给冲压空气,调整进气道/发动机的空气动力学特性,并模拟实际的飞行状态。使用逆风设备可使吞咽的鸟伸展成更加自然的姿态。

发动机进入试验状态后,按下述典型程序进行吞鸟试验:

(1) 对所有风扇叶片除凸肩外整个叶身喷涂一种颜色的底漆,然后在指定高度叶片盆侧和背侧喷涂另一种颜色底漆;

(2) 整机试车前,在检查可达之处目视检查发动机风扇、涡轮叶片等,并从进口方向对风扇进行拍照,记录所检查表面和叶片的状态;

(3) 在发动机进气口前安装投鸟设备,试验前需进行反复校靶试验,靶面按照规定位置进行撞击位置标注,对投鸟设备进行调试,直至满足试验条件要求;

(4) 在吞鸟试验前,完成发动机性能调试;

(5) 完成空炮试验,模拟正式吞鸟试验条件而不发射鸟体,验证鸟炮发射对发动机稳定性的影响;

(6) 正式试验前将鸟体麻醉,并且在填鸟后 30 分钟内投射,以保证发射时为软体,装炮前可适当剪裁,以保证鸟体的质量;

(7) 正式试验前,高速摄影机及灯光按照预定位置布置,并进行充分的调试,保证能够准确、可靠的捕获吞鸟瞬间发动机状态,包括鸟从炮口发射直至撞击叶片后的试验情况。

按下述步骤开展试验:

(1) 起动发动机,点火到慢车状态,进行慢车泄漏检查;

(2) 加速到巡航状态,并稳定转速;

(3) 加速到设定状态稳定工作,投鸟,稳定工作规定时间;

(4) 下拉油门杆,减速到慢车,使发动机冷却、停车。

#### 12.2.2.5　试验验收准则

按试验要求完成吞鸟试验,发动机符合下列情况,则认为通过考核:

(1) 高能碎片全部包容,未穿透机匣飞出;

(2) 发动机安装系统具有承载能力,未导致意外的发动机脱开;

(3) 未发生不可控火情;

(4) 发动机具备停车能力;

（5）吞鸟后持续推力损失应不超过规定值。

### 12.2.3　吞水试验

飞机在雨天飞行时，发动机会吞入雨水。如果发动机吞进大量的雨水，雨水进入压气机后在离心力的作用下甩向压气机机匣壁面，可能会使高温的机匣因突然冷却而收缩，导致高速旋转的压气机叶片与机匣间隙减小而发生摩擦，损伤机匣及转子叶片。另外，吞入大量的雨水还会造成压气机喘振，发动机转速降低，甚至是燃烧室熄火。当发动机处于慢车状态时，空气流量较小，若是雨水占空气质量流量的百分比较大，更易于引起发动机熄火。这都涉及飞机的安全问题，因此，在设计定型之前，航空发动机都必须通过吞水试验。

#### 12.2.3.1　试验目的

通过开展整机吞水试验，检查吞入的液态水对压气机叶尖间隙变化以及整机气动特性的影响，验证发动机的整机吞水特性是否满足考核指标要求。

#### 12.2.3.2　试验要求

发动机在整个工作包线内，在下列条件下应能满意地工作：在高度 13 km 以下，从慢车到最大推力状态，空气中含水（液态水和水蒸气）的质量流量达总空气流量的 5%，并且进入进气道液态水的 50%应通过发动机进口捕获面积 1/3 的扇形面积。

#### 12.2.3.3　试验设计

1. 试验设备

亚声速民用飞机的吞水试验可以在露天试车台上进行（图 12.2），也可以将发

图 12.2　GE 发动机露天试车台吞水试验

动机装在飞机上,或在机场停机坪上进行。超声速军用发动机的吞水试验则需要在一定高度和速度的条件下进行,而且通常需要在高空模拟试车台上或飞行台上完成。

试验设备一般由布置在发动机正前方的多个喷嘴、导管、电动阀门、流量计、水泵及水箱组成。水箱贮水量要满足 1 次试验用水,供水压力由电动阀调节,水滴大小由喷嘴的结构及水泵的供水压力保证,喷水量由电动阀门开度及水泵的供水压力调节。规范规定,供水的 2/3 应在发动机进口下部 1/3 的扇形面内,所以喷嘴按这一原则排列。

图 12.3 给出了一种典型的喷水装置结构简图。

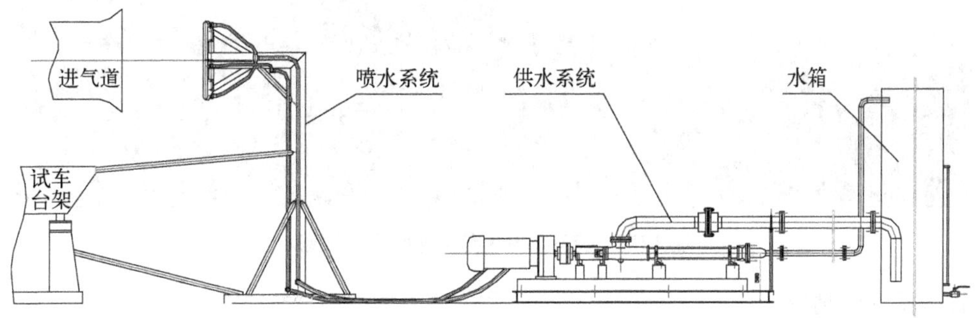


**图 12.3 喷水装置结构简图**

2. 试验程序

吞水试验是 GJB241－87《航空涡轮喷气和涡轮风扇发动机通用规范》中规定的试验项目。在发动机以最大推力状态工作时,要求吞水量(液态和气态)是发动机空气总质量流量的 2%、3%和 5%。在这 3 种试验条件下,都要有 50%的液态水进入 1/3 的发动机进口扇形面积内。发动机应该在上述每一条件下工作 5 min 以上,并要求在慢车状态重复上述程序,因为发动机在慢车状态下易熄火。要求军用涡喷、涡扇发动机在飞行高度为 13 km 以下的整个工作范围内进行吞水试验。

吞水试验是在发动机整机上进行的。一种试验方法是发动机安装在地面试车台上,在发动机进口前安装喷水设备,在发动机进入工作状态后打开喷水设备向发动机进口喷水,试验过程中要测量发动机推力、排气温度、转速及压气机机匣收缩量。机匣收缩量是由预先贴在机匣上的应变片的变形量来测量的。另一种试验方法是在机场跑道上设置一条水槽,槽内注入大量的水,飞机以起飞速度在水槽内滑行,起落架前轮在滑行中把水槽中的水由发动机进气流带入发动机进口,以模拟飞机在起飞/着陆时跑道上因降雨而积存了大量的雨水的情况(图 12.4)。后一种方法真实地模拟了降雨时飞机起飞/着陆吞入雨水的情况,但不能模拟飞行中发动机

**图 12.4 空客 A380 客机地面溅水试验**

吞入雨水的情况。

3. 试验相关事项

在正式试验前，应根据发动机性能调试的结果，计算发动机在不同状态工作时所需的吞水量，并进行喷水设备的相关检查调试，确保喷水设备能够满足试验要求。

为保证试验分析和评定，在试验过程应进行必要的参数监测和记录，主要参数包括发动机典型截面总压、总温、推力、转速、空气流量、燃油流量、供水压力、喷水量、压力脉动、振动等。

试验前，应按工艺规程检查和调整发动机，并录取发动机性能数据。为保证试验过程的安全性，应先进行低状态吞水试验，再进行高状态吞水试验，吞水量亦由低到高顺序进行，在每一状态吞水时间应不小于 5 min。试验结束后，发动机停车并冷却到环境温度，重新起动发动机进行试验后的发动机性能录取，用于分析发动机吞水试验前后的性能变化情况。

### 12.2.3.4 试验考核标准

在试验时，应注意和记录吞水对发动机性能的影响。试验结束时将发动机停车，冷却到环境温度，然后再进行试验后的性能检验。主要是检验过滤器和磁性屑末检测器的状况，并分析滑油中水分和金属微粒的含量。如果使用部门认为发动机保持了足够的间隙，在试验中未发生损伤或者有害的擦伤，性能未出现恶化，燃气流路中的零件未受到损伤，则认为试验成功完成。

### 12.2.4　吞冰雹试验

虽然冰雹并非常见自然现象，但由于其坚固的特性和较高的水浓度，相比雨、雪，冰雹尤为危险。冰雹可能会损坏发动机短舱、整流罩或风扇叶片。在冰雹通过风扇后，会继续向下游运动，并受到气动阻力。虽然尚不清楚有多少冰粒能够被融化，但相信，由于受低温环境和较短通过时间的影响，大部分依然为固体。在冰雹到达分流环时，一部分冰雹可能会进入到核心机，另一部分冰雹进入外涵。进入到外涵的冰雹不会对发动机构成损害，而进入到核心机的冰雹则会进入高压压气机，经融化生成液体的水或者水蒸气。这可能导致燃烧室熄火或压气机喘振。

#### 12.2.4.1　试验目的

吞冰雹试验的目的是评定发动机在模拟降雹的气象条件下发动机的使用性能和抗冰雹冲击的能力，验证发动机在冰雹环境下，对发动机的影响。

#### 12.2.4.2　试验要求

发动机吞冰雹试验一般有两种形式：① 吞冰雹试验，模拟发动机在飞行中突然遇到降雹的情况；② 吞冰雹风暴试验，是模拟飞机在飞行中可能遇到暴风挟持大量冰雹吞入发动机的情况。冰雹尺寸为 $\Phi$1.27 cm，试验持续时间为 30 s。这种试验只在波音 777 飞机所使用的 Trant800、GE9O 和 PW4084 发动机上进行过，并且都顺利地通过了试验。

#### 12.2.4.3　试验设备

吞冰雹试验一般在露天试车台上进行，其设备一般包括投冰设备(压缩空气炮)、分布器、测速装置、高速摄像系统、照明系统及其他相关设施。在吞冰雹试验中，采用压缩空气炮发射冰块；采用分布器、高速电影摄像机或可编程图像变频照相机和固定摄影机，研究冰雹的撞击特性。

#### 12.2.4.4　试验程序

试验前把发动机装在试车台上，在发动机进口前方安装吞冰雹试验用的设备，在发动机按预定状态工作的情况下，把冰雹或冰块抛入发动机考核冰雹、冰块对发动机工作的影响程度。

#### 12.2.4.5　试验考核标准

对于超声速民用发动机，应该进行一项单独的试验，以超声速巡航速度吞 3 个冰雹。这些冰雹应该对准发动机正面关键部位，并且吞雹必须不会引起不可接受的机械损伤，或者吞后的不可接受的功率或推力损失，或者要求拉停发动机。

### 12.2.5　气动稳定性试验

#### 12.2.5.1　试验目的

检验发动机的气动稳定性。

### 12.2.5.2 试验方法

1. 主燃油阶跃的逼喘试验方法

通常情况下,部件试验可获得压气机的喘振边界,但对于发动机整机来说,获取整机条件下的压气机喘振边界十分重要,由于进口条件与部件试验的差异,而不能仅依靠部件试验结果代替整机条件。

燃油阶跃试验的目的就是获取整机条件下压气机喘振边界在特性图上的位置的一种试验方法。图 12.5(a)给出了 4 种燃油阶跃形式,阶跃的燃油从 0 到峰值的时间分别为 0.05 s、0.1 s、0.2 s、0.5 s,阶跃后燃油恢复至 0 的时间均为 0.1 s。图 12.5(b)显示了采用这些燃油阶跃形式后,压气机工作点移动情况:

(1) 在 0.5 s 燃油阶跃条件下,压气机工作点上升量小,且发动机高压转速升高;

(2) 在 0.2 s 燃油阶跃条件下,压气机工作点上升量提高,但发动机仍然加速;

(3) 在 0.05 s 和 0.1 s 燃油阶跃条件下,压气机工作点上升至喘振边界,压气

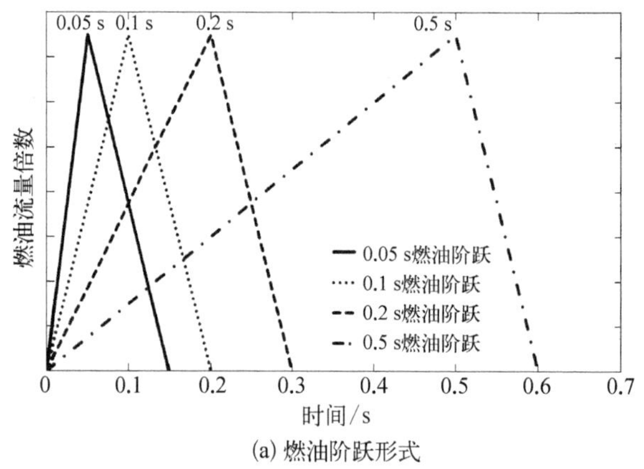

(a) 燃油阶跃形式

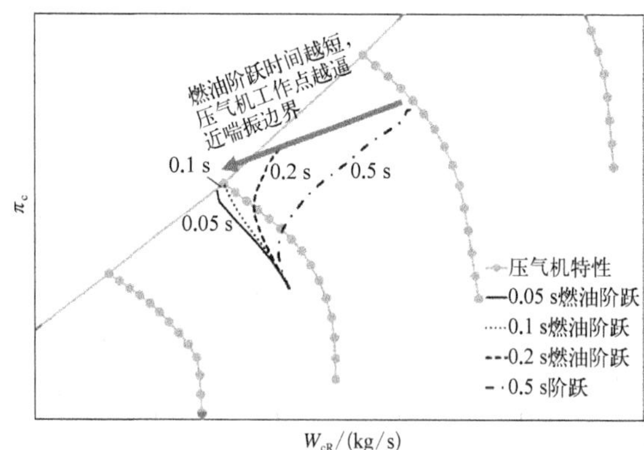

(b) 压气机工作点变化

**图 12.5 燃油阶跃原理示意图**

机转速略有升高,升高量低于 1%。

综上所述,在发动机稳定运转时,瞬间向主燃烧室额外注入燃油,当燃油阶跃峰值适量,阶跃时间足够短时,压气机工作点近似等转速抬高并达到喘振边界,整个过程需要通过高频率(200 Hz)数据采集系统获得发动机数据,这便会捕获到喘振边界数据。

对于大推力级涡扇发动机来说,若要获得高转速状态下的压气机喘振边界,瞬时燃油阶跃量相比与稳态燃油流量高出 1~2 倍,发动机燃油系统难以满足瞬时供油需求,因此需要研究专用的燃油阶跃装置。如图 12.6 所示,燃油阶跃装置的原理类似针筒,当收到燃油阶跃指令时,会瞬间将燃油注入发动机燃烧室中。燃油阶跃装置由液压站、活塞缸及流量控制装置组成。首先向活塞缸中注入适当的燃油,根据燃油阶跃量将选择采用小活塞缸、大活塞缸或双缸都注油。当需要燃油阶跃时,液压站将输出高压油驱动活塞缸运动,将燃油输送到发动机燃烧室中,实现燃油阶跃。

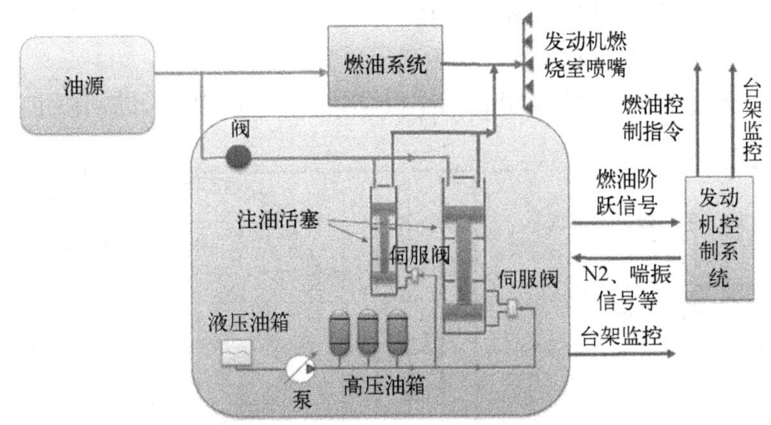


**图 12.6　燃油阶跃装置原理图**

2. 模拟板试验方法

根据飞机提供的进气畸变目标图谱设计模拟板,为保证模拟板能够产生目标图谱,首先需开展模拟板吹风试验,依据吹风试验结果和目标图谱进行对比分析,对模拟板进行修形后再次进行吹风试验,直到产生图谱满足要求(图 12.7)。

模拟板试验通常在高空模拟试验台进行,将模拟板安装在与发动机进口特定的距离截面上,在模拟板对应的高度、速度和发动机状态下进行考核试验,产生与目标图谱相近的总压畸变程度。试验中需要考虑目标图谱与模拟板图谱的总压损失差异。

3. 插板试验的方法

插板试验的目的是验证在规定综合畸变指数条件下发动机稳定工作能力,获

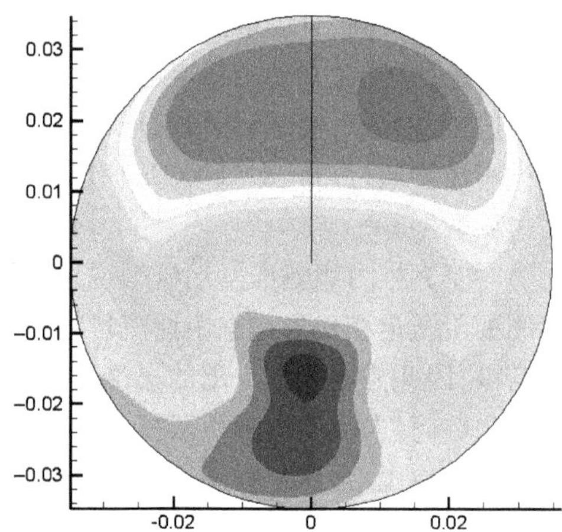


**图 12.7　模拟板及试验云图**

取发动机主要状态下临界畸变指数。

采用可移动插板装置,如图 12.8 所示,在发动机进口 2.5~3.0 倍直径处,通过逐渐移动插板深度,在发动机进口产生总压畸变。

试验点的选取及发动机状态由发动机设计单位及使用部门共同商定。

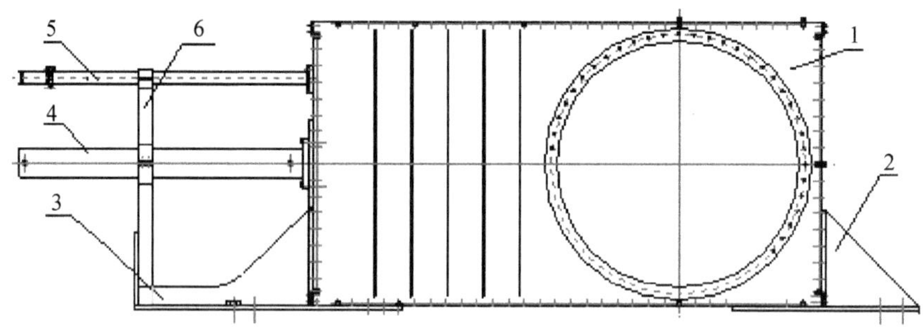


**图 12.8　整机插板装置**

1 -插板阀;2 -右支架;3 -左支架;4 -液压缸;5 -位移传感器;6 -辅助支架

4. 喷入高温蒸汽或燃气的方法

温度畸变试验是发动机研制过程重要的一个考核环节,同时也是压缩系统稳定裕度提升方法、防消喘设计的重要验证手段,对全面掌握在研发动机抗温度畸变能力有非常大的推动作用。通常采用喷入高温蒸汽或燃气等方式,验证发动机在进口温度畸变下的工作稳定性。

在国内外的相关标准和要求中,均有对开展类温度畸变试验的相关描述。GJB 241A－2010 中明确规定了在型号规范中应提供工作包线内发动机所允许的最严重畸变情况,及进气畸变对发动机性能和喘振裕度的影响,在规定的稳态进气畸变

(压力、温度或二者的任何组合)或随时间变化的进气畸变(压力、温度或二者的任何组合)及 S 形进气道出口的旋流条件下,发动机在整个工作包线内工作应无失速、喘振、熄火或任何机械损伤。

美军标 JSSG－2007 提出了可以在飞行试验的飞机上进行进气温度畸变试验。美国汽车工程师协会在 1991 年发布的《进口/发动机进口温度畸变问题的通用评价》研究报告中明确指出:"在推进系统研制过程中,研究、验证稳定性和性能评定都需要进行试验,通常在发动机研制阶段完成温度畸变试验。"通常采用的模拟温度畸变发生装置见图 12.9。

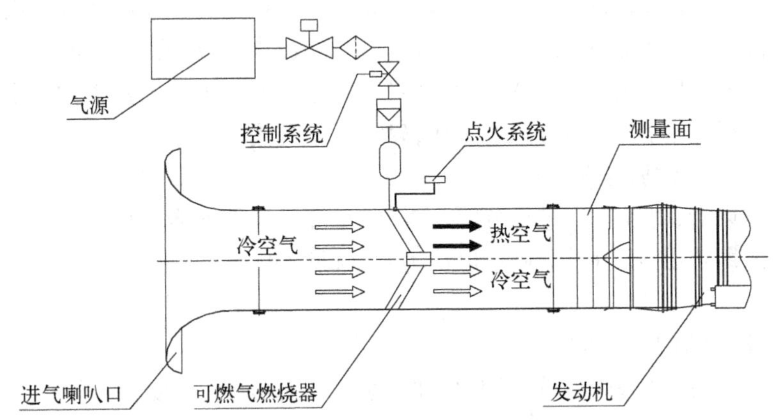


图 12.9　温度畸变发生装置示意图

### 12.2.6　高周疲劳试车

#### 12.2.6.1　试验目的

检验按现行工艺标准生产的转子叶片、外部管路、进气机匣和风扇机匣等构件的抗高周疲劳能力,暴露与高周疲劳失效模式相关的设计、材料以及制造中存在的潜在问题,为后续改进提供指导。

#### 12.2.6.2　试验要求

主要依据进气机匣和风扇机匣、各级转子、外部管路等动应力测量结果,计算相应频率确定相应转速下的最长稳定运转时间,每间隔 1%转速,制定高周疲劳试车载荷谱,完成进气机匣和风扇机匣、各级转子、外部管路等构件的抗高周疲劳能力及发动机在转子临界转速附近工作能力验证,其中钛合金转子叶片应完成不低于 $10^8$ 循环的整机考核。

#### 12.2.6.3　试验验收准则

试车结束后,对发动机分解检查,不能出现危及飞行安全的零件损坏或即将出现的损坏,则可以认为发动机满足抗高周疲劳能力设计要求。

### 12.2.7 低循环疲劳试验

#### 12.2.7.1 试验目的

低循环疲劳是发动机结构失效的主要模式之一，发动机关键件低循环疲劳寿命满足设计要求是保证发动机外场使用安全的基本条件。在完成部件低循环疲劳试验的基础上，需开展整机条件下低循环疲劳试验，更真实地考核发动机关键件的全寿命低循环疲劳寿命。

#### 12.2.7.2 试验要求

按全寿命低循环疲劳循环数指标要求，合理制定试验循环载荷谱。在试验过程中，要求每次起动前涡轮后排气温度要降至一定温度下。若发动机两次试验之间时间间隔过短，轮盘等关键件冷却不足可能导致对低循环疲劳寿命考核不足，因此在两次试车之间应设置合理的时间间隔。通过开展轮盘等关键件试车历程的瞬态温度场分析、应力与寿命分析等工作，确定试车间隔。

#### 12.2.7.3 试验验收准则

试车结束后，对发动机进行分解检查，轮盘等关键件不能出现危及飞行安全的零件损坏或即将出现的损坏，则可以认为发动机满足设计要求。

### 12.2.8 轴向力试验

转子轴向力水平影响着转子系统和轴承的工作安全，需要保持轴向力在合适水平，过大或过小（轻载）都会产生不利影响。

#### 12.2.8.1 试验目的

为掌握发动机转子在工作轴向载荷范围，校验轴向力及空气系统计算结果，给出轴承及转子系统工作安全性和可靠性的建议。

#### 12.2.8.2 试验要求

转子轴向载荷测试要求在止推轴承前后各装配一个测力环，并将测试线缆引出发动机，需要对发动机进行局部测试改装，并在整个测试过程中连续采集、实时记录、保存每次测量的数据。在采集轴向力数据信号的同时要同步记录转速，确保载荷数据与转速数据一一对应，用于分析轴向力随转速的变化规律。

#### 12.2.8.3 试验注意事项

轴承外圈压紧螺母需要松装配，轴承外圈与测力环（调整垫）轻轻靠上即锁紧压紧螺母。这种装配方式使测力环不受预紧力影响，确保发动机工作的同一时刻只有一个测力环受力，提高测试精度。

### 12.2.9 间隙测量试验

航空发动机在工作时，各部件在高温、高载荷的状态下运行。由于各部件承受的温度和载荷情况不同，各个部位的零部件在径向、轴向的位移、方向和变形存在较大的差异,而且这种差异随着发动机工作状态的变化而改变。目前仅通过理论计算的方法还不能获得准确的数据,因此对航空发动机的内部结构和间隙进行实时监测,从而得到内部结构和间隙在发动机不同工作状态下的变化规律,为理论计算的验证、发动机的优化设计、试车试验的安全保证等提供数据支持,具有重要价值。目前经常采用的间隙测量方法有 X 射线间隙测量技术和光纤非接触测量技术。

高能 X 射线数字成像系统(图 12.10)主要由以下五个分系统组成:加速器分系统、图像采集分系统、承载及运动分系统、扫描控制分系统和图像处理分系统。加速器分系统受控产生 X 射线束;X 射线束穿透航空发动机的检测区域,由图像采集分系统采集 X 射线投影图像,并将图像传输至图像处理分系统的计算机中;承载及运动分系统承载着加速器和成像装置等设备,完成检测流程中的各项机械运动;扫描控制分系统负责承载及运动分系统的运动控制,同时接受图像处理分系统的指令,触发加速器出束和成像装置采集;图像处理分系统负责整个系统的运行控制,并对所获得的图像进行处理、分析和测量,得出检测结论。

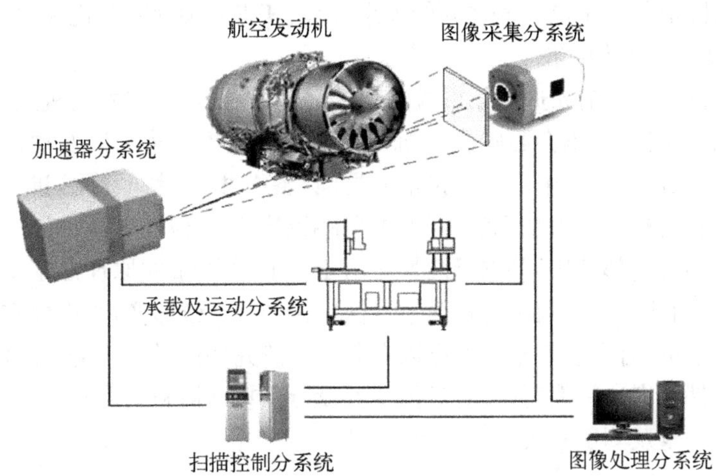


**图 12.10　高能 X 射线数字成像系统示意图**

也可将平行板电容器原理应用于叶尖间隙测量,要构建平行板电容器模型,使其中一个极板作为发射器带有高电位,另一个极板作为标靶接地。如图 12.11 所示,电容传感器探头与机匣表面垂直,发射器为电容式传感器,标靶为叶片叶尖表面。因此,叶片叶尖表面会与传感器探头表面构成平行板电容,整个叶片的转动过程就可以看成是平行板电容充电放电过程,当叶片叶尖表面与传感器探头中心重合时,平行板电容有效面积最

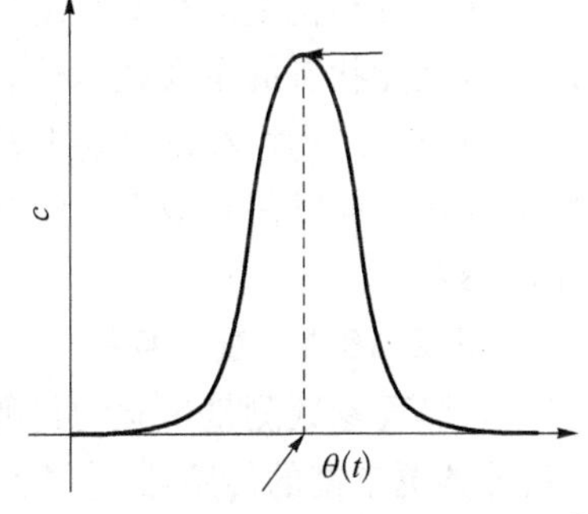


**图 12.11　平板电容器应用示意图**

大,充电电荷达到最大值。此刻叶片叶尖表面和传感器探头表面之间的距离就是待测叶尖间隙。

#### 12.2.9.1 试验目的

X射线测试技术,结合数字成像技术和图像处理技术,实时成像,可以直观发现内部结构随发动机工作状态改变的变化情况,不仅可以测量叶尖间隙,还可以对发动机其他部位进行检测,如封严篦齿间隙、机匣的位移和变形等。通过图像的处理和分析,得到内部结构的数据和变化趋势,为发动机设计调试和改进提供重要支撑。

电容法测试技术,利用电容式间隙测量传感器工作原理,固定在机匣中的探头构成电容的一个极,而叶尖构成电容的另一电极。该电容的电容值是电极几何形状、两极间距离及两极间介质的函数,假设电极的几何形状和介质为常数,则电容的大小只是两极间距离的函数,即电容值变化与发动机叶尖间隙的变化存在对应关系。通过信号处理系统将电容值的变化转化为电压值的变化。经过校准,最终建立叶尖间隙值与测量电压值之间的关系方程,获得叶尖间隙变化规律。

#### 12.2.9.2 试验要求

X射线技术是目前先进的无损检测技术之一,无须对航空发动机进行改装,不会破坏发动机结构,也不会影响发动机内部流场。仅需要将测试发动机安装在专用试车台架,在试车过程中由专业技术人员(具备X射线操作资质)进行射线数据测量采集。获得被检测发动机的X射线透射投影图像,检测人员可以根据图像判读被检测发动机内部结构,并进行测量。由于X射线测量的原理是基于模板匹配的图像分析,因此它只能用于比较两个特征位置的相对位移变化,需要在试验时设置位移参考基准,有了参考基准就可以在分析中研究特征目标的绝对位移变化。

高温部件电容法间隙测试,需对传感器设计冷却结构和安装固定结构,保证测试装置可靠固定及测试有效性。

### 12.2.10 全流程参数测量试验

航空发动机全流程参数测量试验是最重要的整机性能试验之一,是全面掌握发动机性能状态的重要技术途径。国内外发动机研发部门都十分重视该项试验,通常情况下发动机在研制初期都会进行全流参数测量试验。航空发动机全流程参数测量试验通常需获取发动机典型特征截面的流场、气动参数、沿程损失、腔温腔压等参数。

#### 12.2.10.1 试验目的

全流程参数测量试验的目的是通过对发动机进行测试改装,以便布置数量更多、种类更丰富的传感器,全方位获取发动机工作条件下典型特征截面的流场、气动参数、沿程损失、腔温腔压等关键参数,评估部件在整机环境下的工作特性及匹配情况，评估整机试验性能，分析发动机台架实际性能与计算性能的差异，校核发动机性能模型和空气系统模型。

#### 12.2.10.2　试验要求

全流程参数测量试验应在型号研制的发动机中选取一台进行，该发动机流道件相关的气动状态和流道结构应与设计技术状态保持一致。全流程参数测量试验可分为稳态及过渡态试验，二者对传感器精度、时间常数等要求各有不同（过渡态要求更加严格），发动机参数测量所涉及的参数，其精度受多种因素的影响，包括受感部、二次仪表，配套的系统带来误差的影响等，为得到发动机各参数的真实值，试验时应注意以下几点要求：

（1）试车前严格按照任务书及测试要求安装受感部，并检查受感部各测点的完好性和管路的密封性；

（2）对所有压力和温度测试均应配套校准，并提供测量误差，对误差太大的传感器应找出原因并予以排除；

（3）试车后对于所有测量参数应给出误差分析。

## 12.3　整机测试（整机测试布局）

测试技术是航空发动机试验技术的基础，用于发动机试验过程中测量有关参数、控制有关过程[1]。测试和试验技术相互影响、相互推动，共同加速了航空发动机的研制。

整机测试时，需要将发动机分成各个截面进行测量，以便获取整机和部件特性。一般按组成部件进行发动机各截面的划分，对不同类型的发动机截面的划分可能有较大的差别。对每个截面测点的布局是根据发动机的结构特点来进行，在不影响发动机工作的条件下尽量多布置测点，以保证测量的有效性和准确性。

### 12.3.1　测试布局原则

对于在整机试验中要进行测量的每个截面，一般通过测量流场的方法，获得其分布，然后对测量得到的流场数据进行处理得到该测量截面的平均值。在径向上，采用梳状探针或者单点探针加径向提升机构的方式来测量截面径向分布；在周向上，采用多支梳状探针及周向旋转机构的方式来测量截面周向分布。

为了测得真实的流场，应该尽可能多地在测量截面上布置测点。但探针插入流场后会对流场产生干扰，从而产生测量误差。为了减少这种测量误差，又应该尽可能少地在截面上布置测点。为了平衡这种矛盾，可布置适当数目的测量特征点来测量，使测得特征点的值所代表的分布尽可能接近真实的流场分布。因此，测试布局的关键是如何确定测量特征点。

由于发动机的结构限制，某些测量截面外部安装有很多附件，限制了在测量截面周向布点的数量。因此，周向布置应首先考虑结构上的可实现性，再考虑在压气机或涡轮出口截面上，气流参数沿周向的不均匀性。

对于外部无干扰附件的压气机出口截面，可采用周向间隔 120°布置三个测点或者周向间隔 90°布置四个测点的原则，或者在取得周向不均匀度的修正系数后，保留一个传感器作为代表，对其测得值进行周向不均匀度的修正。

对于燃烧室出口截面，布置测点的导向叶片应该完整覆盖一个或几个火焰筒的出口截面，这样可以测得这些火焰筒后完整的温度场和压力场，用测得的平均值来代表整个出口截面。

对于涡轮出口截面，由于涡轮出口气流温度分布极不均匀，所以最好采用多支梳状热电偶探针，配以旋转测温机构，比较仔细地测取周向及径向的温度分布，然后求得平均总温。

### 12.3.2 整机试验测试的几个关键问题

在发动机内部存在着非常复杂的气流流动过程，其流动过程表现为三维、黏性、非定常等特点，而且还伴随着复杂的热交换过程。在压气机和涡轮级间测量气流参数时，由于级间空间狭窄、叶栅后流场不均匀、流场参数随空间变化和随时间变化剧烈等因素，造成探针对叶栅通道的堵塞，以及受高速转动的转子尾迹的影响，都会对测量结果带来不可忽略的误差。因此，发动机级间流场参数测量需要注意下面的问题。

#### 12.3.2.1 流场不均匀的影响

在压气机和涡轮中，气流参数沿径向和周向的分布是很不均匀的。而且，当气流流过叶栅时，在叶片的吸力面和压力面上产生的附面层，将在叶片后缘汇合成叶片尾迹。由于附面层内气流的黏性损失和静子叶盆对转子叶片尾迹的汇集和整流作用，使尾迹区气流总压下降，总温升高。

例如，在单级风扇中，因尾迹影响，静子出口的总温不均匀，可超过原来级温升的 10%左右。所以在静子下游的传感器，根据其与尾迹相对位置的不同，测得的温度和压力也不一样。当然随着离叶栅出口轴向距离的增加，尾迹区将渐渐变宽，并逐渐均匀化。因此，为了准确地测出一个叶栅通道出口截面的气流参数分布及其平均参数，一般可采用两种测量方案：一种是采用单点测量传感器，配以多维位移机构，或采用宽度大于一个栅距的多点测量耙，配以径向位移机构，测出一个叶栅通道出口截面的参数分布及其平均参数；另一种方案是在发动机结构允许的条件下，将测量截面移到叶栅后缘下游 1~2 倍弦长处，并根据轴对称理论，周向均布几个径向多点梳状受感部，测取气流的平均参数。在该测量截面上，认为气流尾迹已接近均匀化了。

#### 12.3.2.2　测量受感部堵塞的影响

测量传感器，尤其是多点压力传感器和温度受感部，在气流通道中或叶栅槽道出口处会造成通道的堵塞，流场歪曲和发动机工况的改变，从而引起测量误差。这种因堵塞引起的误差称为堵塞误差。堵塞严重时，会使发动机的工作性能改变。为了减少堵塞影响，在保证受感部强度的条件下，尽可能采用迎风面积小的结构形式。对于流场测量，可用位移机构带动单点的受感部取代多点的梳状或耙状受感部。

堵塞可分为通道堵塞与局部堵塞两类。由受感部直接造成的流通面积减小的堵塞称为通道堵塞。由于在叶栅通道出口处放置受感部，引起通道出口背压（静压）提高，流场歪曲和局部改变转子工况，这种堵塞称为局部堵塞。通常用堵塞比表征通道堵塞的程度，即堵塞物的截面积与相应通道的面积之比。对于局部堵塞，采用受感部的特征尺寸（如支杆直径、壳体厚度）与间距的比值对局部堵塞比进行加权处理，数值越大，则局部堵塞越严重，堵塞误差也越大。

堵塞误差属于系统误差。由速度三角形可知，对于气流出口角 $\beta < 90°$ 的叶型，堵塞误差使热电偶示值偏高。对于 $\beta > 90°$ 的叶型，如某些风扇叶根，堵塞误差则使热电偶示值偏低。而且，堵塞误差与压气机的特性、气流工况等也有关。因此，很难找出一个统一的修正规律。实验表明，对于栅后测量来说，堵塞误差是不可忽视的。一般讲，当通道堵塞比小于 3%~5%，局部堵塞比小于 1%~2%时，堵塞误差就比较小。

为了减小堵塞误差，一般可采用下列措施：

(1) 采用位移机构，减少传感器数量；

(2) 在测定流场，找出流场不均匀度的修正系数后，选取测量特征点，这种方法往往由于发动机工况不稳定和流场的改变，而使修正系数不够稳定而引入误差；

(3) 合理设计传感器，如采用流线型及“T”型受感器、总温和总压组合感受器，以及将感受器组装在叶片内部等；

(4) 合理布置传感器位置。

#### 12.3.2.3　测量受感部的强度问题

发动机试验中使用的压力探针和温度受感部，必须具有足够的强度和刚性，尤其是安装在转动件上游的受感部，更应重视这个问题。

插入气流中的探针所受的载荷，主要是气动阻力。当气流有脉动或试验器有振动时，将受到脉动阻力和通过安装座传来的振动造成的动载荷。

1. *最大应力*

一般情况下，作用在物体上的气动阻力为

$$P = C_x F \cdot \frac{1}{2}\rho v^2 \tag{12.1}$$

式中，$C_x$ 为阻力系数，对于圆柱形 $C_x = 1.2$，对于矩形 $C_x = 1.3$；$F$ 为传感器的迎风面积。

如果传感器是单支点悬臂梁安装方式，则最大应力 $\sigma_{\max}$ 在其根部，即

$$\sigma_{\max} = \frac{1}{2}\frac{Pl}{W} \tag{12.2}$$

式中，$l$ 为悬臂长度；$W$ 为抗弯剖面系数，对于空心圆管 $W = \frac{\pi D^3}{32}[1-(d/D)^4]$，$D$ 为圆管外径，$d$ 为内径。

如果测压管是双支点，可视为简支梁处理，则最大应力在中间断面，即

$$\sigma_{\max} = \frac{1}{8}\frac{Pl}{W} \tag{12.3}$$

从式中可见，同一个测压管增加一个支点可使应力减少至原来的 1/4。

2. 最大挠度

对于单支点，最大挠度 $y$ 出现在悬臂端头，即

$$y = \frac{Pl^3}{8EJ} \tag{12.4}$$

式中，$E$ 为材料的弹性模量；$J$ 为轴惯性矩，对于空心圆管 $J = \frac{\pi D^3}{64}[1-(d/D)^4]$。

对于双支点，最大挠度 $y$ 在中间断面，即

$$y = \frac{5Pl^3}{384EJ} \tag{12.5}$$

从式中可见，增加一个支点，挠度可减少至 10.4%。

#### 12.3.2.4 测量探针的自振频率

测量探针本身是个弹性体，所以有一系列的自振频率，激振力的频率与其中某一自振频率重合时，从理论上来说就将引起共振。对于圆管测量探针来说，最重要的是它的一阶弯曲。

对于一端固定，另一端自由的悬臂梁，以及一端固定，另一端简支的双支点情况，虽然可以用理论公式算出它的各阶自振频率，但是，实际制造出的受感部，由于加工误差、焊接、应力集中和支杆内部附件等影响，因此是个复杂系统。用理论计算出来的自振频率不太可靠，只能近似地指出范围。因此，测压管制好以后，必须在振动台上试验，实测其自振频率。一般认为 $|\Delta f/f| \geq 25\%$ 才是安全可靠的。这里 $f$ 为试验器转动时转速对应的频率；$\Delta f$ 为试验器转速对应的频率与测压管自振频率之差值。

## 12.4 整机监控

航空燃气涡轮发动机存在着强烈的非线性、非平稳性等复杂特征。其恶劣的工作条件(如高温、高压、高速、强腐蚀、强振动、大应力等)导致其在工作过程中故障发生的可能性较高,其故障的发生和发展具有快速和破坏性极大的特点。航空发动机的工作状态经常发生变换,系统承受变载荷,对安全性与可靠性的要求极高;由于发动机的制造、工艺水平和材料,以及后期的使用、维护和管理水平的限制,设计制造和使用维修成本高昂,对发动机的经济性也有较高的要求。发动机故障在飞行故障中占有相当大的比重,且因发动机故障导致飞行中的灾难性事故时有发生。

随着大量的发动机产品提供给用户方使用,各种故障情况纷纷出现,暴露出以往设计工作对发动机使用后故障问题没有有效考虑,造成相关设计人员对很多出现的故障问题无法及时给出解决办法,并落实到相关产品改进设计中。近年来,用户对航空发动机的可靠性、耐久性、寿命和成本的要求也越来越高。解决此问题,需要有效的手段和工具。一般来说,采用实际产品进行研究是最能够反映真实问题,但是由于成本过高,时间较长,试验场地紧缺等因素,无法允许科研人员利用实物去研究。数值仿真研究由于其使用成本低、修改容易、计算速度快等优势,是解决此问题的有效手段。现今,整机监控在发动机试验过程中起到越来越重要的作用,经济应用价值较高。它是实现视情维修,保证发动机可靠性的关键技术和必要手段。

航空发动机状态监控可分为短期、中期和长期监控三种类型。其中短期监控是对一个起落或地面试车数据进行监视,当发动机参数超限时及时告警,并记录事件历程中的有关参数,通过维护面板提示给地勤人员。中期监控是对一段时间内发动机参数和状态的变化进行监控,包括事件分析、调整状态、气路性能分析、趋势分析、附件监视,无损检测和试验等。长期监控能给出发动机性能衰退、寿命消耗和有寿机件使用情况。

故障诊断主要可依托基于数据和基于模型两种方法构建。基于模型的方法主要依靠建立足够精确的数值仿真计算模型。对于复杂的发动机系统,基于原理、经验公式建立起来的模型无法确保真实反映发动机的工作状态,而且为了确保发动机模型能够满足计算速度要求,对系统的简化是必不可少的。但此种方法的好处是若模型足够精确,能够提供发动机所有参数,能够为进行发动机故障诊断提供重要帮助。因此,无论分析已知的发动机故障和未知的发动机故障都较为容易实现。

基于数据的方法主要利用已有的发动机试车、试飞数据来进行发动机的故障诊断。建立基于数据的发动机模型一般只能用来分析建模使用的数据中存在的故障。基于数据建立模型主要依托成熟算法,完成任务的风险小;分析的故障均为已知的故障，数据的特征信息科研人员掌握比较充分，能够更有针对性地分析问题。

### 12.4.1　状态监控

航空发动机在全包线内工作的安全性是飞行安全的重要保障，对发动机进行实时监控可及时掌握其工作状态，目前对发动机状态监控功能应包括性能参数监测、滑油系统监测、机械振动监测和控制系统监测。系统实时采集、处理、分析和记录发动机各截面、子系统的相关参数，实现超限报警，并提取发动机事件特征信息。

#### 12.4.1.1　主要监控参数

为了实现对发动机状态的监控，选择合适的监控参数是必要条件，首先这些参数应测量准确、反应灵敏、测量便捷易实现；其次要能反映发动机的工作状态，且当发动机性能发生变化时，参数也能有相应的信息反馈；再次是在发动机上的安装应保证检查、维修和更换的可达性。

下面举几个重要的监控参数。

1. 涡轮后排气温度

实际上采用发动机涡轮前温度 $T_4$ 作为监控参数更为合适。但是由于涡轮前温度 $T_4$ 很高，且温度场分布不均匀，直接测量存在较大技术困难，为此提出了替代方案，即用涡轮后排气温度 $T_6$ 作为监控参数。

涡轮后排气温度的高低，反映了发动机性能的高低和变化，决定了涡轮导向器的健康状况及寿命，对压气机、涡轮效率的下降，反应极为敏感。对引气系统的故障也有很明显的反应，一般随着这些故障的出现，涡轮后排气温度 $T_6$ 均有不同程度的升高。当发动机工作状态参数和飞行状态参数出现问题时，涡轮后排气温度 $T_6$ 也随之而变化。因此，该参数是一个极为重要的监控参数。

2. 低压转子转速

通常情况下，在低压涡轮损坏、引气系统故障、发动机性能发生异常变化时，低压转子转速都会出现偏离基准状态的情况。因此，该参数常作为监控参数之一。

3. 高压转子转速

该参数也是监控发动机工作状况是否正常的一项重要参数，对发现和识别故障有重大作用。

4. 整机振动

振动参数提供了旋转部件平衡变化的信息。经验表明，对于发动机故障，整机振动指示可能会发生突然变化。当整机工作有磨损，外来物损伤，轴承有缺陷时，整机振动指示有可能突变，振动的任何变化都应引起注意。

5. 滑油压差

发动机使用的滑油压力传感器是一种压差传感器，安装在附件传动机匣上，用于感受滑油供油压力与回油压力的差值。该参数主要用于监测发动机滑油系统工作是否正常。当滑油压差出现异常偏高、偏低或参数摆动时,或在发动机同一状态下,$P_m$ 参数偏离初始状态时,都应高度重视滑油系统工作是否正常。

#### 12.4.1.2　气路分析

气路分析的基本思想是利用对发动机沿程主要截面的压力、温度等流道参数、转子转速、燃油流量和可调几何位置等参数测量结果,综合分析、判断与发动机气路有关的单元体和子系统的技术状态是否完好,并隔离故障到这些单元体和子系统。

当前发动机性能监视系统普遍采用的一种简单易行的手段是趋势分析。其基本做法是:首先是采集数据,包括表征发动机工作状态的参数、外部环境条件、重要监控参数等;其次是对参数进行修正,通过与基准值对比,可以得出相对偏差,并对一系列偏差数据进行光顺处理;再次根据平滑后的数据与初始状态的数据进行对比,得到对应该发动机的监控参数最终偏差;最后依据数据绘制气路监控趋势图,从而实现以对发动机的健康状况进行分析。

发动机的基准性能主要是指新机在无故障状态下正常工作时的名义性能。通常用换算参数给出一组曲线或数据表,表示正常工作的发动机参数随工作状态的变化关系。当发动机发生故障或部件性能衰退时,实际测量值将偏离设计基准形成偏差,偏差值的大小反映了发动机的性能状态。因此,发动机设计基准的正确性是至关重要的。不同型号的发动机,设计基准是不一样的。工程上,可以通过对多台发动机试验数据进行统计和综合,给出发动机的设计基准。

对采集数据的平滑处理的主要目的是消除随机误差及人为错误的影响,改进趋势图的可读性。由于数据处理过程常常伴随有掩盖参数的真实突跃变化的不利一面,因此,必须选用适当的平滑方法。特别值得注意的是,在发动机使用后期监控参数发生突跃变化时,应当谨慎从事,因为这种突跃变化很有可能是发动机突发故障的征兆。

### 12.4.2　故障诊断方法

故障诊断是指故障检测和故障隔离的过程,飞机、发动机均配备健康管理系统。通过发动机的特征参数与典型故障特征值进行比较,采用诊断算法进行分析,实现对发动机风扇、高压压气机、涡轮、滑油系统、控制系统等部件及分系统的故障诊断,定位主要气动故障;通过对特征参数变化趋势分析,预测发动机及各部件、系统的故障。当发动机部件发生故障时,会引起特定参数的变化,可通过部件、分系统故障与监视参数对应关系定位故障。

针对发动机气路性能故障诊断技术研究主要是利用监测的发动机参数,通过与发动机的基线相比,将观测值与基线值做差值,通过偏差值来进一步分析发动机的状态,从而实现发动机的故障诊断。目前发动机气路故障诊断方法主要可以分为基于线性模型、非线性模型或智能算法等故障诊断。

（1）基于线性模型的故障诊断方法。根据发动机监测的状态参数，通过相应的简化，建立发动机线性模型，利用该模型建立故障方程中的影响系数矩阵，通过对线性模型的改进，提高模型的诊断可信度。

（2）基于非线性模型的故障诊断方法。基于发动机监测的状态参数，建立自适应的非线性模型，根据监测参数的变化情况作为故障诊断的依据。由于航空发动机是一项复杂的系统工程，因此采用非线性模型，比线性模型更能接近发动机的实际工作情况。从工程应用角度讲，为了保证该方法故障诊断可信度，首先对模型的修正是必要的，其次是求解过程中增加适当的约束条件，再次要考虑参数监测可能存在一定随机因素，因此需要采用一些方法滤去随机因素的影响。

（3）基于智能算法的故障诊断方法。目前，智能算法已广泛应用于航空发动机的故障诊断研究中。常用的方法是通过构建不同故障模式与故障原因之间的映射关系，采用某种方法建立模糊关系方程，通过对该方程的求解，获得故障诊断结果。当然如果具备较好的故障诊断经验和深厚的理论功底，还有另外一种技术途径，就是构建不同故障模式与故障原因之间的模糊规则库，对发动机的状态进行模糊逻辑推理，最终实现对发动机的故障诊断。

## 参考文献


[1] 吴大观. 试验技术是航空发动机研制的三大技术支柱之一[J]. 测控技术，1992(3)：9-11.

[2] 张宝诚. 航空发动机试验和测试技术[M]. 北京：北京航空航天大学出版社，2005：1-56，640-702.

[3] 张健. 航空发动机地面试验技术的近期发展及我们的对策[J]. 燃气涡轮试验与研究，2002，15(1)：6-10.